传感技术及应用仿真

主编　苗凤娟　王　丽　张劲松
主审　陶佰睿

哈爾濱工業大學出版社

内容提要

本书详细介绍了传感技术基础，电阻应变式、电容式、电感式、压电式、磁电式、热电式、光电式、气体式、湿度、超声波、智能式传感器的原理和应用，虚拟仪器 LabVIEW 的基础知识、LabVIEW 程序对象的基本操作以及 LabVIEW 软件开发的部分实例。本书结构合理、系统性突出、内容丰富。

本书可作为普通高等院校、高职高专院校电子信息工程、通信工程、自动化、仪表等相关专业的教材，也可供从事相关专业的技术人员参考。

图书在版编目（CIP）数据

传感技术及应用仿真 / 苗凤娟，王丽，张劲松主编.
—哈尔滨：哈尔滨工业大学出版社，2014.6
ISBN 978-7-5603-4807-0

Ⅰ. ①传… Ⅱ. ①苗… ②王… ③张… Ⅲ. ①传感器-高等学校-教材 Ⅳ. ①TP212

中国版本图书馆 CIP 数据核字（2014）第 139592 号

责任编辑 杨秀华
封面设计 刘长友
出版发行 哈尔滨工业大学出版社
社　　址 哈尔滨市南岗区复华四道街 10 号　邮编 150006
传　　真 0451-86414749
网　　址 http://hitpress.hit.edu.cn
印　　刷 哈尔滨市工大节能印刷厂
开　　本 787mm×1092mm　1/16　印张 14.5　字数 359 千字
版　　次 2014 年 7 月第 1 版　2014 年 7 月第 1 次印刷
书　　号 ISBN 978-7-5603-4807-0
定　　价 36.00 元

前　言

随着现代信息技术的发展,传感器技术已经逐渐发展成当前科学技术的重要课题,国内许多高校都开设了相应课程,作者结合多年教学和科研实践编写了此书。

全书共15章,分为两大部分,第一部分较详细地介绍了各类常用传感器的基本定义、原理和应用,第二部分为虚拟仪器 LabVIEW 的基础知识、基本操作以及具体开发过程。第1章介绍了传感器的基础知识,包括传感器的定义与组成、分类、基本特性;第2章至第12章为各类常见传感器的原理及应用,包括电阻应变式、电容式、电感式、压电式、磁电式、热电式、光电式、气体式、湿度、超声波、智能式传感器;第13章介绍了 LabVIEW 8.5 简体中文版的编程环境以及选项板的基础知识,为后面章节的学习打下基础;第14章介绍了 LabVIEW 程序对象的基本操作,结合简单实例学习程序框图中循环结构、图形显示、文件 I/O 等控件的运行和调试;第15章结合实际应用实例介绍 LabVIEW 软件的具体开发过程。

本书将传感器原理、应用以及虚拟仪器 LabVIEW 紧密结合,内容全面、系统,叙述简明,深入浅出。可作为相关专业的教材,也可供相关专业人员参考和使用。

本书由齐齐哈尔大学苗凤娟、王丽、张劲松主编。其中,第1,4,7,8,11,12章由苗凤娟编写,第2,3,6,9章由王丽编写,第5,10,13,14,15章由张劲松编写。

鉴于传感器技术涉及学科众多,作者水平有限,书中难免存在一些不妥与疏漏,恳请广大读者批评指正。

编　者

2014年3月

目　录

第1章

传感器基础

在第一次产业革命中，机械代替了体力劳动。在第二次和第三次产业革命中，机械和电子装置代替了部分脑力劳动，而传感器就是在这一时期出现，并且逐渐发展成为当前科学技术的重要课题。

现代技术有三大基础，分别是信息的拾取、传输和处理，即传感技术、通信技术和计算机技术。传感技术是信息技术系统的“感官”，通信技术是“神经”，而计算机技术是“大脑”，它们是现代信息产业的三大支柱。

因为人可以通过五种感官（视、听、嗅、味、触）接受外界的信息，所以人们形象地把传感器比喻为“电五官”。

在基础学科和尖端技术的研究中，大到上千光年的茫茫宇宙，小到 10^{-13} cm 的微观粒子；长到数十亿年的天体演化，短到 10^{-24} s 的瞬间反应；高达 5×10^{8}℃的超高温、3×10^{8} Pa 的超高压，低到 0.01 K 的超低温、10^{-13} Pa 的超真空；强到 25 T 以上的超强磁场、弱到 10^{-11} T的超弱磁场……要测量或控制这些无法用人类的感官去获取的信息，必须借助于配备有相应传感器的高精度测控仪器或大型测控系统才可以完成。

1.1 传感器的定义与组成

1.1.1 传感器的定义

传感器中包含着两个必不可少的部分：一是拾取信息；二是把拾取到的信息变换成与被测量有确定函数关系且便于传输和处理的电学量，这些电学量可以是电压、电流、电阻、电感、电容等。比如：利用应变式力传感器，把力以及可转换成力的物理量（如扭矩、位移、速度、加速度等）作用在弹性体上，通过使弹性体产生应变，引起贴片电阻变化；利用压阻式传感器，把压力转换成相应的电阻变化；利用温度传感器，把温度值转变成与被测温度有确定关系的电阻或电流的变化；利用化学传感器，把被测液体中的 pH 值转换成电压的变化；利用生物传感器，将被测生物功能物质（如酶、抗体、原核生物细胞等）转换成相应的便于处理的电信息等。

国家标准《传感器通用术语》（GB/T 7665—1987）把传感器（transducer/sensor）定义为：能感受规定的被测量，并按照一定的规律转换成可用输出信号的器件或装置，通常由敏感元件、转换元件和调节转换电路组成。此处，“可用输出信号”是指便于处理和传输的电信号。

所以,传感器可被狭义地定义为将非电量转换成电量的器件。

传感器包含三层含义:

(1)传感器是一个测量装置;

(2)在规定的条件下感受外界信息;

(3)按一定规律转换成易于传输和处理的电信息。

1.1.2 传感器的组成

从上面对传感器的定义可以看出,传感器通常是由敏感元件、转换元件、调节转换电路三部分组成,如图1.1所示。

敏感元件是指传感器中能直接感受或响应被测量的部分。转换元件是指传感器中能将敏感元件感受或响应的被测量转换成适于传输或测量的电信号部分。调节转换电路是指将转换元件输出的电量转换成便于显示、记录、控制和处理的适合电量的部分。

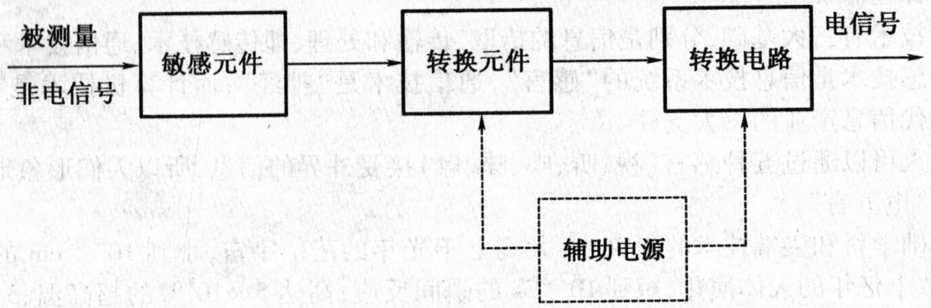

图1.1 传感器组成框图

最简单的传感器由一个敏感元件组成,感受被测量的同时直接输出电量,比如热电偶。有些传感器,比如压电式加速度传感器,只由敏感元件和转换元件组成,没有转换电路。

1.1.3 对传感器的一般要求

由于各种传感器的原理、结构不同,使用环境、条件、目的不同,其技术指标也不可能相同,但是有些一般要求基本上却是相同的:

(1)足够的容量:传感器的工作范围或量程足够大;具有一定的过载能力。

(2)灵敏度高,精度适当:即要求其输出信号与被测信号成确定的关系(通常为线性),且比值要大;传感器的静态响应与动态响应的准确度能满足要求。

(3)响应速度快,工作稳定,可靠性好。

(4)使用性和适应性强:体积小,质量轻,动作能量小,对被测对象的状态影响小;内部噪声小而又不易受外界干扰的影响;其输出力求采用通用或标准形式,以便与系统对接。

(5)使用经济:成本低,寿命长,且便于使用、维修和校准。

当然,能完全满足上述性能要求的传感器是很少的。我们应根据应用的目的、使用环境、被测对象状况、精度要求和原理等具体条件作全面综合考虑。

1.2 传感器的分类

传感器种类繁多,同一种被测量可以用不同类型的传感器来测量,而有的传感器还可以测量不同的参数,所以传感器的分类方法有很多。常用的分类方法有以下几种。

1.2.1 按被测量分类

按照被测量的不同,可将传感器分为力学量传感器、位移传感器、速度传感器、热量传感器、磁传感器、光传感器、放射线传感器、气体成分传感器、液体成分传感器等。这种分类能明确指出传感器用途,便于用户选择,但缺点是品种繁多,对掌握基本概念和原理不利。

1.2.2 按传感器工作原理分类

按传感器工作原理分类,可分为物理型、电化学型、生物型。

1.物理型传感器

物理型传感器是利用某些变换元件的物理性质以及某些功能材料的特殊物理性能制成的传感器。大致有以下几种:

(1)电学式传感器

电学式传感器是非电量电测技术中应用范围较广的传感器。常用的有:

①电阻式传感器:是利用变阻器将被测非电量转换为电阻信号的原理制成的。

一般有:电位器式、触点变阻式、电阻应变片式及压阻式等。

主要用于:位移、压力、力、应变、力矩、气流流速、液位、液体流量等参数的测量。

②电感式传感器:是利用改变磁路几何尺寸、磁体位置来改变自感或互感的电感量或压磁效应原理制成的。

主要用于:位移、压力、力、振动、加速度等参数的测量。

③电容式传感器:是利用改变电容的几何尺寸、极板相对位置或改变介质的性质和含量,从而使电容量发生变化的原理制成的。

主要用于:压力、位移、液位、厚度、成分含量等参数的测量。

④电涡流式传感器:是利用金属在磁场中运动切割磁力线,在金属内形成涡流的原理制成的。

主要用于:位移及厚度等参数的测量。

⑤磁电式传感器:是利用电磁感应原理把被测非电量转换成电量。

主要用于:位移及厚度等参数的测量。

(2)磁学式传感器

磁学式传感器利用铁磁物质的一些物理效应而制成。

主要用于:位移、转矩等参数的测量。

(3)光电式传感器

光电式传感器是利用光电器件的光电效应和光学原理制成的,它在非电量电测及自动控制技术中有着重要的地位。

主要用于:测量光强、光通量、位移、浓度、转速、计数等参数。

(4)电势型传感器

电势型传感器是利用热电效应、光电效应、霍尔效应等原理制成的。

主要用于:温度、磁通、电流、速度、光强及热辐射等参数的测量。

(5)电荷传感器

电荷传感器是利用压电效应原理制成的。

主要用于:力及加速度的测量。

(6)半导体传感器

半导体传感器是利用半导体的压阻效应、内光电效应、磁电效应、半导体与气体接触产生物质变化等原理制成的。

主要用于:温度、湿度、压力、加速度、磁场和有害气体种类、浓度的测量。

(7)谐振式传感器

谐振式传感器是利用改变电或机械的固有参数来改变谐振频率的原理制成的。

主要用于:测量压力。

物理型传感器又可分为物性型传感器和结构型传感器。

(1)物性型传感器是利用某些功能材料本身所具有的内在特性及效应把被测量直接转换为电量的传感器。即依靠敏感元件材料本身物理性质的变化来实现信号变换。

如利用压电晶体本身所具有的正压电效应而制成的压电晶体传感器可以测量压力。又如利用半导体材料的光电导效应可制成光敏电阻传感器。

(2)结构型传感器是以材料的结构(如形状、尺寸等)为基础,利用某些物理规律实现把被测信息转换为电量。即依靠传感器结构参数的变化实现信号转变。

如电容式传感器和电感式传感器。

2. 电化学式传感器

电化学式传感器是利用电化学反应原理,把无机和有机化学物质的成分、浓度等转换为电信号的传感器。

最常用的是离子选择性电极,利用这种电极来测量溶液中的 pH 值或某些离子的活度,如 K,Na,Ga 等。

电极的测量对象虽然不同,但其测量原理却大同小异,主要是利用电极界面(固相)和被测溶液(液相)间的电化学反应,也就是利用电极对溶液中离子的选择性响应而产生电位差,它与被测离子活度的对数成线性关系,故检出其反应过程中的电位差或由其影响的电流值,即表示被测离子的活度。

电化学式传感器广泛用于分析气体、液体或溶于液体的固体成分、液体的酸碱度、电导率、氧化还原电位等参数的测量以及环保监测中。

3. 生物型传感器

生物型传感器是一种利用生物活性物质选择性的识别来测定生物化学物质的传感器。

其原理是生物活性物质对某种物质具有选择性亲和力,也称其为功能识别能力,利用这种单一的识别能力来判定某种物质的存在及其浓度,进而利用电化学的方法进行电信号的转换。

生物传感器的最大特点是能在分子水平上识别被测物质。它主要用于化学工业的监测及医学诊断等方面。

1.3　传感器的基本特性

传感器所测量的非电量一般有静态和动态两种特性，静态信号是稳定的，不随时间变化或变化极其缓慢的信号；而动态信号是随时间变化而变化的信号。

由于输入量的状态不同，传感器所呈现的输入－输出特性也就不同，所以，为了降低或消除传感器在测量控制系统中的误差，传感器须具有良好的静态和动态特性，才能使信号（或能量）按规律准确地转换。

1.3.1　传感器的静态特性

静态特性是指被测量的值处于稳定状态时，传感器的输出与输入的关系，即输入量不随时间的变化而变化。衡量静态特性的主要指标有线性度、灵敏度与灵敏度误差、迟滞、重复性、分辨力、漂移等。

1. 线性度

传感器的线性度是指传感器的输出量与输入量之间的线性程度。传感器的输出输入关系或多或少地存在非线性问题。在不考虑迟滞、蠕变及其他不稳定性因素的情况下，其输出与输入特性可用下列多项式来表示：

$$y = a_0 + a_1 x + a_2 x_2^2 + a_3 x_3^3 + \cdots + a_n x_n^n \tag{1.1}$$

式中　x——输入量（被测量）；

y——输出量；

a_0——零位输出（输入量为零时的输出）；

a_1——理论上的传感器灵敏度；

$a_2, a_3, \cdots, a_n$——非线性项的系数。

各项系数不同，决定了特性曲线的具体形式。理想情况下，非线性项为零，所以特性方程为 $y = a_0 + a_1 x$，输入与输出呈线性特性。

当特性方程中仅含有偶次非线性项时，$y = a_0 + a_2 x_2^2 + a_4 x_4^4 + \cdots$，输入与输出线性范围较窄，线性度较差，一般传感器设计很少采用这种特性。

当特性方程中仅含有奇次非线性项时，$y = a_1 x + a_3 x_3^3$，输入与输出具有较宽的线性范围，通过补偿措施，可获得较理想的线性特性。当采用差动式结构，也可以消除偶次分量，显著改善线性范围。

在实际应用中，为了得到线性关系，可以采用非线性补偿电路或计算机软件等补偿措施进行线性化处理，或采用差动式结构。

在标准工作状态下，得到的输出与输入的实际测量曲线，称为校准曲线。在非线性误差不太大的情况下，我们可以用一条直线近似代表校准曲线，这条直线称为拟合直线。图1.2为几种直线拟合方法。

校准曲线与拟合直线之间的最大偏差与传感器满量程输出之比，称为传感器的非线性误差（或线性度），通常用 γ_L 来表示。即

$$\gamma_L = \pm \frac{\Delta L_{max}}{y_{FS}} \times 100\% \tag{1.2}$$

式中　ΔL_{max}——最大非线性绝对误差；

y_{FS}——满量程输出值。

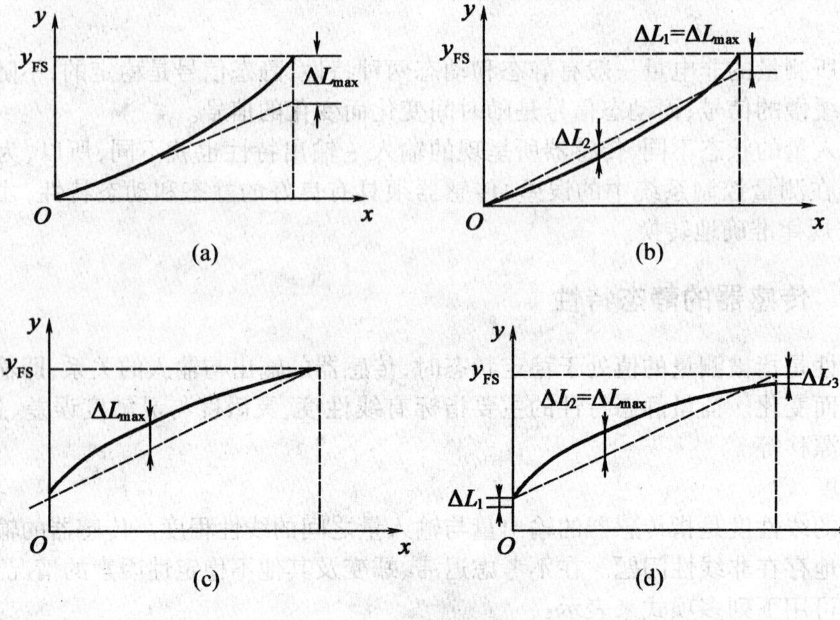

图 1.2　几种直线拟合方法

(a)理论拟合；(b)过零旋转拟合；(c)端点连线拟合；(d)端点连线平移拟合

2. 灵敏度

传感器的灵敏度是指到达稳定工作状态时，输出变化量 Δy 与引起此变化的输入变化量 Δx 之比，即

$$k=\frac{\Delta y}{\Delta x} \tag{1.3}$$

传感器的灵敏度表示传感器对输入量变化的反应能力。从上式可以看出，传感器输出曲线的斜率就是其灵敏度，对于线性传感器，灵敏度是一个常数，与输入量的大小无关，非线性传感器的灵敏度不是常数，应以 dy/dx 表示，如图 1.3 所示为传感器的灵敏度特性曲线图。

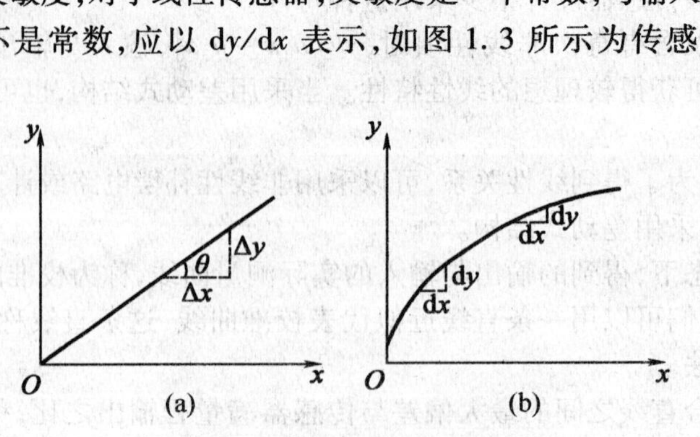

图 1.3　传感器的灵敏度

(a)线性传感器；(b)非线性传感器

3. 迟滞

迟滞是指传感器在正向(输入量增大)行程和反向(输入量减小)行程期间,其输入－输出特性曲线不重合的现象,如图 1.4 所示。产生这种现象的原因是:传感器敏感元件的物理性质和机械零部件的缺陷造成的。

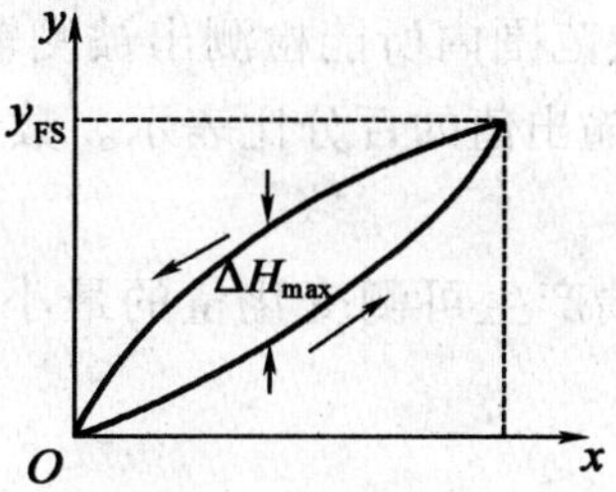

图 1.4　迟滞特性

迟滞 γ_H 的大小一般由实验方法确定,用最大输出差值 ΔH_{max} 相对满量程输出值 y_{FS} 的百分比来表示,即

$$\gamma_H = \frac{\Delta H_{max}}{y_{FS}} \times 100\% \tag{1.4}$$

式中　ΔH_{max}——正反行程输出值间的最大差值。

4. 重复性

重复性 γ_R 表示传感器在输入量按同一方向作全量程多次测试时,所得特性曲线不一致的程度,如图 1.5 所示。

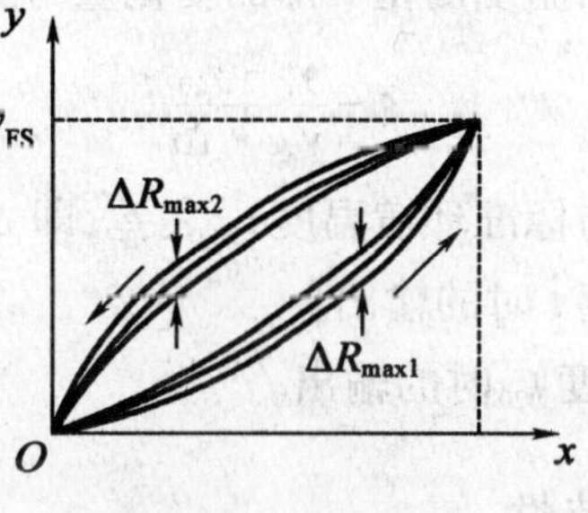

图 1.5　重复性

在图 1.5 中,ΔR_{max1} 为正行程的最大重复性偏差。ΔR_{max2} 为反行程的最大重复性偏差。

重复性误差属于随机误差,常用标准偏差表示,也可以用正反行程中的最大偏差 ΔR_{max} 表示,即

$$\gamma_R = \pm \frac{(2\sim3)\sigma}{y_{FS}} \times 100\% \tag{1.5}$$

或

$$\gamma_R = \pm \frac{\Delta R_{max}}{2y_{FS}} \times 100\% \tag{1.6}$$

式中　σ——正反行程输出值的最大标准差,$\sigma = \sqrt{\frac{1}{n-1}\sum_{i=1}^{n}(\bar{y}-y_i)^2}$;

ΔR_{max} ——正反行程中的最大偏差值(取 ΔR_{max1} 和 ΔR_{max2} 中较大的值)。

传感器输出特性的不重复性主要是由传感器机械部分的磨损、间隙、松动及部件的内摩擦、积尘、电路元件老化、工作点漂移等原因产生。

5. 分辨力与阈值

分辨力是传感器在规定测量范围内所能检测出被测输入量的最小变化量 Δx_{min}。可用绝对值表示,也可以用与满量程输出值的百分比表示。数字式传感器的分辨力一般指输出数字指示值的最后一位数字。

阈值是能使传感器的输出端产生可测变化量的最小被测输入量值,即零点附近的分辨力。

6. 零点漂移

当传感器无输入时,每隔一段时间对传感器的输出进行读数,其输出偏离零点的情况称为零点漂移,简称零漂,其值为

$$\text{零漂} = \frac{\Delta Y_0}{y_{FS}} \times 100\% \tag{1.7}$$

式中　ΔY_0——最大零点偏差。

零点漂移产生的原因是由于温度或其他原因导致传感器检测的基准零点发生变化,通常可在检测前进行清除或补偿,还可自动校零补偿解决,也可通过稳定环境温度来解决。

7. 温度漂移

温度漂移是指温度变化时传感器输出值的偏离程度。通常用当传感器工作环境温度偏离标准环境温度(一般为 20 ℃)时,温度变化 1 ℃的变化量与满量程输出值之比(ξ)来表示,即

$$\xi = \frac{y_t - y_{20}}{y_{FS} \cdot \Delta t} \tag{1.8}$$

式中　Δt——工作环境温度 t 与标准环境温度 t_{20} 之差,即 $\Delta t = t - t_{20}$;

y_t——传感器在环境温度 t 时的输出;

y_{20}——传感器在环境温度 t_{20} 时的输出。

1.3.2　传感器的动态特性

动态特性是指传感器输出对随时间变化的输入量的响应特性。多数传感器的输入信号是随时间变化的,在理想状态下,具有良好动态特性的传感器能迅速准确地响应输入信号,再现输入量的变化规律,即输出、输入具有相同的时间函数。但实际状态下,输出与输入的时间函数是不相同的,这种差异就是动态误差。

下面举一个动态测温的例子。设环境温度为 T_0,水槽中水的温度为 T,且 $T > T_0$,将热电偶从环境中迅速插入到水槽中,理论上,热电偶反映出来的温度应该立刻从 T_0 上升到 T,但实际上,热电偶反映出来的温度从 T_0 上升到 T 需要经历一段时间,即经过一段时间才能反映出环境的实际温度。

热电偶反映出来的温度与介质温度的差值称为动态误差,如图 1.6 所示。

传感器动态特性输入量和输出量的关系可以用微分方程来表示,如下式:

$$a_n \frac{d^n y(t)}{dt^n} + a_{n-1} \frac{d^{n-1} y(t)}{dt^{n-1}} + \cdots + a_1 \frac{dy(t)}{dt} + a_0 y(t)$$
$$= b_m \frac{d^m x(t)}{dt^m} + b_{m-1} \frac{d^{m-1} x(t)}{dt^{m-1}} + \cdots + b_1 \frac{dx(t)}{dt} + b_0 x(t) \tag{1.9}$$

式中　n——传感器的阶数；

$a_0, a_1, \cdots, a_n$ 和 $b_0, b_1, \cdots, b_m$——与传感器的结构特性有关的常系数。

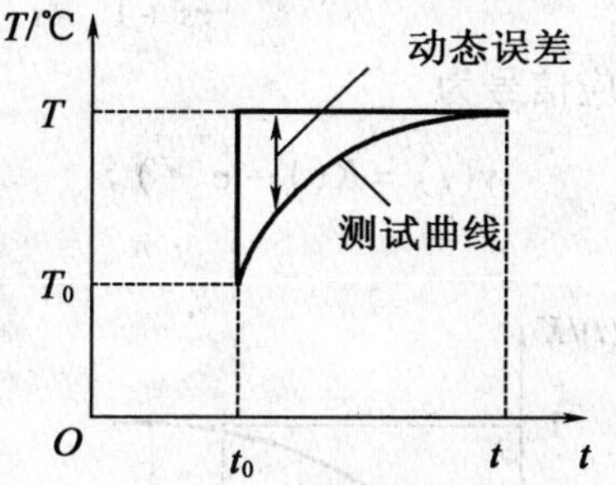

图 1.6　动态测温误差示意图

传感器常见的输入信号有阶跃信号和正弦信号。对于阶跃输入信号，传感器的响应称为阶跃响应或瞬态响应；对于正弦输入信号，传感器的响应称为频率响应或稳态响应。

传感器一般可以简化为一阶或二阶系统。所以，我们在分析阶跃响应和频率响应时，要分别分析一阶和二阶系统的动态特性。

1. 阶跃响应特性

传感器的阶跃响应是时间响应，当给静止的传感器输入一个单位阶跃信号时，即输入信号为

$$u(t) = \begin{cases} 0, & t \leqslant 0 \\ 1, & t > 0 \end{cases} \tag{1.10}$$

此时，其输出特性称为阶跃响应特性。

(1) 一阶传感器的单位阶跃响应

对于输入信号为单位阶跃信号的一阶传感器，在式(1.9)中，$n=1$，$x(t)=u(t)$，所以式(1.9)可简化为

$$a_1 \frac{dy(t)}{dt} + a_0 y(t) = b_0 u(t) \tag{1.11}$$

将式(1.11)变形为

$$\frac{a_1}{a_0} \frac{dy(t)}{dt} + y(t) = \frac{b_0}{a_0} u(t) \tag{1.12}$$

如果设$\frac{a_1}{a_0}=\tau$，$\frac{b_0}{a_0}=K$，则式(1.12)最终变为

$$\tau \frac{dy(t)}{dt} + y(t) = Ku(t) \tag{1.13}$$

式中　τ——时间常数；

K——静态灵敏度。

输入信号为单位阶跃信号的一阶传感器的传递函数为

$$H(s)=\frac{Y(s)}{X(s)}=\frac{K}{\tau s+1} \tag{1.14}$$

则传感器输出的拉氏变换为

$$Y(s)=H(s)X(s)=\frac{K}{\tau s+1}\times\frac{1}{s} \tag{1.15}$$

一阶传感器的单位阶跃响应信号为

$$y(t)=K(1-e^{-\frac{t}{\tau}}) \tag{1.16}$$

如图 1.7 所示。

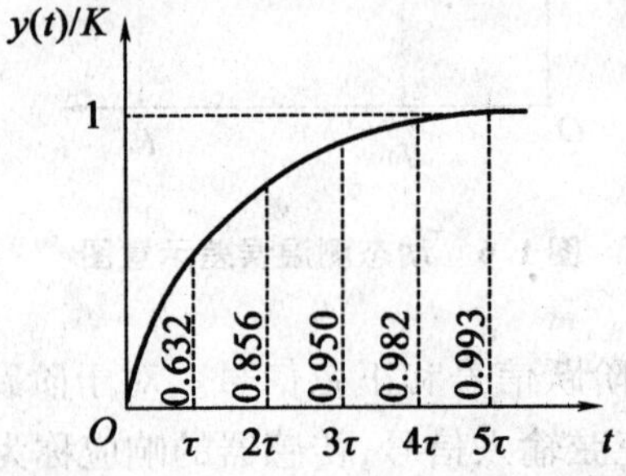

图 1.7　一阶传感器单位阶跃响应

由图 1.7 可以看出，随着时间推移，$y(t)$ 接近于 1，t 趋近于无穷大时才达到稳态值，τ 是决定响应速度的重要参数，τ 越小，阶跃响应特性越好，响应曲线越接近于输入阶跃曲线。

(2) 二阶传感器的单位阶跃响应

由式(1.9)可知，二阶传感器的微分方程为

$$a_2\frac{d^2y(t)}{dt^2}+a_1\frac{dy(t)}{dt}+a_0y(t)=b_0x(t) \tag{1.17}$$

其传递函数为

$$H(s)=\frac{Y(s)}{X(s)}=\frac{K\omega_n^2}{s^2+2\xi\omega_n s+\omega_n^2} \tag{1.18}$$

式中　ω_n——传感器的固有频率，即二阶系统的无阻尼自然振荡频率，$\omega_n=\sqrt{\frac{a_0}{a_2}}$；

ξ——传感器的阻尼比，$\xi=\frac{a_1}{2\sqrt{a_0a_2}}$；

K——静态灵敏度，$K=\frac{b_0}{a_0}$。

当输入信号为单位阶跃信号时，即 $x(t)=u(t)$，代入式(1.17)中，得出如图 1.8 所示的二阶传感器的单位阶跃响应曲线。

二阶传感器系统的响应在传感器固有频率 ω_n 为常数时，主要取决于阻尼比 ξ。当 $\xi<1$（欠阻尼）时，衰减振荡，达到稳态值所需要的时间随 ξ 的减小而增加。当 $\xi=0$（临界阻尼）

时，产生等幅振荡，达不到稳态。当 $\xi>1$（过阻尼）时，达到稳态所需时间较长，阶跃响应不再振荡。在实际应用中，$\xi=0.6\sim0.7$ 可获得较好的综合特性。

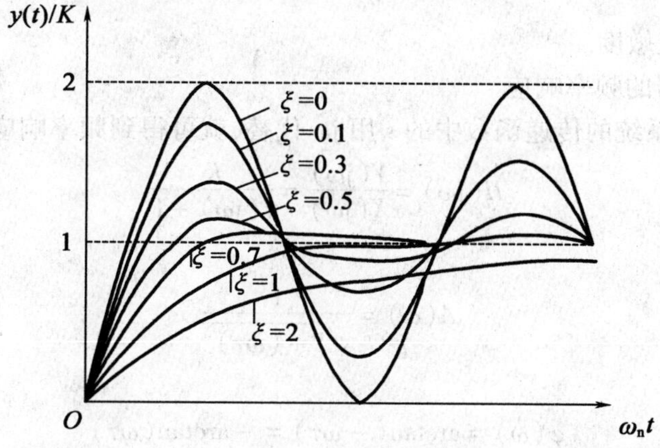

图 1.8 二阶传感器单位阶跃响应

2. 频率响应特性

传感器采用正弦信号作为输入信号时，得到的响应特性为频率响应特性。常用幅频特性和相频特性来描述传感器的动态特性。

将 $x(t)$，$y(t)$ 分别进行傅里叶变换，即

$$X(\mathrm{j}\omega)=\int_0^{\infty}x(t)\mathrm{e}^{-\mathrm{j}\omega t}\mathrm{d}t \tag{1.19}$$

$$Y(\mathrm{j}\omega)=\int_0^{\infty}y(t)\mathrm{e}^{-\mathrm{j}\omega t}\mathrm{d}t \tag{1.20}$$

则

$$H(\mathrm{j}\omega)=\frac{Y(\mathrm{j}\omega)}{X(\mathrm{j}\omega)}=\frac{b_m(\mathrm{j}\omega)^m+b_{m-1}(\mathrm{j}\omega)^{m-1}+\cdots+b_0}{a_n(\mathrm{j}\omega)^n+a_{n-1}(\mathrm{j}\omega)^{n-1}+\cdots+a_0} \tag{1.21}$$

$H(\mathrm{j}\omega)$ 称为传感器的频率响应函数，频率响应函数是传递函数的特例。

频率响应函数可以用指数形式表示，即

$$H(\mathrm{j}\omega)=A(\omega)\mathrm{e}^{\mathrm{j}\omega} \tag{1.22}$$

式中 $A(\omega)$——传感器的幅频特性。

$$A(\omega)=|H(\mathrm{j}\omega)|=\sqrt{[H_{\mathrm{R}}(\omega)]^2+[H_{\mathrm{I}}(\omega)]^2} \tag{1.23}$$

式中 $H_{\mathrm{R}}(\omega)$——$H(\mathrm{j}\omega)$ 的实部；

$H_{\mathrm{I}}(\omega)$——$H(\mathrm{j}\omega)$ 的虚部。

则传感器频率特性的相位角为

$$\varphi(\omega)=\arctan\left[\frac{H_{\mathrm{I}}(\omega)}{H_{\mathrm{R}}(\omega)}\right] \tag{1.24}$$

$\varphi(\omega)$ 为传感器的相频特性，表示输出信号相位随频率变化的关系，通常是负值。

(1) 零阶传感器的频率响应

零阶传感器系统中，由式(1.9)可知，只有 a_0，b_0 两个系数，微分方程为

$$a_0y(t)=b_0x(t) \tag{1.25}$$

可得出

$$y(t)=\frac{b_0}{a_0}x(t)=Kx(t) \tag{1.26}$$

式中　K——静态灵敏度。

(2)一阶传感器的频率响应

将一阶传感器系统的传递函数中的 s 用 $\mathrm{j}\omega$ 代替,就可得到频率响应函数为

$$H(\mathrm{j}\omega)=\frac{Y(\mathrm{j}\omega)}{X(\mathrm{j}\omega)}=\frac{K}{\tau(\mathrm{j}\omega)+1} \tag{1.27}$$

幅频特性为

$$A(\omega)=\frac{1}{\sqrt{1+(\omega\tau)^2}} \tag{1.28}$$

相频特性为

$$\varphi(\omega)=\arctan(-\omega\tau)=-\arctan(\omega\tau) \tag{1.29}$$

当 $\omega\tau\ll1$ 时,$A(\omega)\approx K$,说明传感器的输出与输入为线性关系,时间常数 τ 越小,频率特性越好。当 $\varphi(\omega)$ 很小时,$\varphi(\omega)\approx-\omega\tau$,相位差与频率 ω 成线性关系。

(3)二阶传感器的频率响应

振动传感器、压力传感器等都属于二阶传感器,由式(1.18)二阶传感器的传递函数,可得出二阶传感器系统的频率特性为

$$H(\mathrm{j}\omega)=\frac{K\omega_{\mathrm{n}}^2}{(\mathrm{j}\omega)^2+2\mathrm{j}\xi\omega_{\mathrm{n}}\omega+\omega_{\mathrm{n}}^2} \tag{1.30}$$

幅频特性为

$$A(\omega)=\frac{K}{\sqrt{\left[1-\left(\frac{\omega}{\omega_{\mathrm{n}}}\right)^2\right]^2+\left[2\xi\left(\frac{\omega}{\omega_{\mathrm{n}}}\right)\right]^2}} \tag{1.31}$$

相频特性为

$$\varphi(\omega)=-\arctan\frac{2\xi\omega\omega_{\mathrm{n}}}{\omega^2-\omega_{\mathrm{n}}^2} \tag{1.32}$$

当 $\xi\to0$ 时,在 $\omega\tau=1$ 处,$A(\omega)$趋近无穷大,这一现象称之为谐振。随着 ξ 的增大,谐振现象逐渐不明显。当 $\xi\geqslant0.707$ 时,不再出现谐振,这时 $A(\omega)$将随着 $\omega\tau$ 的增大而单调下降。

思考题

1. 什么是传感器？它由几部分组成？各自的作用是什么？
2. 信息技术系统的“感官”“神经”“大脑”分别指什么技术？
3. 传感器的分类方法有哪几种？分别是什么？
4. 什么是传感器的静态特性？它有哪些性能指标？如何用公式表征这些性能指标？
5. 什么是传感器的动态特性？其分析方法有哪几种？

第2章

电阻应变式传感器

电阻应变式传感器是应用领域最多的传感器之一,能够将被测的非电量变化转换为元件电阻值的变化,再经过测量电路转换为电量输出,可以测量的非电量物理量有位移、加速度、速度、力、力矩、压力、温度等。

电阻应变式传感器具有一些独特的优点,具体如下:

(1)结构简单,尺寸小,性能稳定、可靠;

(2)易于实现测试过程自动化和多点同步测量、远距测量和遥测;

(3)灵敏度高,测量速度快,有的适合于动态测量;

(4)可以测量的物理量种类较多。

基于以上优点,它已广泛应用于诸如航空、机械、电力、化工、建筑、医学等许多领域。

2.1 应变式传感器

2.1.1 电阻应变式传感器的工作原理

电阻应变式传感器由弹性敏感元件和电阻应变片两部分构成。当弹性敏感元件被测量时,其受到外界力的作用,就会产生变形。电阻应变片粘贴在弹性敏感元件表面,也会随着弹性敏感元件一起发生变形,产生应变,因此电阻应变片的电阻值发生了相应的变化。因此,测量出电阻应变片相应变化的电阻值,就可确定要测量的大小。

结构图如图2.1所示。弹性敏感元件的作用就是传感器组成中的敏感元件的作用。

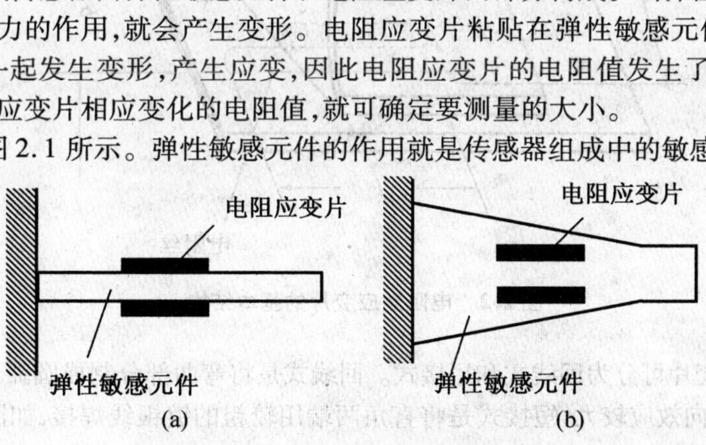

图2.1 电阻应变式传感器结构图

(a)侧视图;(b)俯视图

电阻应变片是电阻应变式传感器中的转换元件和核心元件，下面将详细讲述它的工作原理、基本性能以及应用方法等。

2.1.2 电阻应变片(计)的工作原理

1. 金属的应变效应

电阻应变片的工作原理是基于金属电阻的应变效应。金属丝在受到外力的作用时，会产生机械变形，其电阻随着它所受的机械变形(拉伸或压缩)的大小而发生相应的变化，这种现象称为金属的电阻应变效应。

2. 电阻应变片的结构和工作原理

(1)应变片的结构

①电阻丝式应变片

金属电阻应变片种类繁多，形式各样。常见的有电阻丝式应变片和箔式应变片，电阻丝式应变片(简称应变片或应变计)是本书重点研究内容，其基本构造大体相同，主要分成基底、电阻丝、覆盖层和引线四个部分。电阻丝又称为敏感栅，一般采用直径为 0.025 mm、高电阻率的合金电阻丝，它可以感应外界应变的大小，它被粘贴在绝缘的基底上，上面有一个覆盖层，起到绝缘保护电阻丝的作用，引线焊接在电阻丝上，主要用于连接测量导线。

图 2.2 所示为电阻丝式应变片的结构图。电阻应变片的规格一般用面积和电阻丝的电阻值来表示，其中面积用 $l \times b$ 表示，l 称为应变片的标距，是敏感栅沿轴方向测量变形的有效长度，b 称为丝栅宽度或工作宽度，比如规格可以为 100 Ω 或者 $2 \times 10\ mm^2$。

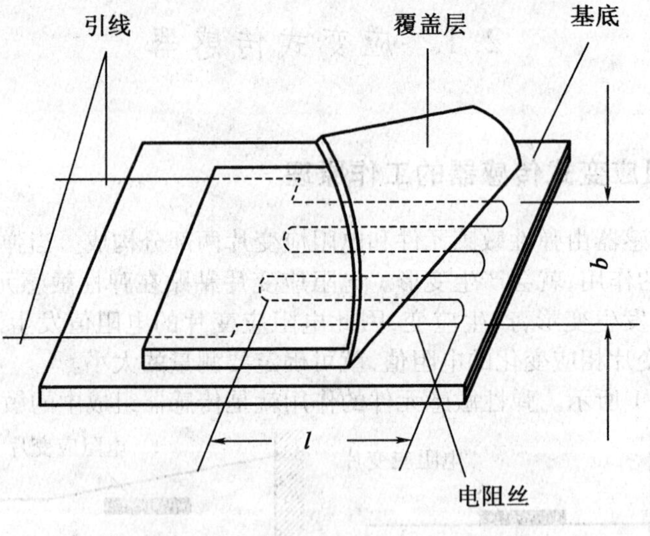

图 2.2 电阻丝应变片的基本结构

电阻丝式应变片可分为回线式和短接式。回线式是将弯曲部分制成圆弧形，如图 2.3(a)所示，这种形式横向效应较大，短接式是将直角两端用较粗的镀银线焊接，如图 2.3(b)所示，这种形式横向效应较小。

电阻丝式应变片的电阻丝通常采用的敏感材料为康铜(Cu－40Ni)和镍铬合金。康铜的稳定性好，不仅在弹性范围内为常数，而且进入塑性变形范围也基本保持不变，测量范围大,温度系数小,易加工焊接,是室温条件下理想的应变敏感材料。除此之外,合金敏感材料还可采用铂、铂钨合金、铁铬铝合金、镍铬铝合金等。

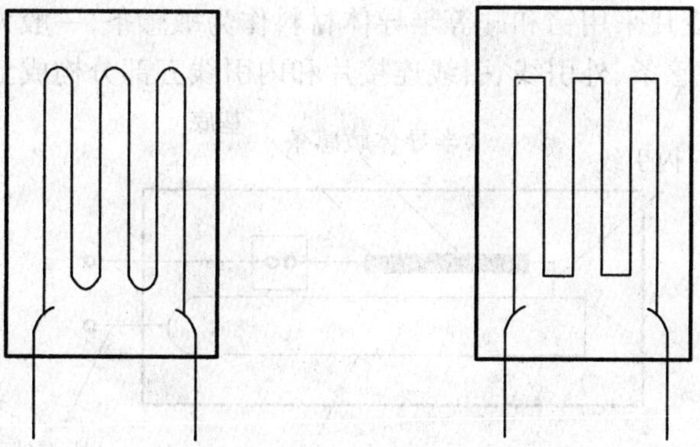

(a) (b)

图2.3 电阻丝式应变片的两种结构

(a)回线式;(b)短接式

②箔式应变片

箔式应变片也属于金属应变片,箔式应变片的制造方法与电阻丝式应变片不同,采用光刻和腐蚀方法代替电阻丝式应变片的绕线法,厚度一般为3~10 μm之间,图2.4为几种常用的箔式应变片。

(a) (b) (c)

图2.4 几种常用的箔式应变片

箔式应变片具有很多优点,在常温条件下,已逐步取代了电阻丝式应变片。它的主要优点是:

a. 可以根据不同的测量要求将敏感栅制成任意形状;

b. 敏感栅表面积大,与弹性体表面黏合面积大,散热性好,可以允许较大电流通过,适合批量生产;

c. 敏感栅弯头横向效应可以忽略;

d. 蠕变、机械滞后较小,疲劳寿命高。

③薄膜应变片

薄膜应变片也属于金属应变片。它是采用真空蒸镀法或真空沉积法,将金属电阻材料作为敏感栅粘贴在绝缘基底上制成的应变片,其厚度在0.1 μm以下。这种应变片灵敏系数高,允许电流密度大,但是比较难于控制其电阻随温度和时间的变化关系。

④半导体应变片

半导体应变片的工作原理是基于"压阻效应",即半导体材料的电阻率随应力而变化。

常见的半导体应变片采用锗和硅等半导体材料作为敏感条,一般为单根状,如图 2.5 所示。由基底、半导体敏感条、外引线、引线连接片和内引线五部分构成。

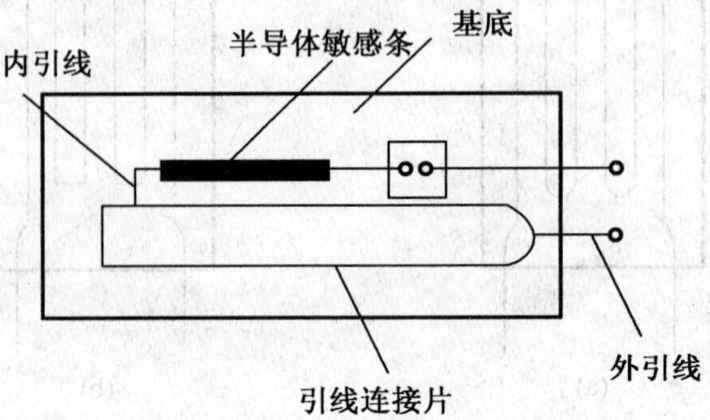

图 2.5　半导体应变片

半导体应变片体积小、灵敏度高,但是其灵敏度随温度变化较大,在较大应变下其非线性变化明显,所以使用场合受到限制。

(2)电阻应变片的工作原理

电阻应变片的工作原理是基于应变效应的,金属丝的电阻之所以会随着其发生的应变而变化是由于金属丝的电阻($R=\rho l/s$)与材料的电阻率(ρ)及其几何尺寸(长度 l 和截面积 s)有关,金属丝在发生机械变形时,这三个物理量都要发生变化,因而引起金属丝的电阻变化。

金属丝的电阻可表示为

$$R=\rho\frac{l}{s} \tag{2.1}$$

式中　R——金属丝的电阻,Ω;

ρ——金属丝的电阻率,$\Omega\cdot mm^2/m$;

l——金属丝的长度,m;

s——金属丝的截面积($s=\pi r^2$),mm^2。

取一段如图 2.6 所示的金属丝。当金属丝在轴向受到拉力 F 的作用时,将伸长 Δl,其横截面将相应减小 Δs($\Delta s=2\pi r\cdot\Delta r$),由于金属晶格发生变形,电阻率将改变 $\Delta\rho$,这些量的变化,将引起电阻值改变 ΔR。

图 2.6　金属导线受力变形情况(金属电阻应变片的应变效应)

用全微分表示为

$$dR = \frac{\rho}{s}dl - \frac{\rho l}{s^2}ds + \frac{l}{s}d\rho \tag{2.2}$$

或

$$\frac{dR}{R} = \frac{dl}{l} - 2\frac{dr}{r} + \frac{d\rho}{\rho} \tag{2.3}$$

式中　$\frac{dR}{R}$——电阻相对变化量；

$\frac{dl}{l}$——纵向相对变化量（即轴向应变）；

$\frac{dr}{r}$——半径相对变化量（即径向应变）；

$\frac{d\rho}{\rho}$——电阻率相对变化量。

在弹性范围内，轴向应变与径向应变的关系为

$$\frac{dl}{l} = \varepsilon, \ \frac{dr}{r} = -\mu\varepsilon$$

式中　μ——泊松比，金属材料约为0.3。

金属丝受拉时，沿轴向伸长，而沿径向缩短。

将以上几式整理可得

$$\frac{dR}{R} = (1+2\mu)\varepsilon + \frac{d\rho}{\rho} \tag{2.4}$$

由上式可知，电阻相对变化量由两方面因素决定：

一是$(1+2\mu)\varepsilon$，主要由材料的几何尺寸变化（应变）引起的；

二是$\frac{d\rho}{\rho}$，主要是由电阻率变化引起的。

对金属材料，前一项是主要的（实验证明：对金属材料在不超过拉伸比例极限范围内，应变 ε 是常数，其值约为0.24～0.4之间），对于半导体材料，后一项是主要的。

定义金属材料的灵敏系数为单位应变引起的电阻值的相对变化，公式为

$$K_0 = \frac{\frac{dR}{R}}{\varepsilon} = (1+2\mu) + \frac{\frac{d\rho}{\rho}}{\varepsilon} \tag{2.5}$$

对于金属材料，前一项是主要的，后一项值很小，略去，最后得金属材料的灵敏系数公式为

$$K_0 = 1 + 2\mu \tag{2.6}$$

K_0 主要由实验方法得到，在弹性极限内，基本上为常数，通常金属材料 $K_0 = 1.7 \sim 3.6$。

综上所述，当金属材料受拉力变长时，其截面积减小，电阻值增加；当受压力缩短时，截面积增大，电阻值减小。因此，只要能测出电阻值的变化，便可得知金属材料的应变情况。此为应变式传感器的理论基础。

2.1.3　应变式传感器的特性

应变式传感器的特性分为静态特性和动态特性。应变式传感器的特性参数与电阻应变

片的特性参数有关，其中，静态特性有以下几个方面。

1. 灵敏系数(K)

安装在弹性元件上的电阻应变片 R，弹性元件受力将引起元件表面上应变片的敏感栅的电阻值发生相对变化 dR/R，电阻相对变化与感受到的轴向应变 ε 呈线性关系，金属应变片的灵敏系数 K 用公式表示为

$$K=\frac{\frac{dR}{R}}{\varepsilon} \tag{2.7}$$

具体解释为：安装在弹性元件上的应变片，在其轴向受到应力时，其电阻相对变化(dR/R)与此应力引起的弹性元件表面轴向应变(ε)之比。

应变片灵敏系数 K 值是在某些特定条件下测出的，即弹性试件为泊松系数 $\mu=0.285$ 的钢材料，试件受单向应力，并且应变片轴向与主应力方向一致。

需要注意的是，将金属丝做成应变片后，电阻应变片的灵敏系数 K 小于金属电阻丝的灵敏系数 K_0，原因是黏结层传递变形失真以及横向效应的影响。

2. 横向效应

粘贴在弹性试件上的敏感栅是由多条直线和圆弧部分组成，直线部分称为纵栅，圆弧部分称为横栅，如图 2.7(a)所示。在应变片受到轴向应变时，纵栅被拉伸，产生纵向拉伸应变 ε_x(水平方向)，由于纵栅被拉伸，纵栅电阻丝的长度增加，所以纵栅电阻增大，而横栅除了感受到纵向拉伸应变外，还有横向压应变 ε_y(垂直方向，横栅顶点处)，如图 2.7(b)所示。横栅顶点部分的压应变会使这部分电阻变小，因此横栅产生的电阻变化抵消了纵栅的一部分电阻变化，使得整个敏感栅的相对电阻变化减小，所以整个应变片的灵敏系数降低，带来了测量误差。电阻应变片既受纵向应变又受横向应变影响使得灵敏系数降低的现象称为横向效应。

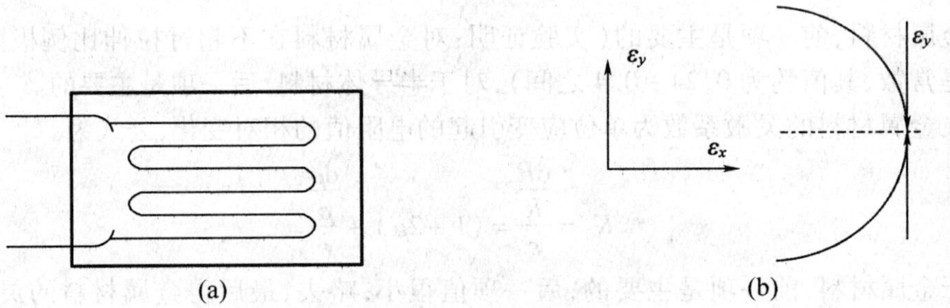

图 2.7　敏感栅的结构及受应变情况

(a)敏感栅结构；(b)横栅受应变情况

横向效应能带来测量误差，所以越小越好，可以通过改变敏感栅的结构来减小横向效应。敏感栅的纵栅越窄、越长，而横栅越宽、越短，则横向效应的影响越小。所以采用短接式或直角式横栅可以有效克服横向效应的影响，如图 2.3(b)所示。

3. 机械滞后

机械滞后是指粘贴在弹性试件上的应变片，在温度不变时，加载(增加)、卸载(减小)试件应变(机械应变)的过程中，对同一机械应变 ε_g 所做出的指示应变量 ε_i 的差值，如图 2.8

所示。加载和卸载试件应变的曲线并不重合,加载和卸载曲线之间的最大差值 $\Delta\varepsilon_m$ 称为应变片的滞后值。

4. 零漂和蠕变

在温度恒定的状态下,粘贴在弹性试件上的应变片,在无机械应变(即不承受外力)的条件下,其电阻值随时间变化的特性称为零点漂移,简称零漂,如图 2.9 所示,下面的曲线 P_0 为零漂曲线。

在温度恒定的状态下,粘贴在弹性试件上的应变片,在承受恒定应变的条件下,指示应变量随时间变化的特性称为蠕变,如图 2.9 所示,上面的曲线 θ 为蠕变曲线。

在应变片工作时,零漂和蠕变同时存在。

蠕变反映了应变片在长时间的工作中对时间的稳定性,通常要求 $\theta < 3 \sim 15\ \mu\varepsilon$。

引起蠕变的主要原因是制作应变片时内部产生的内应力和工作中出现的剪应力,使丝栅、基底,尤其是胶层之间产生的"滑移"所致。

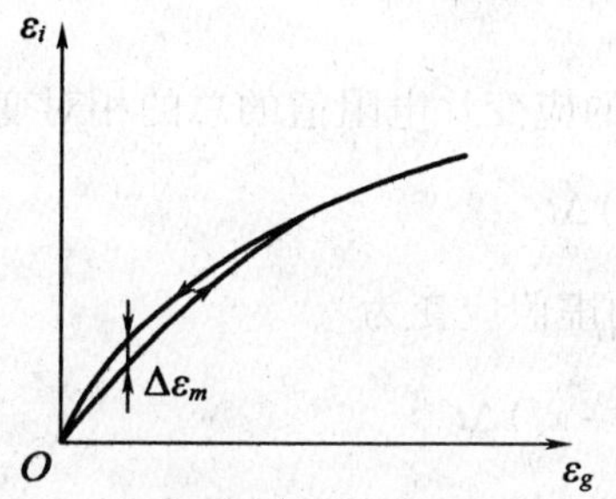

图 2.8　机械滞后

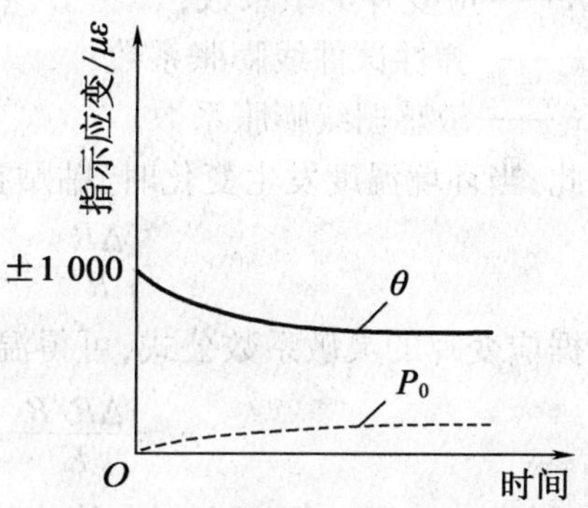

图 2.9　应变片的蠕变和零漂特性

5. 最大工作电流

应变片工作时,允许通过其敏感栅而不影响其工作的最大电流值称为最大工作电流,记为 I_{max},工作电流越大,输出信号越大,灵敏度越高,但工作电流越大会使应变片越热,导致其灵敏系数产生变化,零漂、蠕变都会增加,甚至烧坏应变片。所以要根据应变片敏感栅的尺寸和形状及试件的尺寸、材料和导热性能等来决定工作电流的大小。通常在静态测量时,工作电流取 25 mA,动态测量取 75 ~ 100 mA,箔式应变片由于散热条件好,取值可稍微大些。

6. 应变极限

温度一定时,应变片所能测量的最大应变值称为应变极限。指示应变值和真实应变值的相对差值一般规定为 10%,当指示应变值大于真实应变值的 10% 时,应变片一般已达到破坏状态,此时的真实应变值为应变片的极限应变。为了提高指示应变值,选用抗剪切度较高的黏结剂和基底材料,基底和黏结剂要经过适当的固化处理。

7. 温度误差及其补偿

(1)温度误差及其产生原因

粘贴在弹性试件上的应变片,由于环境温度的变化,将使其电阻发生变化,这种现象叫应变片的温度效应。由温度效应引起的误差称为温度误差,必须设法消除温度误差,使应变片的电阻只随应变的变化而变化,而没有由温度误差带来的虚假应变。

产生温度误差的原因如下：

①敏感栅电阻随温度的变化引起的误差（即热阻效应：电阻的阻值随温度的变化而变化的特性）。敏感栅电阻的相对变化为

$$\frac{\Delta R}{R}=x_t\Delta t \tag{2.8}$$

式中　Δt——环境温度变化；

x_t——敏感栅材料的电阻温度系数（单位电阻在温度变化 1 ℃时的电阻值变化量）。

②敏感栅材料与弹性试件材料的线膨胀系数不同，弹性试件可自由膨胀，使得应变片产生附加应变，引起的电阻相对变化为

$$\frac{\Delta R}{R}=K(x_{\mathrm{g}}-x_{\mathrm{s}})\Delta t \tag{2.9}$$

式中　Δt——环境温度变化；

K——应变片灵敏系数；

x_{g}——弹性试件线膨胀系数；

x_{s}——敏感栅线膨胀系数。

因此，当环境温度发生变化时，粘贴在弹性试件上的应变片电阻值的总的相对变化为

$$\frac{\Delta R}{R}=x_t\Delta t+K(x_{\mathrm{g}}-x_{\mathrm{s}})\Delta t \tag{2.10}$$

根据应变片的灵敏系数公式，可得温度变化产生的虚假应变为

$$\varepsilon_t=\frac{\Delta R/R}{K}=\left(\frac{x_t}{K}\right)\Delta t+(x_{\mathrm{g}}-x_{\mathrm{s}})\Delta t \tag{2.11}$$

由式(2.11)可知，温度变化会使应变片产生虚假应变，从而给测量带来误差。这个误差除与环境温度变化有关外，还与应变片本身的性能参数(K,x_t,x_{s})以及试件的线膨胀系数(x_{g})有关。

为了消除温度误差，必须要采取适当的温度补偿方法。

(2)温度补偿方法

温度补偿方法，分为温度自补偿和桥路补偿两大类。

①温度自补偿法

温度自补偿法：通过选配敏感栅材料与结构参数来实现温度误差补偿。温度自补偿法分为单丝自补偿法和双丝自补偿法。

a. 单丝自补偿法

从式(2.11)可以看出，要使温度变化产生的虚假应变为零，则

$$x_t=-K(x_{\mathrm{g}}-x_{\mathrm{s}}) \tag{2.12}$$

由式(2.12)可得出，当弹性试件选定后，试件的线膨胀系数 x_{g} 给定，只要选择合适的敏感栅材料，使得其电阻温度系数 x_t、膨胀系数 x_{s}、灵敏系数 K 满足式(2.12)，则无论温度怎么变化，均有虚假应变 ε_t 为零，从而达到温度自补偿的目的，但是单丝自补偿法的缺点是只适用于特定的试件材料，温度补偿范围较窄。

b. 双丝自补偿法

这种应变片的敏感栅是由两种不同温度系数且温度系数一正一负的电阻丝串接而成，如图 2.10 所示。

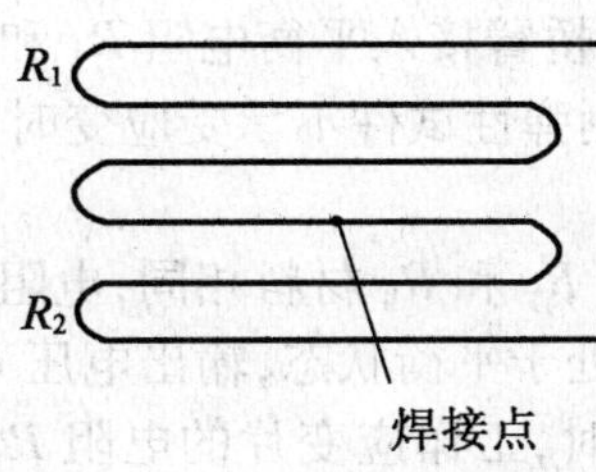

图 2.10　双金属敏感栅

调整 R_1 和 R_2 的比例，使温度变化时产生的电阻变化满足下式：

$$(\Delta R_{1t}) = -(\Delta R_{2t}) \tag{2.13}$$

当温度变化时，设 R_1 产生的虚假应变为 ε_{1t}，R_2 产生的虚假应变为 ε_{2t}（为负），ε_{1t} 与 ε_{2t} 的比值为

$$-\frac{\varepsilon_{2t}}{\varepsilon_{1t}} = -\left(\frac{\Delta R_{2t}}{R_2} \Big/ \frac{\Delta R_{1t}}{R_1}\right) = \frac{R_1}{R_2} \tag{2.14}$$

由式(2.13)和式(2.14)可知，只要满足 R_1 和 R_2 由于温度变化而产生的电阻变化为 ΔR_{1t} 和 ΔR_{2t} 的值大小相等而符号相反，即可满足 ε_{1t}，ε_{2t} 的变化与温度无关，就可以实现温度自补偿。

双丝自补偿法的精度可达 $\pm 0.14\ \mu\varepsilon/℃$，但是仍只能在特定的试件上使用。敏感栅电阻丝可以使用康铜，也可以使用康铜 - 镍铬串联，或者是康铜 - 镍串联而成。

②桥路补偿法

桥路补偿法是最为常用的温度补偿方法，如图 2.11 所示为桥路补偿法的原理图。

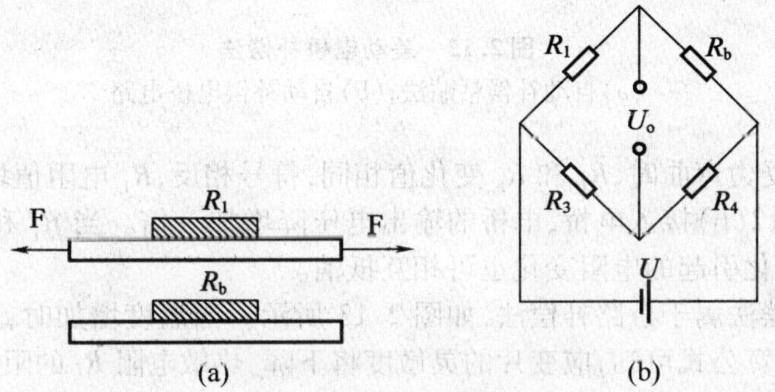

图 2.11　桥路补偿法原理图

(a)补偿结构；(b)电桥电路

电桥的输出电压为

$$U_o = A(R_1R_4 - R_bR_3) \tag{2.15}$$

式中　A——由桥臂电阻和电源电压决定的常数；

R_1——工作应变片电阻；

R_b——补偿应变片电阻；

R_3，R_4——平衡电阻。

将工作应变片 R_1 粘贴在受力的被测弹性试件上，将补偿应变片 R_b 粘贴在与被测弹性试件材料相同的另一个不受力的弹性试件上，如图 2.11(a)所示，将 R_1 和 R_b 接在电桥的相

邻桥臂上，如图 2.11(b) 所示，另外两个桥臂接入平衡电阻 R_3 和 R_4，并且 $R_3=R_4$。

R_1 和 R_b 处于相同的温度下，当被测弹性试件不承受应变时，可通过调整电桥参数使得电桥平衡，即输出电压 U_o 为 0。

当环境温度变化 Δt 时，由于应变片 R_1 和 R_b 材料相同，电阻温度系数相同，所以因温度相同引起的电阻变化量也相同，电桥仍处于平衡状态，输出电压 U_o 仍为 0。

当被测试件检测到外力，承受应变时，工作应变片的电阻 R_1 将发生改变，$\Delta R_1=R_1K\varepsilon$，补偿应变片没有承受应变，所以电阻值不发生改变，此时电桥输出电压为

$$U_o=AR_1R_4K\varepsilon \tag{2.16}$$

由式(2.16)可知：电桥电压的输出 U_o 仅与被测时间的应变 ε 有关，而与环境温度无关。

有时根据应变情况，采用自动补偿电桥方法，即将工作应变片 R_1 和补偿应变片 R_b 分别粘贴在被测弹性试件的两侧，并且上下对称，如图 2.12 所示。

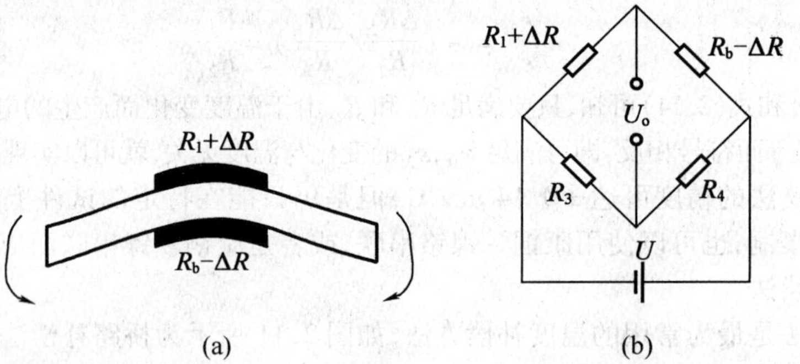

图 2.12　差动电桥补偿法

(a) 自动补偿粘贴法；(b) 自动补偿电桥电路

当弹性试件受力弯曲时，R_1 和 R_b 变化值相同，符号相反，R_1 电阻值增加 ΔR，R_b 电阻值减小 ΔR，按图 2.12(b) 接入电桥，电桥的输出电压降增加一倍。当 R_1 和 R_b 处于同一环境温度时，由温度变化引起的电阻变化也可相互抵消。

热敏电阻补偿法属于桥路补偿法，如图 2.13 所示。当温度增加时，应变片产生虚假应变，根据灵敏度计算公式可知，应变片的灵敏度将下降，热敏电阻 R_t 的阻值随着温度升高而降低，将使得电桥输入电压 U_i 增加，从而使得电桥的输出电压 U_o 也增加，同时适当选择分流电阻 R_5 的值，可以补偿因温度变化引起的电桥输出电压发生变化的问题。

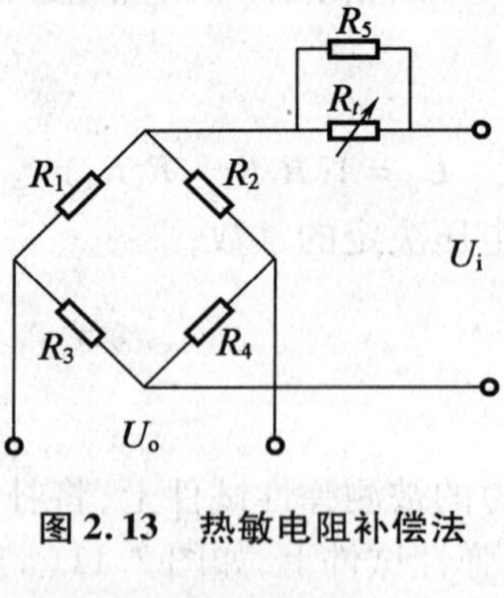

图 2.13　热敏电阻补偿法

2.2 应变式传感器的测量电路

由于应变式传感器的应变片的机械形变都比较小，所以引起的电阻变化量 $\Delta R/R$ 也是非常微小的，所以我们需要用专门的测量电路把电阻的变化量 $\Delta R/R$ 转化成电压或者电流的变化，在工程中经常采用直流电桥电路或者交流电桥电路，然后再把电桥电路输出的微弱信号经过放大器和滤波电路进行放大和滤波，最后经过 A/D 转换，以实现非电量的测量。

2.2.1 直流电桥

直流电桥是采用直流电源供电的电桥。直流电桥电路如图 2.14 所示，A，C 两端接直流电源电压 U，R_1，R_2，R_3，R_4 为桥臂电阻，B，D 两端为输出端，设输出电压为 U_o，电桥输出电压为

$$U_o = U_B - U_D = U\left(\frac{R_1}{R_1 + R_2} - \frac{R_4}{R_3 + R_4}\right) \tag{2.17}$$

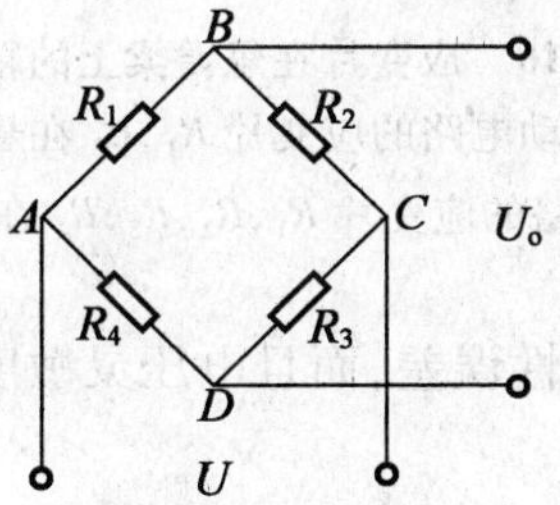

图 2.14　直流电桥电路

电桥达到平衡状态时，输出电压 $U_o = 0$，则有

$$R_1R_3 = R_2R_4 \tag{2.18}$$

或

$$\frac{R_1}{R_2} = \frac{R_4}{R_3} \tag{2.19}$$

式(2.18)和(2.19)为电桥平衡条件，说明要使电桥平衡，相邻两臂电阻的比值应相等，或相对两臂电阻的乘积应相等。

根据工作时桥路中参与工作的桥臂数，电桥有半桥单臂、半桥双臂和全桥三种形式，如图 2.15 所示。图中均为全等臂电桥，即初始时，$R_1 = R_2 = R_3 = R_4 = R$。

为了消除半桥单臂电桥电路的非线性误差的影响，通常采用差动电桥，分别将电阻变化值增加和减小的两个应变片接入电桥相邻桥臂，称为半桥双臂差动电路，如图 2.15(b)所示，其在悬臂梁上粘贴形式如图 2.16(a)所示。

将两个电阻变化值增加的应变片接入相对桥臂上，同时将两个电阻变化值减小的应变片接入另一对相对桥臂上，构成全桥差动电路，如图 2.15(c)所示，其在悬臂梁上粘贴形式如图 2.16(b)所示。

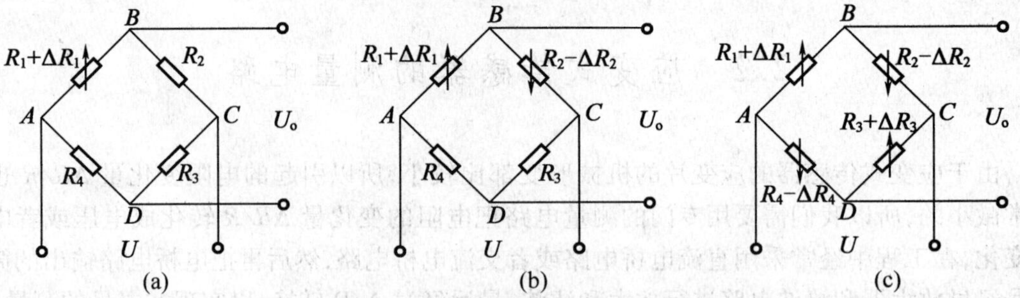

图 2.15　直流电桥的连接方式

(a)半桥单臂;(b)半桥双臂;(c)全桥四臂

图 2.16　应变片在悬臂梁上的粘贴形式

(a)半桥双臂差动电路的应变片 R_1,R_2 在悬臂梁上粘贴形式;

(b)全桥差动电路的应变片 R_1,R_2,R_3,R_4 在悬臂梁上粘贴形式

全桥差动电路不仅没有非线性误差,而且电压灵敏度是单臂电桥的 4 倍,而且具有温度补偿作用。

直流电桥的优点是:所需直流电源容易获得;电桥输出电压 U_o 是直流,可以用直流仪表测量;从传感器至测量仪表的连接导线要求较低;电桥的平衡电路简单。缺点是:由于输出信号微小,需要加直流放大器,直流放大器较复杂,容易受到零漂和接地电位的影响。

2.2.2　交流电桥

交流电桥在导线分布参数影响、平衡调节和信号放大电路方面都与直流电桥有明显不同。

1. 交流电桥平衡条件

采用交流电源供电的桥式电路称为交流电桥,如图 2.17 所示为半桥差动交流电桥电路,Z_1,Z_2,Z_3,Z_4 为复阻抗,如图 2.17(a)所示,$\dot{U}$ 为交流电压源,所以引线分布电容使得两桥臂应变片呈现复阻抗特性,即相当于 R_1,R_2 两只应变片各并联了一个电容,其等效电路如图 2.17(b)所示。

当电桥输出端开路时,输出电压为

$$\dot{U}_o=\left(\frac{Z_1}{Z_1+Z_2}-\frac{Z_3}{Z_3+Z_4}\right)\dot{U}=\frac{Z_1Z_4-Z_2Z_3}{(Z_1+Z_2)(Z_3+Z_4)}\dot{U} \tag{2.20}$$

要使电桥平衡,应使 $\dot{U}_o=0$,即

$$Z_1Z_4-Z_2Z_3=0 \tag{2.21}$$

或

$$\frac{Z_1}{Z_2}=\frac{Z_3}{Z_4} \tag{2.22}$$

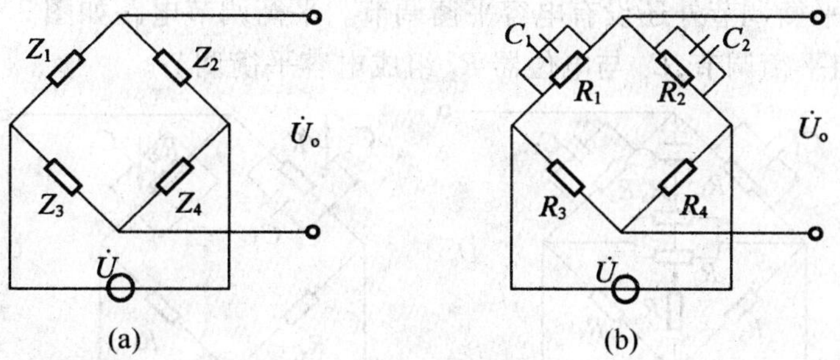

图 2.17　半桥差动交流电桥电路

(a)半桥差动交流电桥电路;(b)半桥差动交流电桥等效电路

图 2.17 中四臂阻抗分别为

$$\begin{cases} Z_1=\dfrac{R_1}{1+\mathrm{j}\omega R_1C_1}=|Z_1|\mathrm{e}^{\mathrm{j}\varphi_1} \\ Z_2=\dfrac{R_1}{1+\mathrm{j}\omega R_2C_2}=|Z_2|\mathrm{e}^{\mathrm{j}\omega_2} \\ Z_3=R_3=|Z_3|\mathrm{e}^{\mathrm{j}\varphi_3} \\ Z_4=R_4=|Z_4|\mathrm{e}^{\mathrm{j}\varphi_4} \end{cases} \tag{2.23}$$

$|Z_1|,|Z_2|,|Z_3|,|Z_4|$为各阻抗的模,$\varphi_1,\varphi_2,\varphi_3,\varphi_4$ 为各阻抗的幅角,由电桥平衡条件式(2.21)可得

$$\begin{cases} |Z_1||Z_4|=|Z_2||Z_3| \\ \varphi_1+\varphi_4=\varphi_2+\varphi_3 \end{cases} \tag{2.24}$$

上式表明,交流电桥平衡要满足两个条件:一是相对两臂复阻抗之积相等;二是相对两臂复阻抗幅角之和相等。

2. 交流电桥输出特性及平衡调节

设初始平衡时,$Z_1=Z_2=Z$,当外界应力变化引起 $Z_1=Z+\Delta Z$,$Z_2=Z-\Delta Z$,则电桥的输出电压为

$$\dot{U}_o=\left(\frac{Z_0+\Delta Z}{2Z_0}-\frac{1}{2}\right)\dot{U}=\frac{1}{2}\,\frac{\Delta Z}{Z_0}\dot{U} \tag{2.25}$$

对于图 2.17(b)的等效电路来说,要满足平衡条件 $Z_1Z_4-Z_2Z_3=0$,将式(2.23)代入式(2.21),可得

$$\frac{R_1}{1+\mathrm{j}wR_1C_1}R_4=\frac{R_2}{1+\mathrm{j}wR_2C_2}R_3 \tag{2.26}$$

根据实部、虚部分别相等,整理可以得出平衡条件为

$$\frac{R_2}{R_1}=\frac{R_4}{R_3} \tag{2.27}$$

及

$$\frac{R_2}{R_1}=\frac{C_1}{C_2} \tag{2.28}$$

对这种交流电容电桥,除要满足电阻平衡条件外,还必须满足电容平衡条件。为此在桥路上除设有电阻平衡调节外还设有电容平衡调节。平衡调节电路如图 2.18 所示。R_p 与电位器 R_s 组成电阻平衡调节,C_p 与电位器 R_a 组成电容平衡调节。

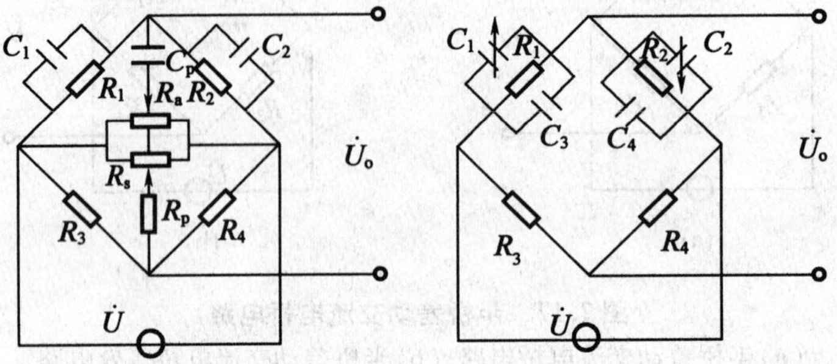

图 2.18　交流电桥平衡调节

在一般情况下,交流电桥的电源必须功率要大、具有良好的电压波形和频率稳定度。若电源电压因为包含了高次谐波而发生波形畸变,则高次谐波会造成测量误差以及扰乱电桥平衡。

2.3　压阻式传感器

固体材料在受到外力作用时,其电阻率会发生变化,这种效应称为压阻效应。半导体材料的压阻效应最为显著。压阻式传感器有两种,一种是利用半导体材料的电阻制成粘贴式的应变片,称为半导体应变式传感器,其原理和金属电阻应变片的原理类似。另一种是在半导体材料的基片上用集成电路工艺制成扩散电阻,作为测量传感元件,称为扩散性压阻式传感器或固态压阻式传感器,固态压阻式传感器主要用于测量压力和加速度等。

2.3.1　基本工作原理

电阻应变片的工作原理也适用于半导体材料,在前面 2.1 节电阻应变片的工作原理中,有电阻相对变化量公式(2.4),对于半导体材料,后一项是主要的,因为后一项远大于前一项,即半导体材料的电阻变化主要来源于电阻率的变化。由于机械形变引起的电阻变化可以忽略不计,即

$$\frac{dR}{R}\approx\frac{d\rho}{\rho}=\pi_L\sigma=\pi_L E\varepsilon \tag{2.29}$$

式中　σ——作用于材料的沿晶向 L 的应力,N/m^2;

π_L——半导体材料沿晶向 L 的压阻系数,m^2/N;

E——半导体材料的弹性模量。

则半导体材料的灵敏系数为

$$K = \frac{dR/R}{\varepsilon} = \pi_L E \tag{2.30}$$

硅和锗等半导体材料,掺入杂质可形成 P 型或 N 型半导体。在外力作用下,这些半导体材料的原子点阵排列发生变化,导致载流子迁移率及浓度发生变化。由于单晶硅等半导体是各向异性材料,所以它的压阻效应不仅与掺杂浓度、温度和材料有关,还与晶向(晶面的法线方向)有关。

2.3.2　压阻式传感器的测量电路和温度补偿电路

四个半导体应变片粘贴在弹性元件上所构成的全桥电路称为压阻式传感器的测量电路。初始电桥平衡时,设四个桥臂上的应变片阻值均为 R,工作时,两个应变片受拉伸(阻值变大,变为 $R+\Delta R$),另外两个受压缩(阻值变小,变为 $R-\Delta R$),且均为相对桥臂,这样输出的灵敏度最大。桥路输出的电压因供电电源采用恒流源还是采用恒压源而不同,如图 2.19(a)所示为恒压源供电,(b)为恒流源供电。图中 ΔR_T 为应变片由环境温度变化而产生的阻值变化,这部分阻值不能忽略。

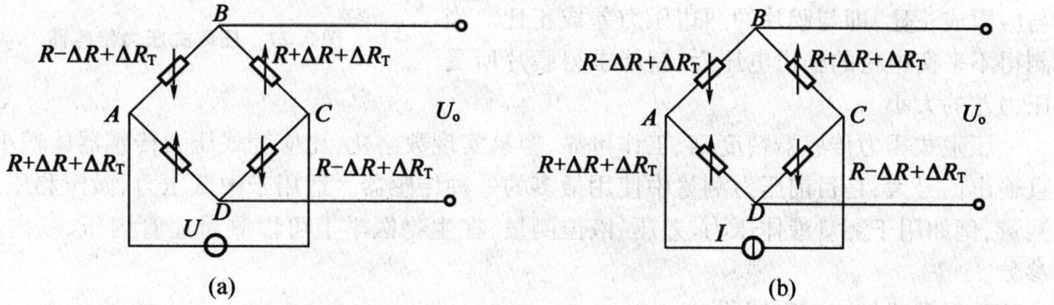

图 2.19　压阻式传感器的测量电路

(a)恒压源供电;(b)恒流源供电

用恒流源供电的桥路输出电压与 ΔR 成正比,且不受环境温度影响。

由于半导体材料对温度比较敏感,压阻式传感器的电阻值及灵敏系数随温度变化而变化,将引起零漂和灵敏度漂移,应采取温度补偿措施。

对于扩散型压阻式传感器,用电桥测量时,当四个桥臂的电阻阻值相等或相差不大,并且温度系数也一样时,电桥的零点漂移和灵敏度漂移都很小,但是这在工艺上难以实现。

零点温度漂移一般采用如图 2.20 所示的电路进行补偿,串联电阻 R_s 起调零作用,并联电阻 R_p 起补偿作用。当温度升高时,R_2 的电阻值增加较大,则 B 点电位高于 D 点电位,两者电位差就是零位漂移。为了消除电位差,在 R_2 上并联一个负温度系数热敏电阻 R_p,使 AD 间等效电阻基本不变,达到补偿目的,或者在 R_4 上并联一个正温度系数热敏电阻也可以达到同样目的。

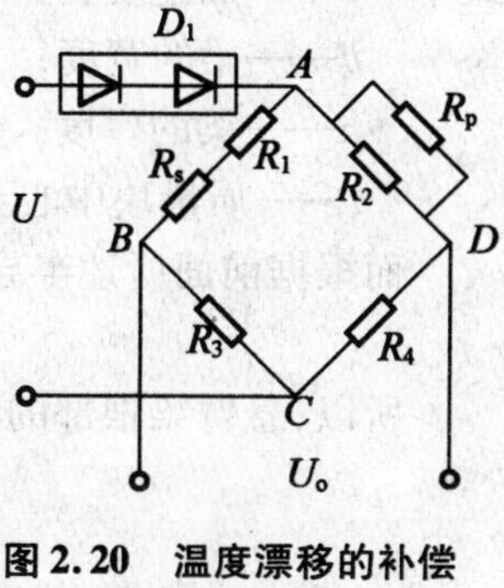

图 2.20　温度漂移的补偿

灵敏度温度漂移是由于压阻系数随温度变化而引起的,温度上升时,压阻系数变小,由公式(2.30)可得,灵敏系数下降,温度降低时,压阻系数变大。

电桥电源上串联二极管可以起到灵敏度温漂补偿的作用，二极管温度特性为负温度特性，即温度每升高1 ℃，正向压降减小1.9～2.4 mV。当温度升高时，二极管正向压降减小，电源采用恒压源，所以电桥电压增大，输出电压也增大，补偿了温度升高所带来的灵敏度下降问题。所串联的二极管的个数需要根据实际情况计算得出。

2.3.3 压阻式传感器的应用

1. 压阻式压力传感器

压阻式压力传感器是由集成工艺制成的器件，如图2.21所示，核心部分是圆形的硅膜片，在硅片上扩散出四个等值的P型电阻，构成电桥电路，硅膜片周边用硅杯固定，下部是与被测系统相连的高压腔，上部是低压腔，与大气相通。当膜片两边存在压力差时，膜片受到应力作用。四个电阻在应力作用下，阻值发生变化，电桥失去平衡，输出电压与应力成正比，即与膜片的两边压力差成正比。当测得不平衡电桥的输出电压后，就能求得膜片所受压力差的大小。

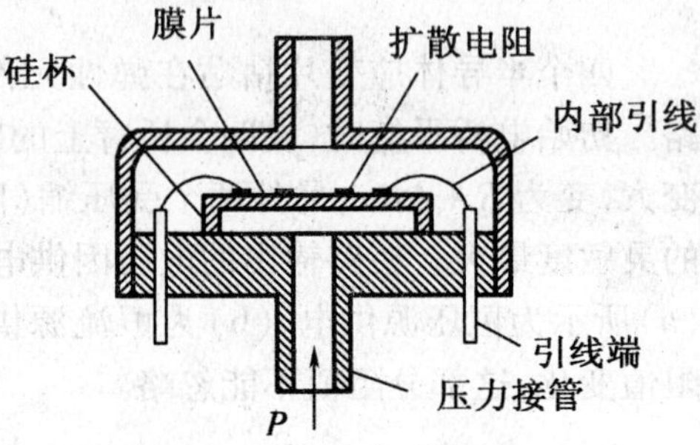

图2.21 压阻式压力传感器

压阻式压力传感器精度高、工作可靠、容易实现数字化，比应变式压力传感器体积小，并且输出信号大，是目前压力测量中使用最多的一种传感器。适用于中低压力、微压和压差的测量，例如用于测量液体压力、差压、液位测量，在生物医学上可以测量血管内压、颅内压等参数。

2. 压阻式加速度传感器

压阻式加速度传感器采用单晶硅做悬臂梁，在其根部上、下表面扩散四个电阻，如图2.22所示。当传感器受上或下方向的加速度a时，质量块的质量为m，质量块产生惯性力，悬臂梁受到弯矩和应力，使其上的电阻值发生变化，电阻值的相对变化与加速度成正比，因此电桥的输出电压将与加速度成正比。

悬臂梁根部所受应力为

$$\sigma = \frac{6ml}{bh^2}a \tag{2.31}$$

式中 a——加速度；

b——梁的宽度；

h——梁的厚度；

l——质量块中心到扩散电阻处的距离（梁的长度）。

而根据前面所述半导体材料所受的应力为

$$\sigma = E\varepsilon \tag{2.32}$$

所以，悬臂梁根部的应变为

$$\varepsilon = \frac{6ml}{Ebh^2}a \tag{2.33}$$

式中 E——半导体材料的弹性模量。

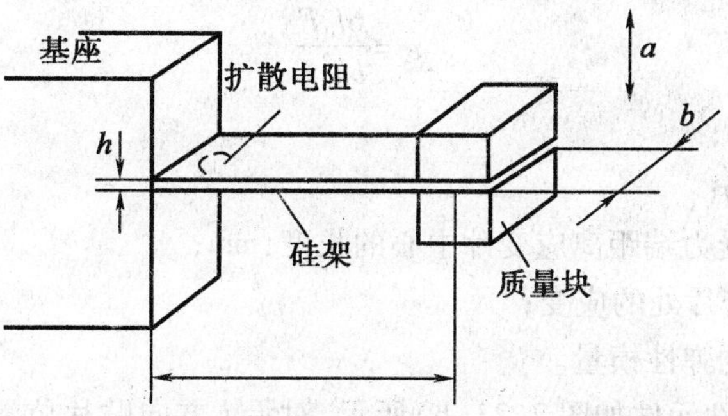

图 2.22　压阻式加速度传感器

传感器固有频率为

$$f_0=\frac{1}{4\pi}\sqrt{\frac{Ebh^3}{ml^3}} \tag{2.34}$$

恰当地选择传感器尺寸及阻尼系数来测量低频加速度与直线加速度。

2.4　应变式传感器的应用

应变式传感器是由弹性元件、电阻应变片及外壳组成的装置。

在应变式传感器的结构中,一般将四个电阻应变片成对地横向或纵向粘贴在弹性元件的表面,通常四个应变片接成差动电桥电路。

应变式传感器按其用途不同,可分为应变式力传感器、应变式压力传感器和应变式加速度传感器。

2.4.1　应变式力传感器

主要用来测量荷重和力等,在电子秤中应用比较普遍,或应用于发动机推力测试、材料试验设备、机械零件受力状态等。应变式力传感器主要差别是其弹性元件形状各不相同,应变片在弹性元件上的粘贴位置也不同,弹性元件常见的有梁式、柱式、筒式、环式、轮辐式。

1. 梁式力传感器

这种传感器结构简单,应变片粘贴方便,灵敏度较高。可测量 0.01 N 到几千牛顿的拉力或压力。

梁式力传感器的弹性元件有如下几种:等截面悬臂梁式弹性元件、等强度悬臂梁式弹性元件和双端固定梁弹性元件。

等截面梁弹性元件如图 2.23(a)所示,弹性元件一端固定,力作用在自由端,沿 l 方向在上表面贴应变片 R_1 和 R_4,在下表面贴应变片 R_2 和 R_3,在力 F 的作用下,R_1 与 R_4 受拉力,R_2 与 R_3 受压力,R_1 与 R_4 组成相对桥臂,R_2 与 R_3 组成另一对相对桥臂,构成全桥差动结构。粘贴应变片处的应变与力的关系为

$$\varepsilon = \frac{6l_0F}{bh^2E} \tag{2.35}$$

式中　b——梁宽,mm;

h——梁厚,mm;

l_0——悬臂梁受力端距离应变片中心的长度,mm;

ε——粘贴应变片处的应变;

E——悬臂梁的弹性模量。

等强度悬臂梁弹性元件如图 2.23(b)所示,对沿 l 方向贴片位置要求不像等截面梁那样严格,其他与等截面梁式弹性元件类似,粘贴应变片处的应变为

$$\varepsilon = \frac{3lF}{4bh^2E} \tag{2.36}$$

式中　l——等强度悬臂梁固定端宽度,mm;

h——悬臂梁厚度,mm;

l——悬臂梁受力端距离应变片中心的长度,mm;

ε——粘贴应变片处的应变;

E——悬臂梁的弹性模量。

双端固定梁弹性元件如图 2.23(c)所示,应变片 R_1,R_2,R_3 和 R_4 粘贴在中间位置,粘贴应变片处的应变为

$$\varepsilon = \frac{3lF}{4bh^2E} \tag{2.37}$$

式中　l——固定梁的长度,mm;

b——固定梁的宽度,mm;

h——固定梁的厚度,mm;

ε——粘贴应变片处的应变;

E——悬臂梁的弹性模量。

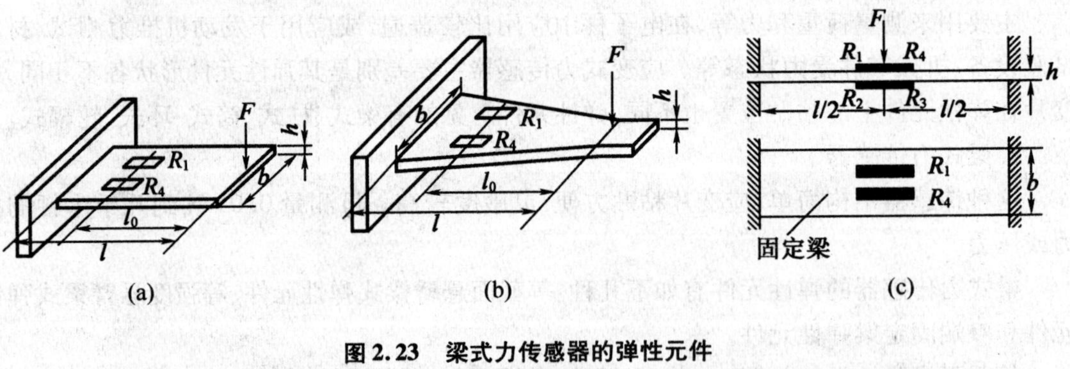

图 2.23　梁式力传感器的弹性元件

(a)等截面悬臂梁式弹性元件;(b)等强度悬臂梁式弹性元件;(c)双端固定梁弹性元件

2. 柱式(筒式)力传感器

如图 2.24 所示为柱式力传感器,筒式力传感器结构与其相似,应变片粘贴在弹性元件外

壁上，并且粘贴位置处应力分布均匀且处于中间位置，贴片在圆柱面上的展开位置及其桥路连接如图 2.24(a)，(b)所示，应变片有横向贴，也有纵向贴，横向贴的应变片起温度补偿作用。

柱式力传感器结构简单，可承受的载荷在 0.1～100 t 之间，较大，如图 2.24(c)所示。

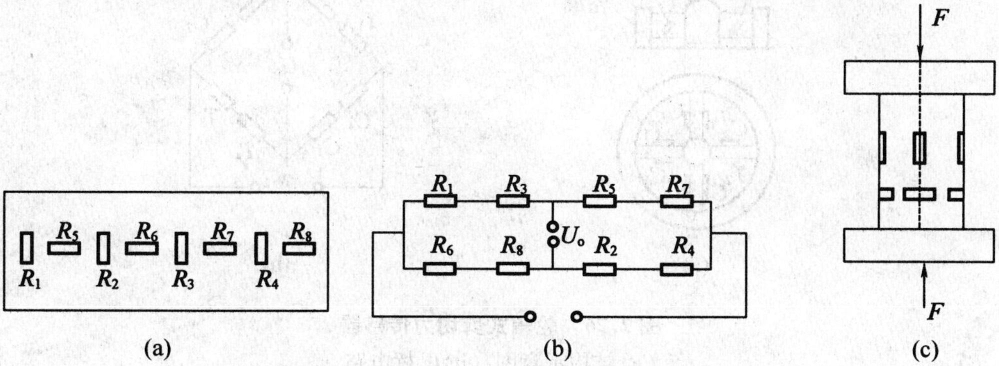

图 2.24　柱式力传感器结构图

(a)圆柱面展开位置；(b)桥路连接图；(c)整体结构图

3. 薄壁环式力传感器

薄壁环式力传感器结构简单，如图 2.25 所示，应力分布变化较大，应变片 R_1，R_4 贴在外表面，R_2，R_3 贴在内表面。贴片处的应变为

$$\varepsilon = \pm \frac{3F[R-(h/2)]}{bh^2E}\left(1-\frac{2}{\pi}\right) \tag{2.38}$$

式中　R——薄壁环的外半径，mm；

b——薄壁环的宽度，mm；

h——薄壁环的厚度，mm。

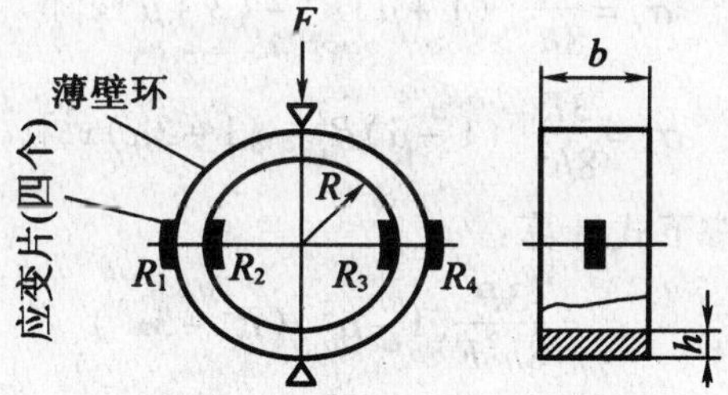

图 2.25　薄壁环式力传感器原理图

4. 轮辐式剪切力传感器

如图 2.26 所示的是轮辐式剪切力传感器及其电桥电路连接方式，电桥采用八个应变片，在轮辐的两个侧面与中性面成 45°方向上贴两片应变片，其中一片受拉，一片受压，每对轮辐的受拉片与受拉片串联组成一臂，受压片与受压片串联组成另一臂，这样连接可以消除荷载偏心和侧向力对输出的影响。外加荷载作用于轮毂的顶部和轮圈的底部，轮圈和轮毂的轮辐上受到纯剪切力。通过测量轮辐上的剪切力来测量荷载。

这种传感器精度高、滞后小,重复性及线性度好、尺寸小、质量轻。

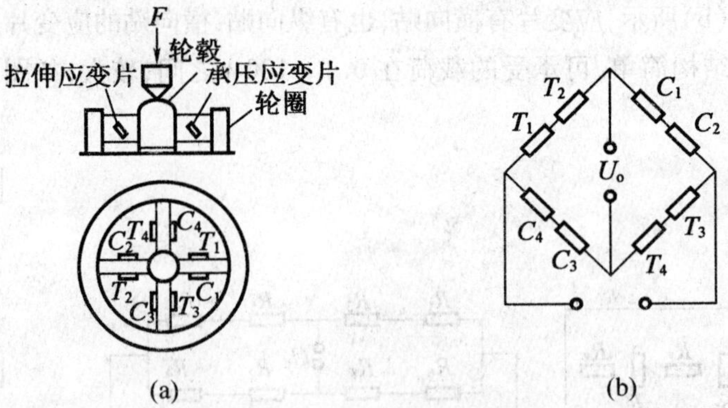

图 2.26 轮辐式剪切力传感器

(a)结构示意图;(b)电桥电路

2.4.2 应变式压力传感器

应变式压力传感器主要用于测量流体压力,如内燃机管道和动力设备管道的进气口、出气口的压力测量,以及发动机喷口的压力,枪、炮管内部压力的测量等。这类传感器主要采用膜片式、筒式、组合式的弹性元件。

1. 膜片式应变压力传感器

如图 2.27(a)所示是膜片式压力传感器,四个应变片贴在膜片内壁,其中在膜片圆心处沿切向粘贴 R_2,R_3 两个应变片,在边缘处沿径向粘贴 R_1 和 R_4 两个应变片,如图 2.27(b)所示,并且接成全桥电路,如图 2.27(c)所示。

在压力 P 的作用下,膜片上各点的径向压力 σ_r 和切向压力 σ_t,可用下式表示为

$$\sigma_r=\frac{3P}{8h^2}[(1+\mu)R^2-(3+\mu)x^2] \tag{2.39}$$

$$\sigma_t=\frac{3P}{8h^2}[(1+\mu)R^2-(1+3\mu)x^2] \tag{2.40}$$

从而产生的应变值可按下式计算:

$$\varepsilon_r=\frac{3P}{8h^2E}(1-\mu^2)(R^2-3x^2) \tag{2.41}$$

$$\varepsilon_t=\frac{3P}{8h^2E}(1-\mu^2)(R^2-x^2) \tag{2.42}$$

式中 σ_r,σ_t——分别为径向和切向应力;

ε_r,ε_t——分别为径向和切向应变;

R——膜片的半径;

h——膜片的厚度;

x——离圆心的径向距离。

径向应变 ε_r 和切向应变 ε_t 随离圆心的径向距离 x 的变化曲线如图 2.27 (d)所示。从图中可看出,应变变化曲线的特点是:当 $x=0$ 时,应变片的径向应变和切向应变相等并且都

达到最大值,即 $\varepsilon_{rmax}=\varepsilon_{tmax}$;当 $x=R$ 时,切向应变 $\varepsilon_t=0$,径向应变 $\varepsilon_r=-2\varepsilon_{rmax}$。

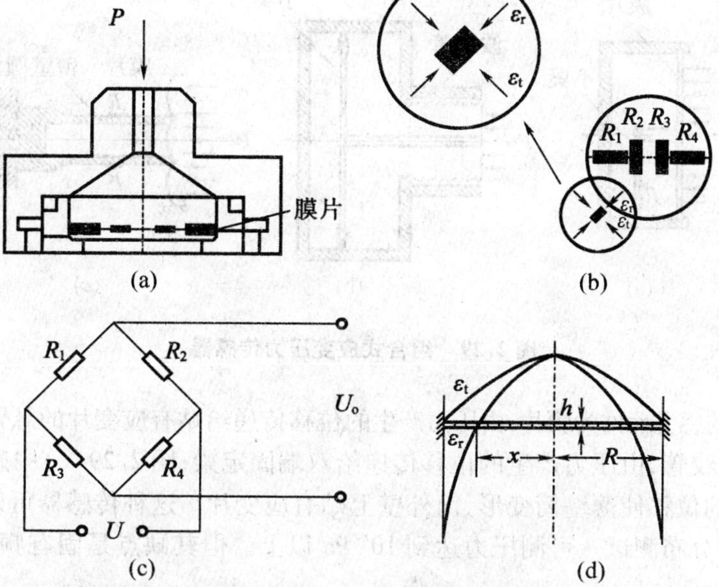

图 2.27　膜片式压力传感器

(a)膜片式压力传感器结构图;(b)应变片粘贴;

(c)四个应变片接成的全桥电路;(d)应变变化图

2. 筒式应变压力传感器

测较大压力时,一般采用筒式压力传感器。

如图 2.28 所示为筒式应变压力传感器,弹性元件为薄壁圆筒,筒底较厚,流体压力 p 作用于筒内壁时,筒体空心部分的外表面产生环向应变 ε_t,测出 ε_t 即可测出压力 p,这个环向应变在表面的各处是相同的,所以应变片的粘贴位置对应变没有影响。工作应变片 R_1 和 R_3 沿圆周方向粘贴在筒壁,温度补偿片 R_2,R_3 粘贴在筒底外壁上,并连接成全桥电路。

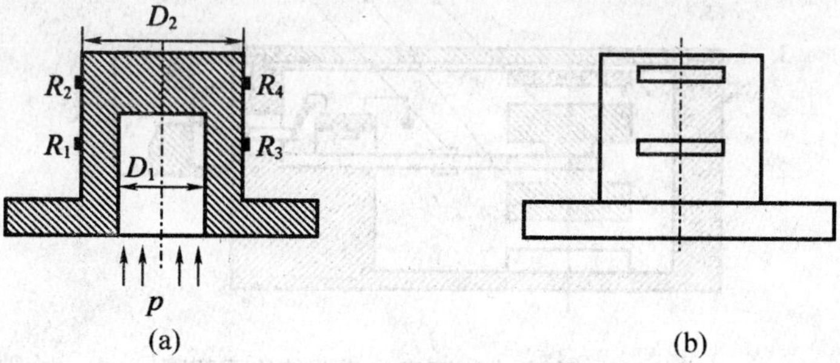

图 2.28　筒式压力传感器

(a)结构图;(b)简化图

3. 组合式应变压力传感器

这种传感器的应变片不直接粘贴在压力感受元件上,而是采用某种传递机构将感受元件的位移传递到贴有应变片的其他弹性元件上，如图 2.29 所示。

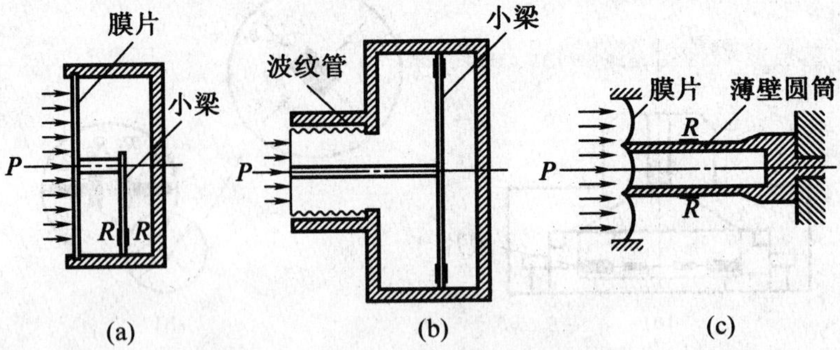

图 2.29　组合式应变压力传感器

图 2.29(a)的感受元件为膜片，由压力产生的位移传递给贴有应变片的悬臂梁；图 2.29(b)中感受元件为波纹管，由压力产生的位移传递给双端固定梁；图 2.29(c)中感受元件也为膜片，由压力产生的位移使薄壁筒变形，筒外壁上贴有应变片。这种传感器可以应用在大型轧机轴承油膜压力分布测试。可测压力达到 10^8 Pa 以上。但其缺点是固有频率低，不适于测量瞬态过程。

2.4.3　应变式加速度传感器

如图 2.30 所示是应变式加速度传感器的结构示意图，能够利用惯性将加速度转换为力，再作用于应变片上。在等强度梁的一端固定有质量块，梁的上下贴有应变片，测量时，将传感器壳体与被测对象刚性连接，当壳体以加速度 a 运动时，由于梁的刚度较大，所以梁上的质量块也以加速度 a 运动，产生的惯性力与加速度成正比，惯性力使等强度梁变形，该变形被粘贴在梁上的应变片感受到并随之产生应变，使应变片的阻值发生变化，引起应变片组成的电桥失衡，从而输出电压，测出该电压，即可知道应变的变化，从而计算出惯性力的大小，再根据牛顿第二定律，得出运动对象的加速度大小。

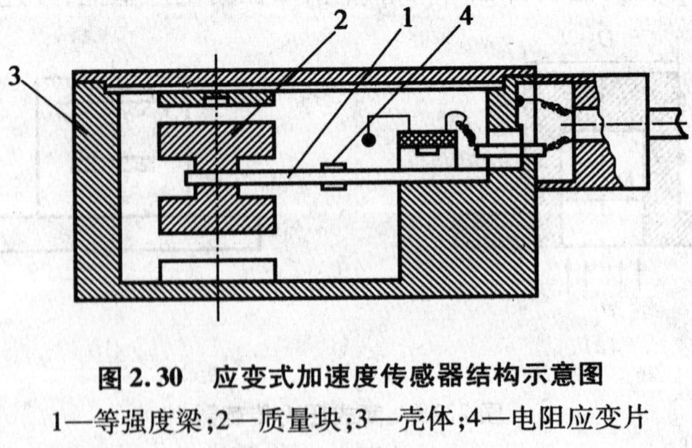

图 2.30　应变式加速度传感器结构示意图

1—等强度梁；2—质量块；3—壳体；4—电阻应变片

应变式加速度传感器在低频（10 ~ 60 Hz）振动测量中得到了广泛的应用，但不适用于频率较高的振动和冲击。

思考题

1. 什么是金属电阻应变片的电阻应变效应？
2. 试述金属电阻应变片的电阻应变效应与半导体材料的电阻应变效应有什么不同？
3. 用应变片测量时，为什么必须采取温度补偿措施？
4. 应变片的电阻 $R=120\ \Omega$，$k=2.05$，用作应变为 80 μm/m 的传感元件。求：
(1) ΔR 和 $\Delta R/R$；
(2) 若电源电压 $U=3$ V，求应变片有 ΔR 的应变后的输出电压 U_o。
5. 什么是电阻应变片的横向效应？采用什么方法可以减小横向效应？
6. 试述压阻式加速度传感器的工作原理。

第3章

电容式传感器

电容式传感器是将被测量的尺寸或压力等的变化转换成电容变化量的一种传感器。实际上,它本身就是一个可变电容器。电容式传感器结构简单、体积小、发热少,可以实现非接触测量,并且有较高的固有频率和良好的动态响应特性。现在已经广泛地应用于位移、角度、加速度、振动、压力、压差、液位、流量、成分含量等测量方面。

3.1 电容式传感器工作原理和类型

3.1.1 工作原理

电容式传感器是具有多个可变参数的电容器,如图3.1所示。由中间被绝缘介质分开的两个平行的金属板组成的平板电容器,如果不考虑边缘效应,它的电容 C 为

$$C=\frac{\varepsilon S}{d}=\frac{\varepsilon_0\varepsilon_r S}{d} \tag{3.1}$$

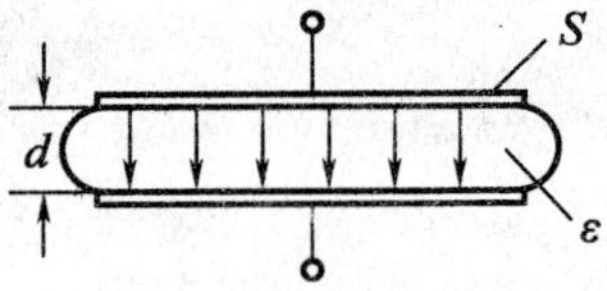

图3.1 电容式传感器结构图

式中 ε——电容极板间介质的介电常数,F/m;

ε_0——真空介电常数,为常数 8.85×10^{-4},F/m;

ε_r——极板间介质的相对介电常数,F/m;

S——两个平行板所覆盖的面积,m^2;

d——两极板间的距离,m。

从上式可以看出,ε_r,S,d 这三个参数都是可以变化的,无论哪个参数发生变化,最后得到的电容值都会随之发生改变,如果保持其中的两个参数不变,而仅改变另一个参数,电容值就仅随这个参数变化。

在交流工作时,则改变了容抗 X_c,从而使输出电压或电流变化。d 和 S 的变化可以反映线位移或角位移的变化,也可以间接反映弹力、压力等变化;ε_r 的变化,则可反映液面的高度、材料温度等的变化。

电容值 C 的变化,经过测量电路,转换为输出电压或电流的变化。根据其改变参数不同,可将电容式传感器分为以下三种:改变 d 值的变极距型电容式传感器、改变 S 值的变面积型电容式传感器和改变 ε_r 值的变介电常数型电容式传感器。

在实际应用中，常以变极距型(变间隙型)电容式传感器进行测量，因为它的灵敏度较其他类型的灵敏度高。变极距型电容式传感器可以测量微米数量级(0.01 微米～零点几毫米)的位移，而变面积型电容式传感器适用于测量厘米数量级的线位移或者角位移。变介电常数型电容式传感器常用于固体或液体的物位测量以及各种介质的湿度、密度的测定。

图 3.2 表示部分电容式传感器的原理结构形式。其中，图 3.2(a)和(b)为变极距型；图 3.2(c)，(d)，(e)和(f)为变面积型；图 3.2(g)和(h)为变介电常数型。

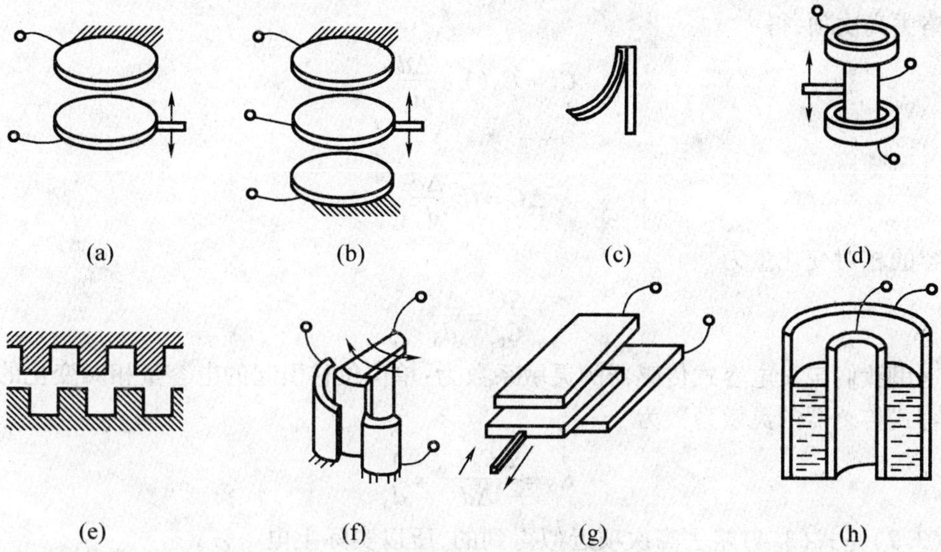

图 3.2　部分电容式传感器的原理结构

3.1.2　变极距型电容式传感器

1. 原理

如图 3.3 所示的是单极式变极距型电容式传感器工作原理图。

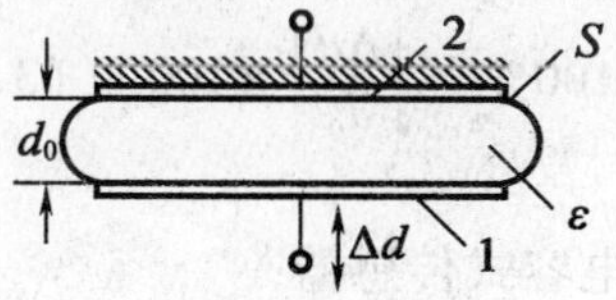

图 3.3　单极式变极距型电容式传感器工作原理图

电容初始电容量为

$$C_0=\frac{\varepsilon S}{d}=\frac{\varepsilon_0\varepsilon_r S}{d} \tag{3.2}$$

式中，两个平行板初始极距为 d_0，ε，ε_r 和 S 为常数，平行板 2 固定不动，平板 1 可以上下移动，使得极板间距发生改变。

若两极板间距离由 d 缩小 Δd 时，由于 C 与 d 成反比，所以电容 C 将增大 ΔC，此时电容器的电容为

$$C_1 = C_0 + \Delta C = \frac{\varepsilon S}{d_0 - \Delta d} = \frac{\varepsilon S}{d_0}\frac{1}{1 - \frac{\Delta d}{d_0}} = C_0 \frac{1}{1 - \frac{\Delta d}{d_0}} \tag{3.3}$$

当$\frac{\Delta d}{d_0} \ll 1$时，将上式按泰勒级数展开得

$$C_1 = C_0 \left[1 + \frac{\Delta d}{d_0} + \left(\frac{\Delta d}{d_0}\right)^2 + \left(\frac{\Delta d}{d_0}\right)^3 + \cdots\right] \tag{3.4}$$

将上式略去高次项，得

$$C_1 \approx C_0\left(1 + \frac{\Delta d}{d_0}\right) \tag{3.5}$$

所以

$$\Delta C = C_0 \frac{\Delta d}{d_0} \tag{3.6}$$

所以电容的相对变化量为

$$\frac{\Delta C}{C_0} = \frac{\Delta d}{d_0} \tag{3.7}$$

在这里我们定义电容式传感器的灵敏系数为：单位位移引起的电容量相对变化的大小。所以电容式传感器的灵敏系数为

$$K_0 = \frac{\Delta C / C_0}{\Delta d} = \frac{1}{d_0} \tag{3.8}$$

式(3.7)是式(3.4)略去高次项近似得到的，所以实际上电容量的变化 ΔC 与间距的变化 Δd 是非线性关系，即传感器输出特性不是线性关系，如图 3.4 所示为特性曲线。

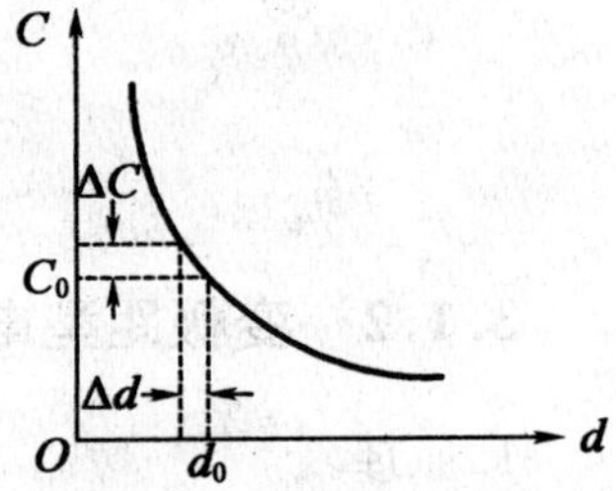

图 3.4　C－d 特性曲线

如果考虑式(3.4)中的线性项和二次项，则

$$\frac{\Delta C}{C_0} = \frac{\Delta d}{d_0}\left(1 + \frac{\Delta d}{d_0}\right) \tag{3.9}$$

相对非线性误差 δ 为

$$\delta = \frac{\left|\frac{\Delta d}{d_0} - \frac{\Delta d}{d_0}\left(1 + \frac{\Delta d}{d_0}\right)\right|}{\left|\frac{\Delta d}{d_0}\right|} \times 100\% = \left|\frac{\Delta d}{d_0}\right| \times 100\% \tag{3.10}$$

2. 具有固体介质的变极距型电容式传感器

由上述讨论可知：(1)变极距型电容传感器只有在$\frac{\Delta d}{d_0} \ll 1$时，才能得到线性输出；(2)要提高灵敏度，应减小初始极距 d_0，但是 d_0 过小容易造成电容器极板间介质击穿，并增加极板的加工与安装难度，所以我们通常在极板间加入固体介质，通常采用云母片等。云母的介电常数是空气的 7 倍，其击穿电压不小于 10^3 kV/mm，即使厚度为 0.01 mm 的云母片，其击穿电压也不小于 10^3 kV/mm，这样极板间的初始距离可大大减小。如图 3.5 所示为加入固体电介质(云母片)的电容式传感器。

设动极板与固体电介质组成的电容为 C_1，极板间的介质为空气，固体电介质与定极板组成的电容为 C_2，极板间的介质为该固体电介质，C_1 和 C_2 串联，则总电容为

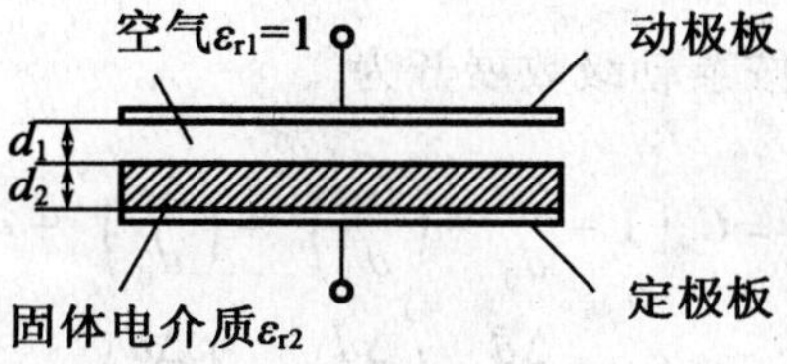

图3.5　加入固体电介质(云母片)的电容式传感器

$$C=\frac{1}{\frac{1}{C_1}+\frac{1}{C_2}}=\frac{1}{\frac{d_1}{\varepsilon_0\varepsilon_{r1}S}+\frac{d_2}{\varepsilon_0\varepsilon_{r2}S}}=\frac{\varepsilon_0 S}{\frac{d_1}{\varepsilon_{r1}}+\frac{d_2}{\varepsilon_{r2}}} \tag{3.11}$$

式中　ε_{r1}——空气相对于真空的介电常数，$\varepsilon_{r1}=1$；

ε_{r2}——云母片相对于真空的介电常数；

d_1——空气间隙厚度；

d_2——云母片的厚度。

3. 差动式变极距型电容式传感器

从式(3.8)可以看出，要提高变极距型电容式传感器的灵敏度，需要减小初始极距 d_0，但是从式(3.10)可以看出，减小了初始极距 d_0，非线性误差却增大了，所以在实际应用中，大都采用差动式结构，差动式结构既能提高灵敏度，同时也能减小非线性误差。如图3.6所示为差动式变极距型电容传感器结构图。

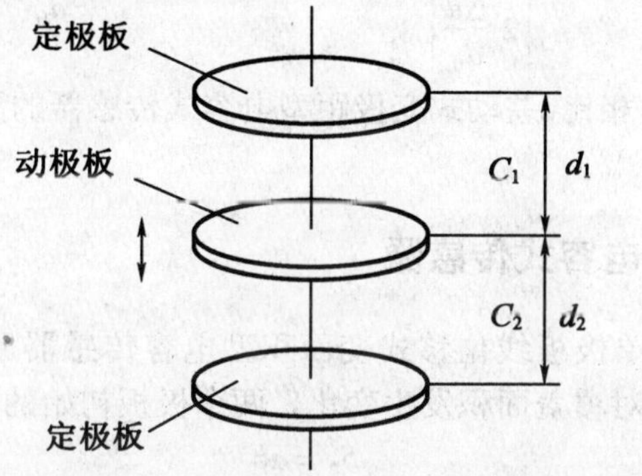

图3.6　差动式变极距型电容传感器结构图

如图3.6所示，初始时，$d_1=d_2=d_0$，电容器 C_1 和 C_2 的初始电容相等，设为 C_0，当动极板上移 Δd 后，电容器 C_1 的极距变为 $d_0-\Delta d$，电容器 C_2 的极距变为 $d_0+\Delta d$，此时电容器 C_1 的电容为

$$C_1=C_0+\Delta C=\frac{\varepsilon S}{d_0-\Delta d}=C_0\frac{1}{1-\frac{\Delta d}{d_0}} \tag{3.12}$$

电容器 C_2 的电容为

$$C_2=C_0-\Delta C=\frac{\varepsilon S}{d_0+\Delta d}=C_0\frac{1}{1+\frac{\Delta d}{d_0}} \tag{3.13}$$

若$\frac{\Delta d}{d_0} \ll 1$，则上面两式可按泰勒级数展开为

$$C_1 = C_0\left[1 + \frac{\Delta d}{d_0} + \left(\frac{\Delta d}{d_0}\right)^2 + \left(\frac{\Delta d}{d_0}\right)^3 + \cdots\right] \tag{3.14}$$

$$C_2 = C_0\left[1 - \frac{\Delta d}{d_0} + \left(\frac{\Delta d}{d_0}\right)^2 - \left(\frac{\Delta d}{d_0}\right)^3 + \cdots\right] \tag{3.15}$$

差动输出时，总的电容变化量为

$$\Delta C = C_1 - C_2 = 2C_0\left[\frac{\Delta d}{d_0} + \left(\frac{\Delta d}{d_0}\right)^3 + \left(\frac{\Delta d}{d_0}\right)^5 + \cdots\right] \tag{3.16}$$

略去高次项，近似得 $\Delta \approx 2C_0\frac{\Delta d}{d_0}$。

所以

$$\frac{\Delta C}{C_0} = 2\frac{\Delta d}{d_0} \tag{3.17}$$

则差动式变极距型电容传感器的灵敏系数为

$$K_0 = \frac{\Delta C / C_0}{\Delta d} = \frac{2}{d_0} \tag{3.18}$$

如果只考虑式(3.16)中的线性项和三次项，则相对非线性误差近似为

$$\delta = \frac{\left|2\frac{\Delta d}{d_0} - 2\frac{\Delta d}{d_0}\left[1 + \left(\frac{\Delta d}{d_0}\right)^2\right]\right|}{\left|2\frac{\Delta d}{d_0}\right|} \times 100\% = \left(\frac{\Delta d}{d_0}\right)^2 \times 100\% \tag{3.19}$$

与式(3.8)和(3.10)相比，差动式变极距型电容式传感器的灵敏度提高了一倍，相对非线性误差大大减小。

3.1.3　变面积型电容式传感器

如图3.7(a)所示是单极板线位移式变面积型电容传感器原理图，动极板可以左右移动，使得两个极板间的相对覆盖面积发生变化。两个极板初始的覆盖面积为

$$S_0 = ab \tag{3.20}$$

式中　a，b——定极板的长和宽。

初始电容为

$$C_0 = \frac{\varepsilon_0 \varepsilon_r ab}{d} \tag{3.21}$$

当动极板向右移动 Δx 后，极板间的覆盖面积变为

$$S = (a - \Delta x)b \tag{3.22}$$

此时电容为

$$C = \frac{\varepsilon_0 \varepsilon_r (a - \Delta x) b}{d} \tag{3.23}$$

电容变化量为

$$\Delta C = C_0 - C = \frac{\varepsilon_0 \varepsilon_r b \Delta x}{d} = C_0\frac{\Delta x}{a} \tag{3.24}$$

从上式可知,其电容变化量 ΔC 与位移 Δx 成线性关系。

其灵敏系数为

$$K = \frac{\Delta C/C_0}{\Delta x} = \frac{1}{a} \tag{3.25}$$

如图 3.7(b)所示是齿形极板线位移式变面积型电容传感器原理图,极板采用锯齿板,相当于 n 个线位移式变面积型电容传感器并联,可以增加遮盖面积,提高灵敏度。设极板的齿数为 n,移动 Δx 后,其电容量为

$$C_x = n\left(C_0 - \frac{\varepsilon b}{d}\Delta x\right) \tag{3.26}$$

电容变化量为

$$\Delta C = nC_0 - C_s = \frac{n\varepsilon b}{d}\Delta x \tag{3.27}$$

灵敏系数为

$$K_0 = \frac{\Delta C/C_0}{\Delta x} = \frac{n}{a} \tag{3.28}$$

是单极板的 n 倍。

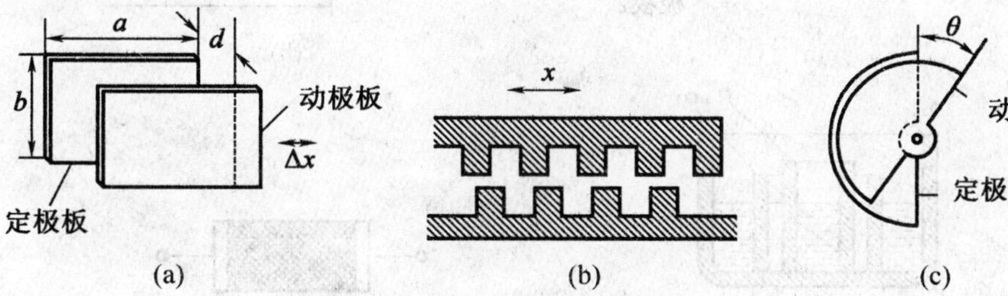

图 3.7　变面积型电容式传感器原理图

(a)线位移式;(b)齿形极板线位移式;(c)角位移式

如图 3.7(c)所示是角位移式变面积型电容传感器原理图,当动极板相对于定极板有角位移 θ 时,覆盖面积发生变化,从而改变了两极板间的电容。

当 $\theta = 0$ 时,两个极板完全覆盖,初始电容为

$$C_0 = \frac{\varepsilon_0 \varepsilon_r S}{d} \tag{3.29}$$

当 $\theta \neq 0$ 时,电容为

$$C = \frac{\varepsilon S(1 - \theta/\pi)}{d} = C_0(1 - \theta/\pi) \tag{3.30}$$

电容变化量为

$$\Delta C = C_0 - C = C_0 \frac{\theta}{\pi} \tag{3.31}$$

从上式可知,其电容变化量 ΔC 与角位移 θ 成线性关系。

其灵敏系数为

$$K_0 = \frac{\Delta C/C_0}{\theta} = \frac{1}{\pi} \tag{3.32}$$

综上所述，变面积式电容传感器，不论是线位移式还是角位移式，输出电容的增量与位移量都为线性关系，传感器灵敏系数为常数。

3.1.4　变介电常数型电容式传感器

变介电常数型电容式传感器是通过改变两极板间的介质来改变电容量的变化。

如图 3.8 所示是变介电常数型电容式传感器的结构图。其中，图 3.8(a)这种结构可以测量介质(纸张、薄膜等)的厚度，图 3.8(b)可以测量位移，图 3.8(c)可以测量液位，图 3.8(d)可以根据极板间介质的介电常数随温度、湿度、容量改变而改变来测量温度、湿度、容量等。

主要讨论前两种结构，看其输出电容量随被测值的变化。

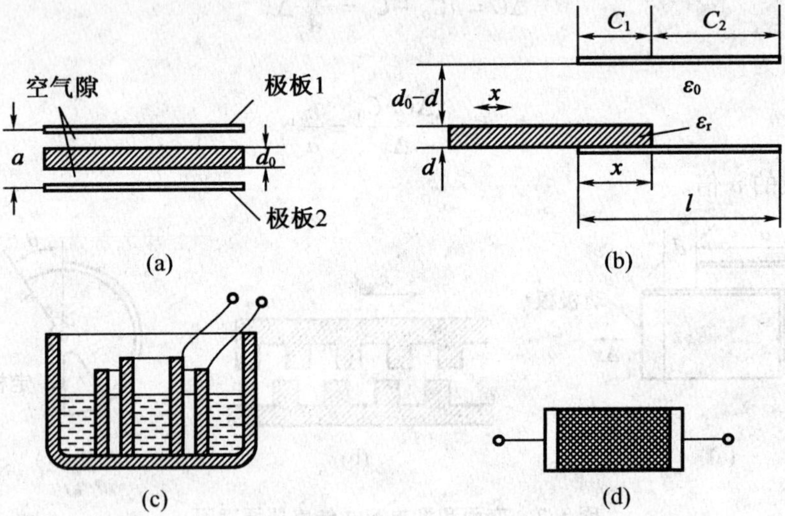

图 3.8　变介电常数型电容式传感器的结构图

(a)测量介质厚度；(b)测量位移；(c)测量液位；(d)测量温度、湿度、容量等

在图 3.8(a)中，设被测固体介质的厚度为 d，两极板间的距离为 d_0，极板覆盖面积为 S，极板间充满了两种介质：一种空气，其介电常数为 ε_0，以其为介质的电容容量为 C_1；另一种是被测固体介质，其介电常数为 ε_r，以其为介质的电容容量为 C_2。C_1 和 C_2 串联，总电容量为

$$C=\frac{1}{\dfrac{1}{C_1}+\dfrac{1}{C_2}}=\frac{1}{\dfrac{d_0-d}{\varepsilon_0 S}+\dfrac{d}{\varepsilon_0\varepsilon_r S}}=\frac{\varepsilon_0 S}{d_0-d+\dfrac{d}{\varepsilon_r}}\tag{3.33}$$

在图 3.8(b)中，设固体介质的厚度为 d，介电常数为 ε_r，空气的介电常数为 ε_0，两极板间的距离为 d_0，极板覆盖面积为 S，当固体介质在电容器中移动时，由于电容器中介质的介电常数(总值)改变，使电容量改变，用以测量位移。设固体介质移进电容器中的长度为 x，极板宽度为 b，极板长度为 l，则

$$C=C_1+C_2=\frac{1}{\dfrac{d_0-d}{\varepsilon_0 bx}+\dfrac{d}{\varepsilon_0\varepsilon_r bx}}+\frac{\varepsilon_0 b(l-x)}{d_0}=\frac{\varepsilon_0 bx}{d_0-d+\dfrac{d}{\varepsilon_r}}+\frac{\varepsilon_0 b(l-x)}{d_0}$$

$$=\frac{\varepsilon_0 bl}{d_0}+\frac{\varepsilon_0 bl}{d_0}\frac{1}{l}\left(\frac{d_0}{d_0-d+\frac{\varepsilon_0}{\varepsilon_r}d}-1\right)x \tag{3.34}$$

令

$$A=\frac{1}{l}\left(\frac{d_0}{d_0-d+\frac{\varepsilon_0}{\varepsilon_r}d}-1\right) \tag{3.35}$$

则

$$C=\frac{\varepsilon_0 bl}{d_0}(1+Ax) \tag{3.36}$$

从式(3.36)可以看出,A 为常数,$\frac{\varepsilon_0 bl}{d_0}$这项也为常数,所以 C 与固体介质的位移 x 为线性关系。

3.2　电容式传感器的信号测量及转换电路

电容式传感器中电容的变化值都非常微小,这种微小的电容变化值不能直接用显示仪表显示出来,所以需要转换电路将微小的电容变化值转换成电压、电流或频率信号等易于在仪表中显示出来的物理量。电容式传感器的转换电路有调频测量电路、电桥电路、二极管双 T 形交流电桥、差动脉冲宽度调制电路和运算放大器式电路等五种。

3.2.1　电容式传感器等效电路

上面对电容式传感器的原理介绍以及分析,都是在没有考虑电容器的损耗和电感效应的条件下进行的,即纯电容的条件下进行的,这在大多数实用情况下是允许的。因为对于大多数电容器,除了在高温、高湿条件下工作,它的损耗通常可以忽略,在低频工作时,它的电感效应也是可以忽略的。

如果在高温度、高湿度的条件下,电容器的损耗就需要考虑。设电容器极板间的等效损耗电阻为 R_p,当电源频率高至兆赫时,R_p 可以忽略($R//\frac{1}{j\omega c}\approx\frac{1}{j\omega c}$),但此时需要考虑引线电感 L(包括引线电感和电容器电感之和)和电阻 R(包括引线电阻、极板电阻、电容器金属支架电阻)。

电感 L 是由电容器本身的电感和外部引线的电感所组成。电容器本身的电感与电容器的结构形式有关,引线电感则与引线长度有关。如果用电缆与电容式传感器相连接,则 L 中应包括电缆的电感。

如图 3.9 所示为综合考虑了电容器的等效损耗电阻和引线电感以及电阻的电容式传感器等效电路。

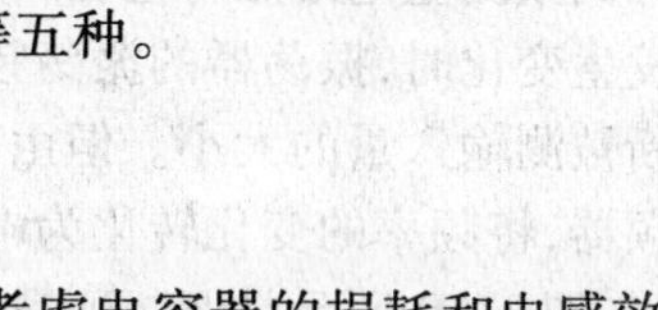

图 3.9　电容式传感器的等效电路

从图 3.9 可以看出,等效电路有一谐振频率,通常为几十兆赫。在谐振或接近谐振时,它破坏了电容的正常作用。因此,只有在低于谐振的频率上(通常为谐振频率的 1/3 ~ 1/2)，才能获得电容传感元件的正常运用。

当电源频率高至 MHz 时，此时忽略 R_p，设传感元件的等效电容为 C_e，电源的角频率为 ω，则

$$\frac{1}{j\omega C_e}=j\omega L+\frac{1}{j\omega c}+R \tag{3.37}$$

在上式中，由于电源频率较高，尤其需要考虑 L 的存在，所以 R 可以忽略，求得

$$C_e=\frac{C}{1-\omega^2 LC} \tag{3.38}$$

当纯电容有电容增量 ΔC 时，设等效电容的增量为 ΔC_e，则

$$\Delta C_e=\frac{C+\Delta C}{1-\omega^2 L(C+\Delta C)}-\frac{C}{1-\omega^2 LC}\approx\frac{\Delta C}{(1-\omega^2 LC)^2} \tag{3.39}$$

在这种情况下，电容的实际相对变化量为

$$\frac{\Delta C_e}{C_e}=\frac{1}{1-\omega^2 LC}\frac{\Delta C}{C} \tag{3.40}$$

上式表明，电容式传感器的实际相对变化量与传感器的固有电感 L 以及电源的角频率 ω 有关，所以在实际应用中应保证与标定条件相同，即电源频率不变，线路中导线实际长度不变，否则需要重新标定。

3.2.2 调频测量电路

调频测量电路是将电容式传感器作为振荡器谐振回路的一部分，当被测输入量使电容值发生变化时，振荡器的振荡频率就会发生相应的变化，从而将频率作为系统的输出量，来判断被测输入量的大小。但由于此时系统是非线性的，不容易校正，所以在振荡器后面再加鉴频器，将频率的变化转化为电压振幅的变化，在经过放大器放大后就可以在仪表上显示出来，如图 3.10 所示是调频测量电路原理图。

振荡器的振荡频率为

$$f=\frac{1}{2\pi\sqrt{LC}} \tag{3.41}$$

式中 L——振荡回路电感；

C——振荡回路总电容。

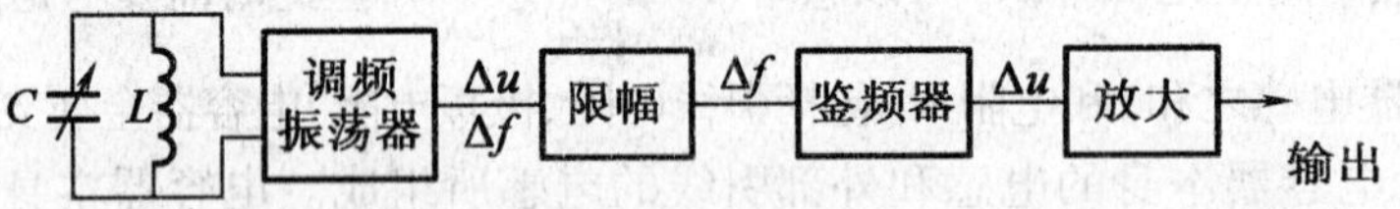

图 3.10 调频电路原理图

其中

$$C=C_1+C_2+C_0\pm\Delta C \tag{3.42}$$

式中 C_1——振荡回路固定电容；

C_2——传感器引线分布电容；

$C_0\pm\Delta C$——电容式传感器的电容。

当没有被测信号时，$\Delta C=0$，此时振荡器固有频率为

$$f_0=\frac{1}{2\pi\sqrt{L(C_1+C_2+C_0)}} \tag{3.43}$$

当有被测信号时，传感器开始工作，$\Delta C\neq 0$，此时，振荡器输出频率为

$$f=\frac{1}{2\pi\sqrt{L(C_1+C_2+C_0\pm\Delta C)}} \tag{3.44}$$

调频测量电路具有灵敏度高，抗干扰性强，易于长距离传输等优点。

3.2.3 电桥电路

电桥电路一般指变压器电桥电路，因为电感技术的发展，所以采用变压器电桥能够获得精度较高而且长期稳定的分压系数，原理图如图3.11(a)所示。

变压器电桥电路，如图3.11(b)所示，其中 Z_1 和 Z_2 分别为图3.11(a)中变压器次级线圈的分压阻抗。

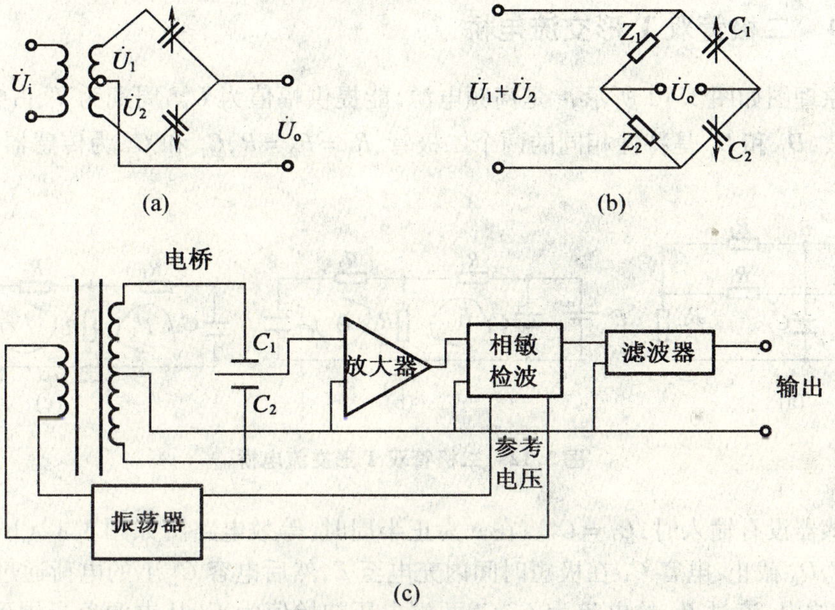

图3.11 电桥电路

(a)电路原理图；(b)变压器电桥电路；(c)变压器电桥测量电路

图3.11(a)和图3.11(b)中，C_1 和 C_2 为差动电容，设 d_1 和 d_1 分别为两个电容的极板间距。

当电桥平衡时，有

$$\frac{Z_1}{Z_1+Z_2}=\frac{C_2}{C_1+C_2}=\frac{d_1}{d_1+d_2} \tag{3.45}$$

设初始时，$d_1=d_2=d_0$，$C_1=C_2=C_0$，$Z_1=Z_2=Z_0$，电桥处于平衡状态。

工作后，如果差动电容的中心极板移动 Δd 后，设 $d_1=d_0+\Delta d$，$d_2=d_0-\Delta d$，则 $C_1=C_0-\Delta C$，$C_2=C_0+\Delta C$，电桥平衡被破坏。此时需要调节 Z_1 和 Z_2，使电桥重新平衡。

设电桥重新平衡时，$Z_1=Z_1'$，则

$$\frac{d_1+\Delta d}{d_1+d_2}=\frac{Z_1'}{Z_1+Z_2} \tag{3.46}$$

如果变压器分压比为1:1，则 $\dot{U}_1=\dot{U}_2$，设 $\dot{U}_1=\dot{U}_2=\dot{U}$，则传感器输出电压为

$$\dot{U}_o=\frac{2\dot{U}}{\frac{1}{j\omega C_1}+\frac{1}{j\omega C_2}}\frac{1}{j\omega C_1}-\dot{U}=\frac{C_2-C_1}{C_1+C_2}\dot{U}=\frac{(C_0+\Delta C)-(C_0-\Delta C)}{(C_0+\Delta C)+(C_0-\Delta C)}\dot{U}=\frac{\Delta C}{C_0}\dot{U}=\frac{\Delta d}{d_0}\dot{U} \tag{3.47}$$

从式(3.47)可以看出，电桥输出电压与被测量 Δd 成正比。

上面的分析是在输出端开路的情况下获得的，在实际应用中，由于负载阻抗的存在使得输出电压较小，而且电桥输出为交流信号，所以不能判断输入传感器信号的极性，所以电桥输出电压经放大器后，还需要经过相敏检波电路和低通滤波后，才能得知输入信号的极性，实际应用中用于测量小位移的变压器测量电桥电路如图3.11(c)所示。

3.2.4　二极管双T形交流电桥

电路原理图如图3.12所示，e 是高频电源，能提供幅值为 U_E、周期为 T、占空比为50%的对称方波，D_1 和 D_2 是特性相同的两个二极管，$R_1=R_2=R$，C_1 和 C_2 为传感器的两个差动电容。

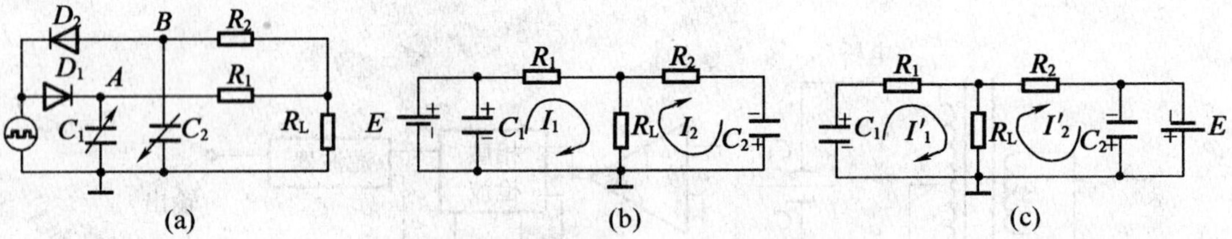

图3.12　二极管双T形交流电桥

当传感器没有输入时，$C_1=C_2$。在 e 为正半周时，等效电路图如图3.12(b)所示，二极管 D_1 导通，D_2 截止，电容 C_1 在极短时间内充电至 E，然后电容 C_1 上的电荷通过电阻 R_1，负载电阻 R_L 放电，流过 R_L 的电流为 I_1，C_2 两端电压初始值为 E(从电源负半周到正半周时，C_2 两端电压还维持着在负半周时充电后的电压 E)，电容 C_2 经负载 R_L、电阻 R_2 放电，流过 R_L 的电流为 I_2，所以流过 R_L 的总电流 I_L 为 I_1 和 I_2 的代数和。

在 e 为负半周时，等效电路图如图3.12(c)所示，二极管 D_1 截止，D_2 导通，电容 C_2 在极短时间内充电至 E，然后电容 C_2 上的电荷通过负载 R_L，电阻 R_L 放电，流过 R_L 的电流为 I_2'，C_1 两端电压初始值为 E(电源从正半周到负半周时，C_1 两端电压还维持着在正半周时充电后的电压 E)，电容 C_1 经电阻 R_1、负载电阻 R_L 放电，流过 R_L 的电流为 I_1'，所以流过 R_L 的总电流 I_L'为 I_1'和 I_2'的代数和。

当 $C_1=C_2$ 时，$I_L=I_L'$，且方向相反，在一个周期内流过 R_L 的平均电流为零。

若传感器输入不为零，则 $C_1\neq C_2$，则在一个周期内通过 R_L 上的平均电流不为零，当 $R_1=R_2=R$ 时，根据一阶电路时域分析方法，得

$$I_L'(t)=\frac{E}{R+R_L}(1-e^{-t/\tau_1}) \tag{3.48}$$

$$I_L(t)=\frac{E}{R+R_L}(1-e^{-t/\tau_2})\tag{3.49}$$

其中，$\tau_1=\frac{R(2R_L+R)}{R_L+R}C_1,\tau_2=\frac{R(2R_L+R)}{R_L+R}C_2$。

输出电流在一个周期内的平均值为

$$\begin{aligned}\bar{I}_L&=\frac{1}{T}\int_0^T[I'_L(t)-I_L(t)]dt=\frac{1}{T}\frac{E}{R_L+R}\int_0^T[(1-e^{-t/\tau_1})-(1-e^{-t/\tau_2})]dt\\&=E\frac{R+2R_L}{(R+R_L)^2}Rf(C_1-C_2-C_1e^{-k_1}+C_2e^{-k_2})\end{aligned}\tag{3.50}$$

其中，$k_1=\frac{R_L+R}{RfC_1(2R_L+R)},k_2=\frac{R_L+R}{RfC_2(2R_L+R)}$。

所以，输出电压平均值为

$$\bar{U}_0=\bar{I}_LR_L\approx\frac{R(R+2R_L)}{(R+R_L)^2}R_LEf(C_1-C_2)=2kEf\Delta C\propto\Delta C\tag{3.51}$$

其中，$k=\frac{R(R+2R_L)}{(R+R_L)^2}R_L,2\Delta C=C_1-C_2$。

式中　f——充电电源的频率，Hz。

从式(3.51)可以看出，输出电压不仅与电源电压幅值和频率有关，还与 T 形网络中的电容 C_1 和 C_2 的差值有关。

该电路具有如下特点：

(1)电源 e、传感器电容 C_1，C_2 以及输出电路都接地；

(2)工作电平很高，二极管 D_1 和 D_2 都工作在特性曲线的线性区内；

(3)输出电压较高；

(4)输出阻抗为 R_1 或 R_2(1～100 kΩ)，且实际上与电容 C_1 和 C_2 无关。适当选择电阻 R_1 和 R_2，则输出电流就可用毫安表或微安表直接测量；

(5)输出信号的上升时间取决于负载电阻，应选用阻值较小的负载电阻，对应于 1 kΩ 的负载电阻，上升时间为 20 微秒左右，因此它能用来测量高速机械运动或动态信号。

3.2.5　差动脉冲宽度调制电路

差动脉冲宽度调制电路原理图如图 3.13 所示，它是利用对传感器电容的充放电使电路输出脉冲的宽度随传感器电容量的变化而变化，然后再把此电路接一个低通滤波器，就能得到对应被测量变化的直流信号。

图 3.13 中，C_1 和 C_2 是差动式电容传感器，电路由两个电压比较器 A_1 和 A_2，一个双稳态触发器，两个充放电回路 R_1C_1，$R_2C_2(R_1=R_2)$组成，U_r 为参考直流电压。

当接通电源后，如果触发器 Q = 1，$\bar{Q}$ = 0 时，A 点为高电位，则触发器通过 R_1 对 C_1 充电，时间常数 $\tau_1=R_1C_1$，直到 M 点电位 U_M 高于参考电压 U_r，比较器 A_1 输出正跳变信号，使双稳态触发器翻转，Q = 0，$\bar{Q}$ = 1。此时，电容 C_1 通过二极管 D_1 迅速放电至零，而 B 点为高电位，触发器通过 R_2 对 C_2 充电，时间常数 $\tau_2=R_2C_2$，直到 N 点电位 U_N 高于参考电压 U_r，比较器 A_2 输出正跳变信号，使双稳态触发器再次发生翻转，Q = 1，$\bar{Q}$ = 0，周而复始重复上述过程，则在 A，B 两点分别输出宽度受 C_1，C_2 调制的矩形脉冲。

当 $C_1 = C_2$ 时，各点输出电压波形如图 3.14(a)所示，输出平均电压为零。

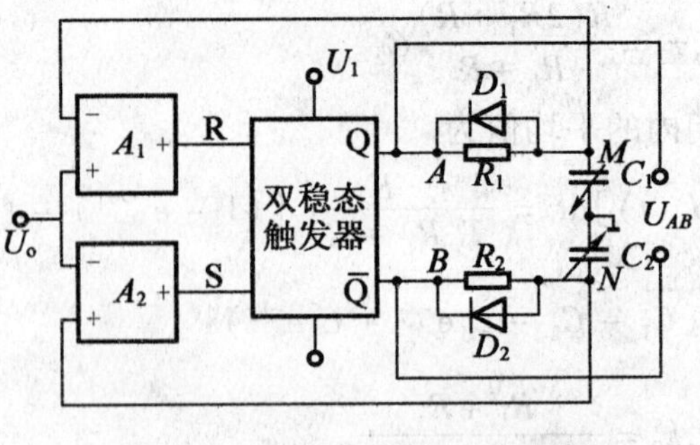

图 3.13　差动脉冲宽度调制电路

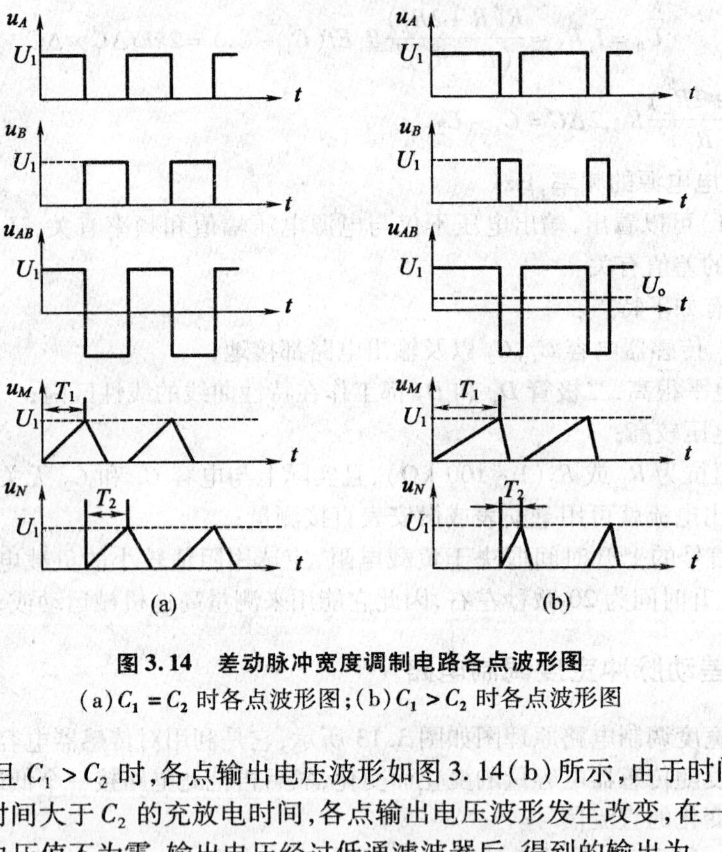

(a)　　　　(b)

图 3.14　差动脉冲宽度调制电路各点波形图

(a) $C_1 = C_2$ 时各点波形图；(b) $C_1 > C_2$ 时各点波形图

当 $C_1 \neq C_2$，且 $C_1 > C_2$ 时，各点输出电压波形如图 3.14(b)所示，由于时间常数 $\tau_1 > \tau_2$，则 C_1 的充放电时间大于 C_2 的充放电时间，各点输出电压波形发生改变，在一个周期 $T_1 + T_2$ 时间内，其平均电压值不为零，输出电压经过低通滤波器后，得到的输出为

$$U_o = U_{AB} = U_A - U_B = \frac{T_1}{T_1 + T_2}U_1 - \frac{T_2}{T_1 + T_2}U_1 = \frac{T_1 - T_2}{T_1 + T_2}U_1 \tag{3.52}$$

式中，U_1 为触发器输出的高电平；U_A 和 U_B 分别为 A 点和 B 点的矩形脉冲直流分量；T_1，T_2 分别为 C_1 和 C_2 充电至所需要的时间。

由于 $T_1 = R_1C_1\ln\dfrac{U_1}{U_1 - U_r}$，$T_2 = R_2C_2\ln\dfrac{U_1}{U_1 - U_r}$，将其代入式(3.52)，可得

$$U_o = \frac{C_1 - C_2}{C_1 + C_2} U_1 \tag{3.53}$$

对于变极距型差动式电容传感器,可得

$$U_o = \frac{d_2 - d_1}{d_1 + d_2} U_1 \tag{3.54}$$

设 C_1 和 C_2 极板间距离分别为 d_1 和 d_2,当差动电容 $C_1 = C_2 = C_0$ 时,则输出 $U_o = 0$;当 $C_1 \neq C_2$ 时,设 $C_1 > C_2$,即 $d_1 = d_0 - \Delta d$,$d_2 = d_0 + \Delta d$,则 $U_o = \frac{\Delta d}{d_0} U_1$。

对于变面积型差动式电容传感器,可得

$$U_o = \frac{S_1 - S_2}{S_1 + S_2} U_1 = \frac{\Delta S}{S} U_1 \tag{3.55}$$

式中　S_1 和 S_2 分——别为 C_1 和 C_2 的电极极板面积。

由此可见,对于差动脉冲宽度调制电路,其变化量与输出量都成线性关系。并且具有下列特点:

(1)对元件无线性要求;

(2)效率高,信号只要经过低通滤波器就有较大的直流输出;

(3)调宽频率的变化对输出无影响;

(4)由于低通滤波器作用,对输出矩形波纯度要求不高。

3.2.6　运算放大器式电路

运算放大器的放大倍数 K 很大,具有较高的输入阻抗 Z_i,将电容式传感器接入运算放大器电路中,作为电路的反馈元件,可以得到电容式传感器比较理想的测量电路,如图 3.15 所示为运算放大器式电路原理图。图中,C_x 为电容式传感器,U_i 是交流电源电压,U_o 是输出信号电压。由运算放大器的工作原理可知:

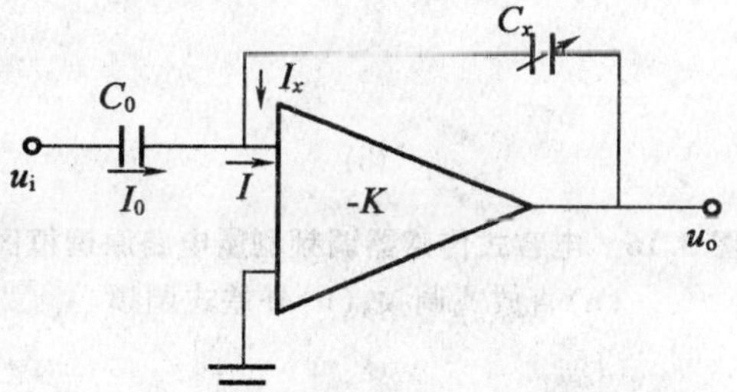

图 3.15　运算放大器式电路原理图

$$\dot{U}_o = -\frac{C_0}{C_x} \dot{U}_i \tag{3.56}$$

将 $C_x = \frac{\varepsilon S}{d}$ 代入上式,得

$$\dot{U}_o = -\dot{U}_i \frac{C_0}{\varepsilon S} d \tag{3.57}$$

上式中“ - ”号表示输出电压与电源电压的相位相反。从上式我们可以看出,运算放大

器的输出电压与极板间距离 d 成线性关系，从而保证了变极距式电容传感器的非线性问题。但是要注意的是，前提条件是开环放大倍数 $K \to \infty$，输入阻抗 $Z_i \to \infty$，所以在实际应用中还是存在一定误差，但是非常小。

3.2.7　调频测量电路

电容式传感器作为振荡器谐振回路的一部分，当输入量使电容量发生变化后，振荡器的振荡频率就发生变化，频率虽然也可以作为系统的输出量，用以判断被测非电量的大小，但是系统是非线性的，不易校正，因此加入鉴频器，频率的变化在鉴频器中转换为振幅的变化，经过放大后就可以用仪器指示或用记录仪器记录下来。

如图 3.16 所示是电容式传感器调频测量电路原理框图。调频振荡器的振荡频率为

$$f = \frac{1}{2\pi \sqrt{LC}} \tag{3.58}$$

式中　L——振荡回路的电感；

　　　C——振荡回路的总电容。

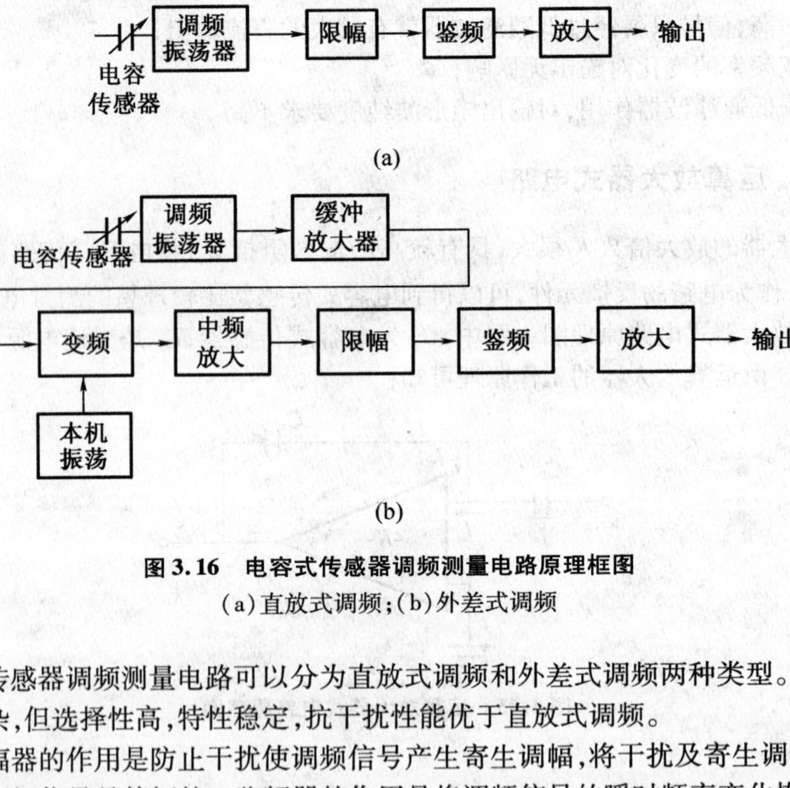

图 3.16　电容式传感器调频测量电路原理框图

(a)直放式调频；(b)外差式调频

电容式传感器调频测量电路可以分为直放式调频和外差式调频两种类型。外差式调频电路比较复杂，但选择性高，特性稳定，抗干扰性能优于直放式调频。

图中限幅器的作用是防止干扰使调频信号产生寄生调幅，将干扰及寄生调幅削平，使进入鉴频器的调幅信号是等幅的。鉴频器的作用是将调频信号的瞬时频率变化恢复成原调制信号电压的变化，它是调频信号的解调器。

使用电容式传感器调频测量电路主要具有以下优点：①抗干扰能力强；②特性稳定；③能取得高电平的直流信号（伏特数量级）。

3.2.8　谐振电路

图3.17为谐振测量电路的原理方框图，电容传感器的电容 C_3 作为谐振回路（L_2，C_2，C_3）调谐电容的一部分。谐振回路通过电感耦合，从稳定的高频振荡器取得振荡电压。当传感器电容 C_3 发生变化时，使得谐振回路的阻抗发生相应的变化，而这个变化又表现为整流器电流的变化。该电流经过放大后即可指示出输入量的大小。

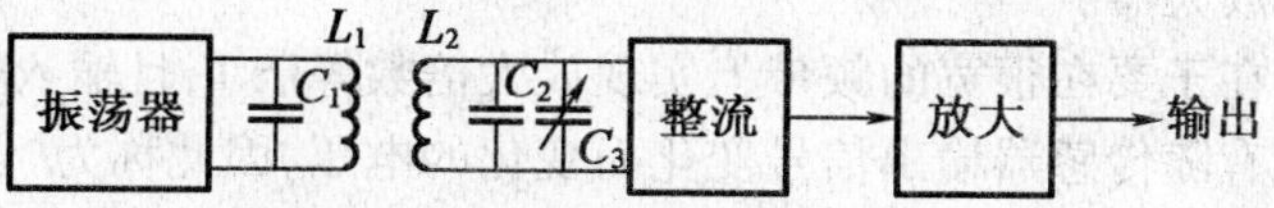

图3.17　谐振测量电路原理框图

谐振测量电路的特点是比较灵敏，但缺点是：①工作点不容易选好，变化范围也较窄；②传感器与谐振回路要离得比较近，否则电缆的杂散电容对电路的影响较大；③为了提高测量精度，振荡器的频率要求具有很高的稳定性。

3.3　电容传感器抗干扰及提高精度的措施

为了使电容式传感器达到较高灵敏度及较高精度，需要一些正确的设计及正确的选材、精细的加工工艺等。

抗干扰及提高精度的措施如下：

1. 消除和减小边缘效应的影响

在实际使用电容式传感器时，要考虑电容器的边缘效应的影响。边缘效应是由于极板厚度 h 与极距 d 之比较大时，电容器边缘所存在的不均匀电场所造成的，它使设计计算复杂化、能够产生非线性误差并且降低传感器的灵敏度，应尽量减小或消除。

在结构上可以采用保护环的方法消除，如图3.18所示是带保护环的电容传感器。保护环与极板1具有同一电位，则可将电板极间的边缘效应移到保护环与极板2的边缘，于是在极板1与2之间得到均匀场强分布。

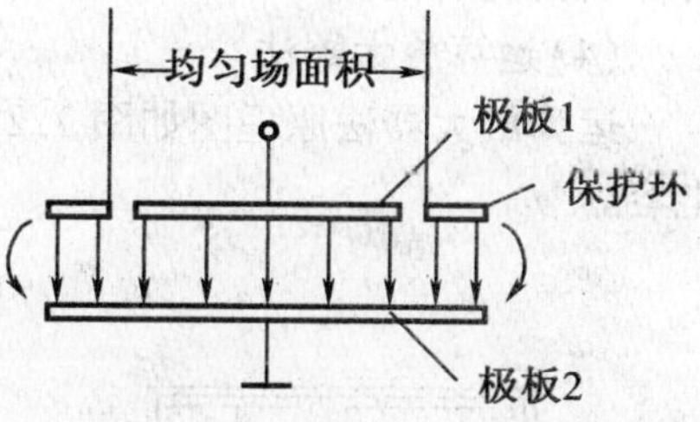

图3.18　带有保护环的电容传感器

2. 消除寄生电容的影响

传感器电容极板与寄生电容并联，寄生电容的变化会引起虚假信号，使电容传感器输出灵敏度降低，严重的话会使电容传感器不能使用。因此必须采取相应方法去消除寄生电容，消除和减小寄生影响的方法可归纳为以下几种。

（1）采用集成技术

将集成电路的发展、超小型电容器应用于测量电路，将全部测量电路组合在传感器壳内，或将传感器与其他电路集成在同一芯片上，这既可减小寄生电容值，又可使寄生电容值固定不变。

(2)驱动电缆法

实际是一种等电位屏蔽法,采用双层屏蔽等位传输技术。原理电路如图 3.19 所示。在电容传感器与测量电路前置级间采用双层屏蔽电缆,这种接线法使传输电缆的芯线与内层屏蔽层通过增益为 1 的驱动放大器成等电位,消除了芯线对内层屏蔽的容性漏电,从而消除了寄生电容的影响。外屏蔽层接地用来防止外电场的干扰。此时内、外层屏蔽之间的电容变成了电缆驱动放大器的负载。因此,驱动放大器是一个输入阻抗很高、具有容性负载、放大倍数为 1 的同相放大器。

该方法的难点在于要在很宽的频带上实现放大倍数等于 1,且输入输出的相移为零。

由于屏蔽线上有随传感器输出信号变化而变化的电压,因此称为“驱动电缆”。

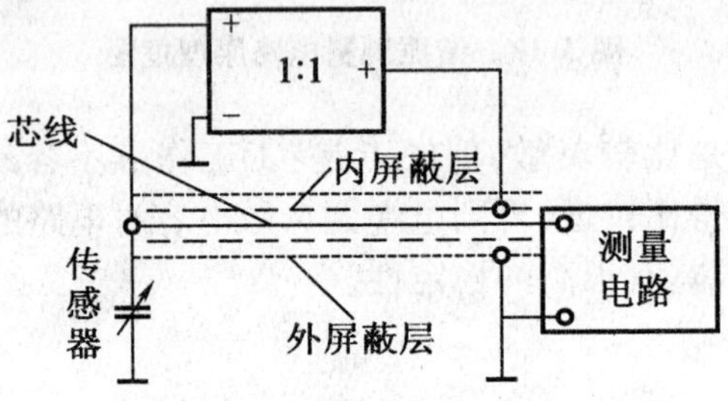

图 3.19　驱动电缆法

(3)整体屏蔽法

如图 3.20 所示为整体屏蔽法原理图,整体屏蔽法是将电容传感器的整个电桥电路(包括供电电源及传输电缆在内)用一个屏蔽壳保护起来,寄生电容 C_1 只影响灵敏度,寄生电容 C_3 及 C_4 影响电桥的初始平衡及总体灵敏度,虽然电桥能够正确工作不受影响,但是会使总体结构复杂化。

(4)运算放大器法

运算放大器法原理图如图 3.21 所示。它利用运算放大器的虚地来减小引线电缆寄生电容。

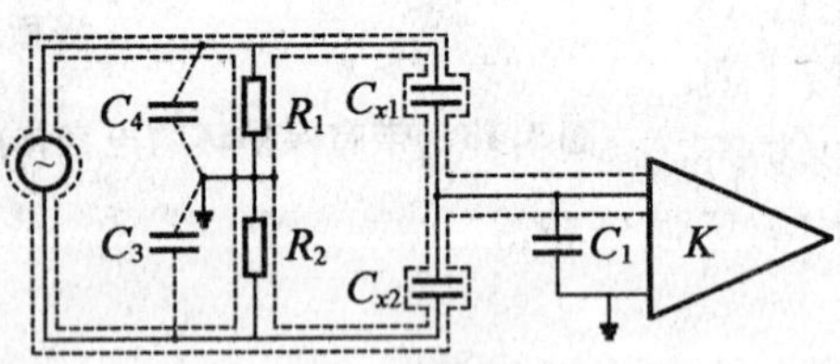

图 3.20　整体屏蔽法

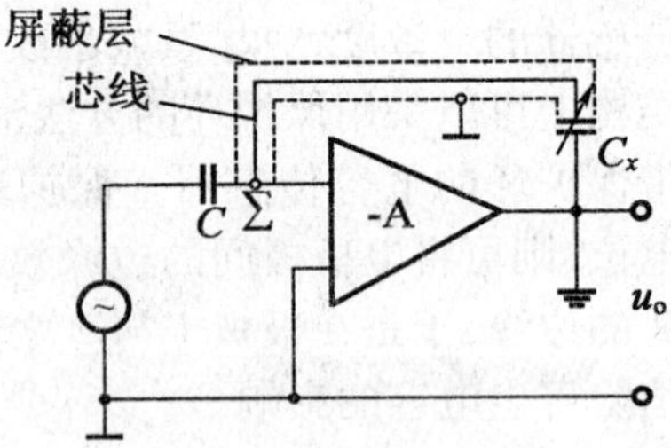

图 3.21　运算放大器法

电容传感器的一个电极经电缆芯线接运算放大器的虚地 Σ 点,电缆的内屏蔽层接地线,这时与传感器电容 C_x 相并联的等效电容(寄生电容)为电缆电容的 $1/(1+A)$,因而大大减小了电缆电容的影响。外屏蔽层接地,防止外电场的干扰。实际上,这是一种不完全的“电缆驱动技术”。

3. 外界因素的干扰及相应采取的措施

当有外界(如电磁场)干扰时,在传感器和导线之间会感应出电压,电压与输出电容经过测量电路后就会产生误差,甚至使传感器无法正常工作。不同接地点所产生的接地电压差是一种干扰信号,也会产生误差。防止和减小干扰的措施大致可归纳如下:

(1)屏蔽和接地。可将传感器用良导体包围,或者用金属网套住,然后将良导体或金属网接地。或者将传感器与测量电路一起用屏蔽壳套住后接地。

(2)增加原始电容量,以降低容抗,并减小寄生电容和漏电的影响。

(3)导线间的分布电容有静电感应,因此导线和导线之间要远离且线路尽可能短,最好成直角排列,必须平行排列时可采用同轴屏蔽电缆线。

(4)减少接地点,尽可能一点接地,地线要用较粗的良导体或宽印制线。

(5)尽量采用差动式电容传感器,可提高传感器灵敏度,减小非线性误差。

4. 其他因素的干扰及相应采取的措施

(1)环境温度对结构的影响。环境温度的改变会引起电容式传感器几何尺寸和相对位置的变化,从而导致电容传感器产生温度误差,尤其对变极距型电容传感器的影响最严重,为减小这种误差一般尽量选取温度系数小和温度系数稳定的材料。如电极的支架选用陶瓷材料,电极材料选用铁镍合金,近年来又采用在陶瓷或石英上进行喷镀金或银的工艺。

(2)温度对介质介电常数的影响。传感器的电容值与介质的介电常数成正比,但是介质的介电常数的温度系数如果不为零,则传感器电容值将受到影响,从而造成温度误差。空气及云母的介电常数的温度系数几乎为零。尽量采用这些介质作为电容式传感器的电介质。

(3)漏电阻的影响。电容传感器的容抗都很高,若两极板间的漏电阻与此容抗相近,将使灵敏度下降。所以需要选取绝缘性能好的材料作传感器电极的支架。如陶瓷、石英、聚四氟乙烯、云母等,其性能远高于塑料、有机玻璃等。这些材料还具有温度系数小、稳定性好的特点,也能满足传感器电极支架所需要的机械强度和稳定性能。

3.4　电容式传感器的特点及应用

电容式传感器可用来测量直线位移、角位移、振动振幅,尤其适合测量高频振动振幅、精密轴系回转精度、加速度等机械量。变极距型的适用于较小位移的测量,变面积型的能测量的量程为零点几毫米至数百毫米之间。电容式角度和角位移传感器零位稳定性可达角秒级,广泛用于精密测角,如用于高精度陀螺和摆式加速度计。

以下是电容传感器的优缺点:

1. 电容式传感器的优点

(1)温度稳定性好。电容式传感器常用空气等气体作为绝缘介质,介质本身的发热量非常小,可忽略不计。因此,只需要从强度、温度系数等机械特性进行考虑,来合理选择材料和几何尺寸。

(2)阻抗高、功率小,需要输入的动作能量低。电容式传感器由于带电极板间的静电吸引力极小,因此所需要的输入能量也极小,特别适宜用来解决低能量输入的测量问题。

(3)动态响应好。电容式传感器由于它的可动部分可以做得很小很薄,即质量很轻,其固有频率很高,动态响应时间短,能在几兆赫的频率下工作,特别适合动态测量。

(4)结构简单,适应性强。电容式传感器结构简单,易于制造;能在高低温、强辐射及强磁场等各种恶劣的环境条件下工作,适应能力强。

2. 电容式传感器的缺点

(1)输出阻抗高,带负载能力差。电容的容抗大还要求传感器绝缘部分的电阻值极高(几十兆欧以上),否则绝缘部分将作为旁路电阻而影响传感器的性能,为此要注意温度、湿度、清洁度等环境对绝缘材料绝缘性能的影响。

(2)输出特性为非线性。虽可采用差动结构来改善,但不可能完全消除。其他类型的电容传感器只有忽略了电场的边缘效应时,输出特性才成线性,否则边缘效应所产生的附加电容量将与传感器电容量直接叠加,使输出特性非线性。

(3)寄生电容影响大。电容式传感器的初始电容很小,而其引线电容、测量电路的杂散电容以及传感器极板与其周围导体构成的电容等"寄生电容"却较大。例如,将信号处理电路安装在非常靠近极板的地方可以削弱泄露电容的影响。

当电容传感器用于测量其他物理量时,必须进行预变换,将被测参数转换成 d 或 S 的变化。例如在测量压力时,要用弹性元件先将压力转换成 d 的变化。

3.4.1　差动式电容测厚传感器

电容测厚仪是用来测量金属带材在轧制过程中的厚度的,其结构如图 3.22(a)所示。在被测带材的上下两边各置一块面积相等,与带材距离相同的极板,这样极板与带材就形成两个电容器 C_1 和 C_2(带材也作为一个极板)。把两块极板用导线连接起来,就成为一个极板,而带材则是电容器的另一极板,其总电容

$$C_x = C_1 + C_2$$

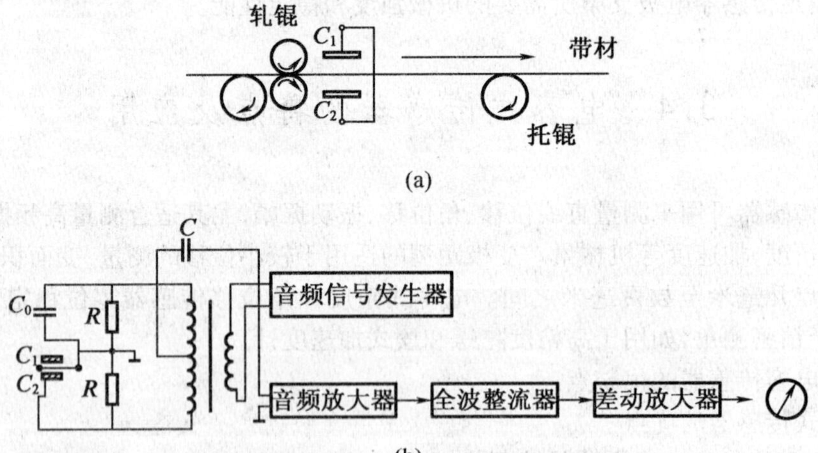

图 3.22　电容测厚仪

(a)差动式电容测厚传感器结构图;(b)差动式电容测厚传感器原理框图

金属带材在轧制过程中不断向前送进,如果带材厚度发生变化,将引起它与上下两个极

板间距变化，即引起电容量的变化，电容量变化后，需要接一些如图3.22(b)所示的后续电路以显示出变化量。

差动式电容测厚传感器原理框图如图3.22(b)所示。音频信号发生器产生的音频信号接入变压器的原边线圈，交流电桥的四臂分别是变压器副边的两个线圈、标准电容 C_0 及带材与极板形成的被测电容 $C_x(C_x = C_1 + C_2)$。电桥的输出电压经音频放大器放大后，在经过全波整流以及差动放大器后，即可用电表显示出带材厚度的变化。

3.4.2 电容式料位传感器

如图3.23所示是电容式料位传感器结构图，电容式料位传感器可以用来测量储罐内物料的高度，防止物料溢出储罐。测定电极安装在金属储罐的中部，储罐的罐壁和测定电极之间形成了一个电容器。

当罐内放入被测物料时，罐壁和测定电极之间的介质发生变化，传感器的电容将发生变化，电容变化的大小与物料在储罐内的高度有关，且电容与高度成比例变化，设比例系数为 k。所以只要检测出电容的变化就可以测量出物料在罐内的高度。

设 ε_1 为被测物料的相对介电常数，ε_0 为空气的相对介电常数，D 为储罐的内径，d 为测定电极的直径，h 为被测物料的高度，则传感器的电容为

$$C = \frac{k(\varepsilon_1 - \varepsilon_0)h}{\ln \frac{D}{d}} \tag{3.59}$$

从上式可以看出，C 与 h 成线性关系，测出电容即可得出物料的高度。

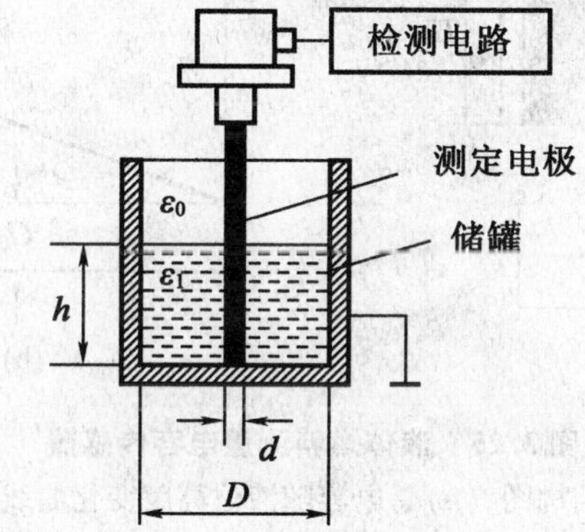

图3.23 电容式料位传感器结构图

3.4.3 电容式接近开关

电容式接近开关是一种具有开关量输出的非接触传感器。它与被检测体无机械接触就能动作，开关的感应电极与被测物体的表面构成一个电容器，接在振荡电路中。工作原理框图如图3.24所示。

当物体靠近接近开关时，被测物体和接近开关的电极构成的电容器的电容量发生变化，从而使电路的输出状态发生改变，产生开与关的作用，即可控制开关的接通和关断。电容式

接近开关不仅能检测金属的状态，也能用于非金属物质如塑料、玻璃、水、油等物质的灌装液位监控以及计数物件的各种材料监控。在检测非金属物体时，检测距离受被检测物体的导电率、介电常数、体积等影响。

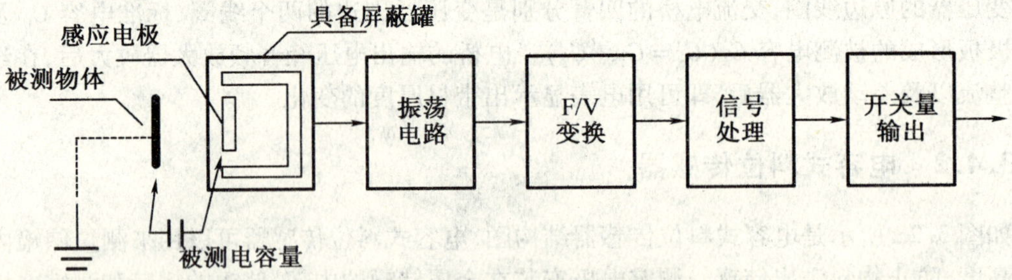

图 3.24　电容式接近开关原理框图

它的主要特点是可用于腐蚀性化工材料测量、可调整与目标的工作距离。

电容式接近开关在实际应用中可以用来识别奶盒中的牛奶以及应用于容器中散装材料的物位控制。

3.4.4　液体燃料测量

液体燃料测量使用了圆柱形电容传感器，其结构如图 3.25 所示。

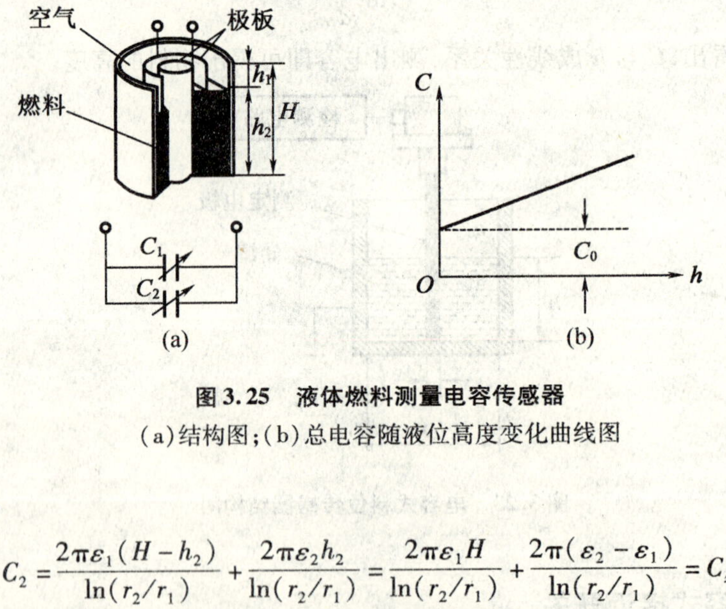

图 3.25　液体燃料测量电容传感器

(a)结构图；(b)总电容随液位高度变化曲线图

其电容为

$$C_x = C_1 + C_2 = \frac{2\pi\varepsilon_1(H-h_2)}{\ln(r_2/r_1)} + \frac{2\pi\varepsilon_2 h_2}{\ln(r_2/r_1)} = \frac{2\pi\varepsilon_1 H}{\ln(r_2/r_1)} + \frac{2\pi(\varepsilon_2-\varepsilon_1)}{\ln(r_2/r_1)} = C_{x0} + \Delta C \quad (3.60)$$

当燃油增大，h_2 增大，ΔC 也增大，即传感器的电容增大；燃油减少，h_2 减少，ΔC 也减小，即传感器的电容减少。这样传感器就把油量的变化转换为电容的变化，通过测量电容的大小就能知道油量的多少。

思考题

1. 电容式传感器有哪三种类型？

2. 电容式传感器的测量电路有哪些？分别叙述其各自的工作原理。
3. 在电容式传感器的两个极板间，为什么要加入固体介质（如云母）？
4. 电容式传感器为什么要加等位环？
5. 推导差动式电容传感器的灵敏度，并与单极式电容传感器作比较。
6. 简述电容式传感器用差动脉冲调宽电路的工作原理及输出波形图。

第4章

电感式传感器

电感式传感器是建立在电磁感应原理上,利用线圈自感和互感的变化实现非电量电测的装置,即将非电量转换成线圈自感系数 L 或互感系数 M 的变化,而 L 和 M 的变化在电路中又转换为电压或电流的变化,被测非电量有位移、振动、压力、应变、流量、比重等。

电感式传感器具有以下特点:

(1)工作可靠,寿命长;

(2)灵敏度高,分辨力高(位移变化0. 01 μm,角度变化0.1");

(3)精度高,线性好(非线性误差可达0.05% ~0.1%);

(4)性能稳定,重复性好。

电感式传感器的缺点是存在交流零位信号,自身频率响应低,不适于高频动态信号测量。

根据转换原理的不同,可分为自感式、互感式、电涡流式三种。

4.1 自感式传感器

4.1.1 工作原理

自感式传感器(又称为变磁阻式传感器)能将非电量转换成自感系数的变化,是由线圈、铁芯、衔铁三部分组成,其结构如图4.1所示。

在铁芯与衔铁之间有厚度为 δ 气隙。传感器的运动部分与衔铁相连。当传感器测量物理量时,衔铁运动部分产生位移,导致气隙厚度 δ 变化,从而使线圈的电感值变化。

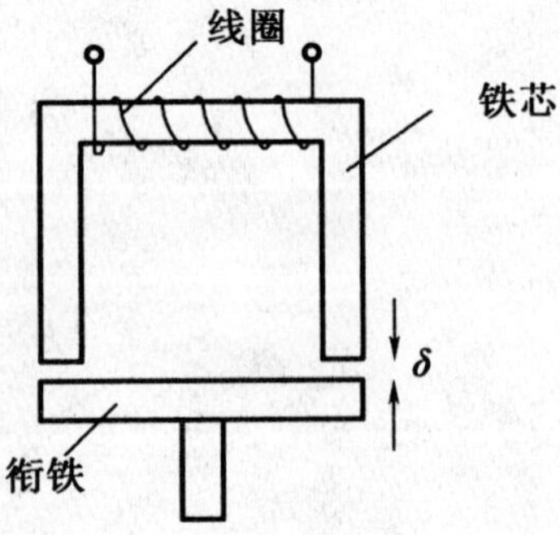

图4.1 自感式传感器结构图

由电感定义,线圈的电感为

$$L=\frac{N\Phi}{I} \tag{4.1}$$

式中 N——线圈的匝数;

Φ——每匝线圈的磁通量;

I——线圈中所通交流电的有效值。

由磁路欧姆定律得

$$\Phi = \frac{IN}{R_m} \tag{4.2}$$

式中 R_m——磁路的总磁阻。

将上两式联立，得出

$$L = \frac{N^2}{R_m} \tag{4.3}$$

如果空气隙厚度 δ 较小，而且不考虑磁路的铁损时，总磁阻 R_m 为磁路中铁芯、衔铁的磁阻 R_F 和空气隙磁阻 R_δ 之和，即

$$R_m = R_F + R_\delta = \sum_{i=1}^{n} \frac{l_i}{\mu_i A_i} + 2\frac{\delta}{\mu_0 A} \tag{4.4}$$

式中 $\sum_{i=1}^{n} \frac{l_i}{\mu_i A_i}$——铁磁材料各段磁阻之和；

l_i——各段铁芯的长度（包括衔铁）；

μ_i——各段铁芯的相对磁导率（包括衔铁）；

A_i——各段铁芯的面积（包括衔铁）；

δ——空气隙的厚度；

μ_0——空气隙的磁导率（$\mu_0 = 4\pi \times 10^{-7}$ H/m）；

A——空气隙的截面积。

将（4.4）代入（4.3）中，可得电感为

$$L = \frac{N^2}{\sum_{i=1}^{n} \frac{l_i}{\mu_i A_i} + 2\frac{\delta}{\mu_0 A}} \tag{4.5}$$

因为铁芯与衔铁为铁磁材料，其磁阻与空气隙磁阻相比较很小，即 $\mu_0 \ll \mu_i$，R_F 可以忽略不计，这时式（4.5）改写为

$$L = \frac{\mu_0 A N^2}{2\delta} \tag{4.6}$$

由式（4.6）可以看出，电感 L 与 δ，A 参数有关，改变空气隙厚度 δ 和空气隙的截面积 A 均可导致电感变化。根据这个道理，可以制造出变气隙型自感传感器和变面积型自感传感器。

1. 变气隙型自感传感器

（1）单圈式变气隙型自感传感器

变气隙型自感传感器是 A 保持不变，L 为 δ 的单值函数，其结构如图 4.2 所示。

这种传感器灵敏度很高，是最常用的电感式传感器，它的缺点是输出特性（$L-\delta$ 关系曲线）为非线性，如图 4.3 所示。

当衔铁移动时，气隙 δ_0 将发生 $\pm\Delta\delta$ 的变化，假设衔铁下移 $\Delta\delta$，下移后的电感为 L_1，则电感变化量为

$$\Delta L_1 = L_1 - L_0 = \frac{\mu_0 A N^2}{2(\delta_0 + \Delta\delta)} - \frac{\mu_0 A N^2}{2\delta_0} = \frac{\mu_0 A N^2}{2\delta_0}\left[\frac{2\delta_0}{2(\delta_0 + \Delta\delta)} - 1\right] \tag{4.7}$$

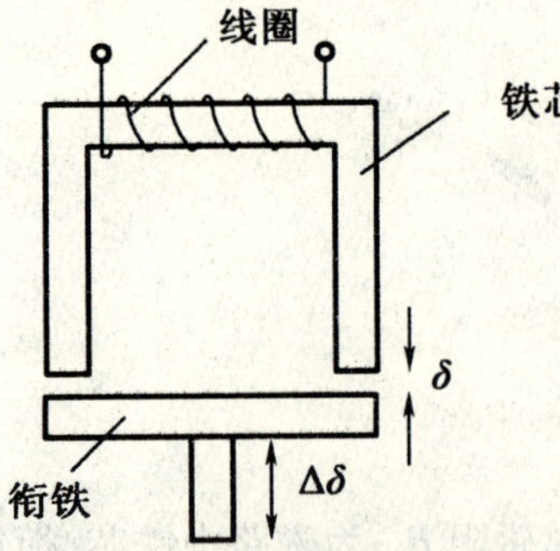

图 4.2　变气隙型电感传感器

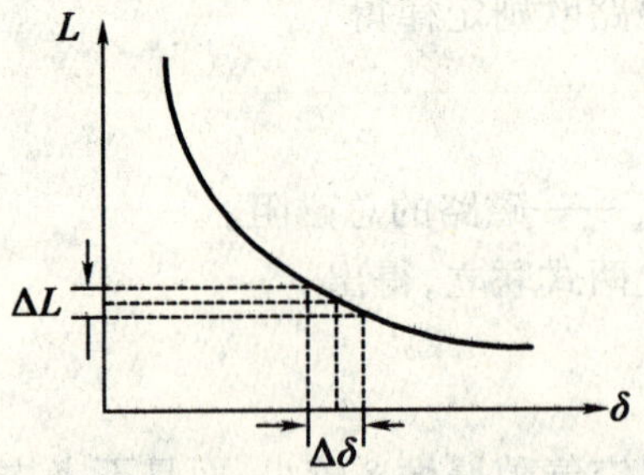

图 4.3　变气隙型自感传感器 $L-\delta$ 关系曲线

电感相对变化量为

$$\frac{\Delta L_1}{L_0}=\frac{-\Delta\delta}{\delta_0+\Delta\delta}=\frac{1}{1+\frac{\Delta\delta}{\delta_0}}\left(-\frac{\Delta\delta}{\delta_0}\right) \tag{4.8}$$

当$\frac{\Delta\delta}{\delta_0}\ll 1$ 时

$$\frac{\Delta L_1}{L_0}=\frac{\Delta\delta}{\delta_0}+\left(\frac{\Delta\delta}{\delta_0}\right)^2-\left(\frac{\Delta\delta}{\delta_0}\right)^3+\cdots \tag{4.9}$$

忽略高次项

$$\frac{\Delta L_1}{L_0}=-\frac{\Delta\delta}{\delta_0} \tag{4.10}$$

从而得出灵敏系数

$$K=\frac{\frac{\Delta L_1}{L_0}}{\Delta\delta}=-\frac{1}{\delta_0} \tag{4.11}$$

衔铁上移 $\Delta\delta$，上移后的电感为 L_2，电感变化量 ΔL_2 为

$$\Delta L_2=L_2-L_0=\frac{\mu_0 AN^2}{2(\delta_0-\Delta\delta)}-\frac{\mu_0 AN^2}{2\delta_0} \tag{4.12}$$

当$\frac{\Delta\delta}{\delta_0}\ll 1$ 时

$$\frac{\Delta L_2}{L_0}=\frac{\Delta\delta}{\delta_0}+\left(\frac{\Delta\delta}{\delta_0}\right)^2+\left(\frac{\Delta\delta}{\delta_0}\right)^3+\cdots \tag{4.13}$$

忽略高次项，得

$$\frac{\Delta L_2}{L_0}=+\frac{\Delta\delta}{\delta_0} \tag{4.14}$$

此时灵敏系数

$$K=\frac{\frac{\Delta L_1}{L_0}}{\Delta\delta}=\frac{1}{\delta_0} \tag{4.15}$$

变气隙型自感传感器的测量范围与灵敏度及线性度相矛盾，所以其用来测量微小位移，

为了减小非线性误差,实际测量中广泛采用差动自感传感器。

(2)差动变气隙型自感传感器

其结构如图 4.4 所示,在实际使用中,常采用两个相同的传感线圈共用一个衔铁,构成差动式自感传感器,两个线圈的电气参数和几何尺寸要求完全相同。这种结构除了可以改善线性、提高灵敏度外,对温度变化、电源频率变化等的影响也可以进行补偿,从而减少了外界影响造成的误差。测量时,衔铁通过导杆与被测位移量相连,当被测体上下移动时,导杆带动衔铁也以相同的位移上下移动,使两个磁回路中磁阻发生大小相等、方向相反的变化,导致一个线圈的电感量增加,另一个线圈的电感量减小,形成差动形式。

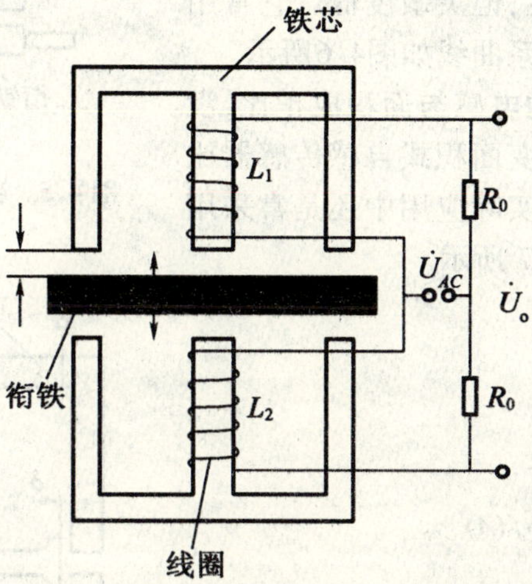

图 4.4　差动式变气隙型自感传感器

衔铁下移:

$$L_1=\frac{\mu_0AN^2}{2(\delta_0+\Delta\delta)} \tag{4.16}$$

$$L_2=\frac{\mu_0AN^2}{2(\delta_0-\Delta\delta)} \tag{4.17}$$

$$L_1=L_0\left[1-\frac{\Delta\delta}{\delta_0}+\left(\frac{\Delta\delta}{\delta_0}\right)^2-\left(\frac{\Delta\delta}{\delta_0}\right)^3+\cdots\right] \tag{4.18}$$

$$L_2=L_0\left[1+\frac{\Delta\delta}{\delta_0}+\left(\frac{\Delta\delta}{\delta_0}\right)^2-\left(\frac{\Delta\delta}{\delta_0}\right)^3+\cdots\right] \tag{4.19}$$

$$\Delta L=L_2-L_1=2L_0\left[\frac{\Delta\delta}{\delta_0}+\left(\frac{\Delta\delta}{\delta_0}\right)^3-\left(\frac{\Delta\delta}{\delta_0}\right)^5+\cdots\right] \tag{4.20}$$

$$\frac{\Delta L}{L_0}=\frac{L_2-L_1}{L_0}=2\left[\frac{\Delta\delta}{\delta_0}+\left(\frac{\Delta\delta}{\delta_0}\right)^3-\left(\frac{\Delta\delta}{\delta_0}\right)^5+\cdots\right] \tag{4.21}$$

忽略高次项,得传感系数为

$$K=\frac{\frac{\Delta L}{\Delta\delta}}{\Delta\delta}=\frac{2}{\delta} \tag{4.22}$$

差动式与单线圈电感式传感器相比,具有下列优点:

①线性好;

②灵敏度提高一倍,即衔铁位移相同时,输出信号大一倍;

③温度变化、电源波动、外界干扰等对传感器精度的影响,由于能互相抵消而减小;

④电磁吸力对测力变化的影响也由于能相互抵消而减小。

2. 变面积型自感传感器

变面积型自感传感器是 δ 不变,使 A 随被测量(如位移)变化,其结构如图4.5所示。

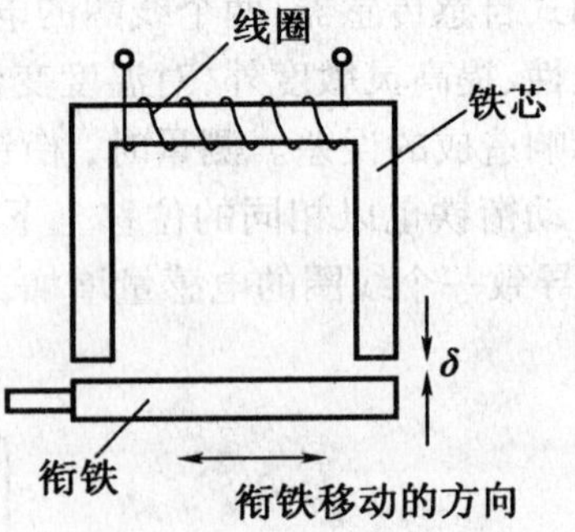

图 4.5　变面积型自感传感器结构图

这种传感器为线性特性,但灵敏度低。它常用于角位移测量。其 $L-A$ 关系曲线如图4.6所示。

变面积式自感传感器的电感与面积成正比,没有非线性误差,但是差动式变面积式自感传感器比单圈式的灵敏度提高一倍,实际应用中还是常采用差动式结构,其结构如图 4.7 所示。

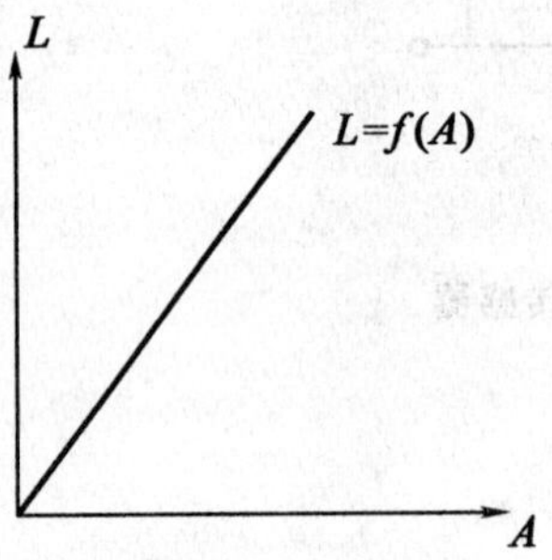

图 4.6　变面积型自感传感器 $L-A$ 关系曲线

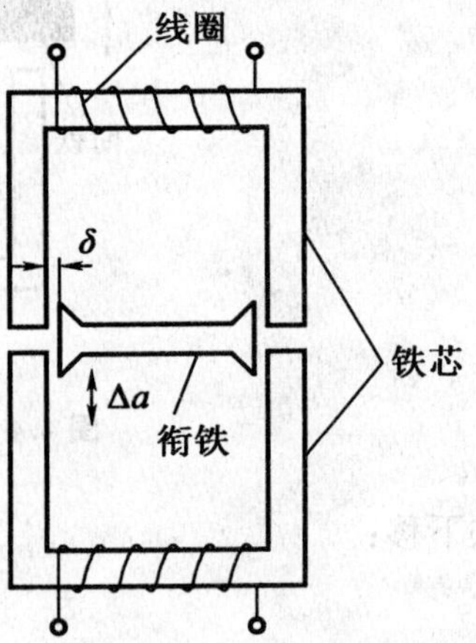

图 4.7　差动式变面积型自感传感器

3. 螺线管型自感传感器

单圈式螺线管型自感传感器和差动螺线管型自感传感器结构如图 4.8 和 4.9 所示。

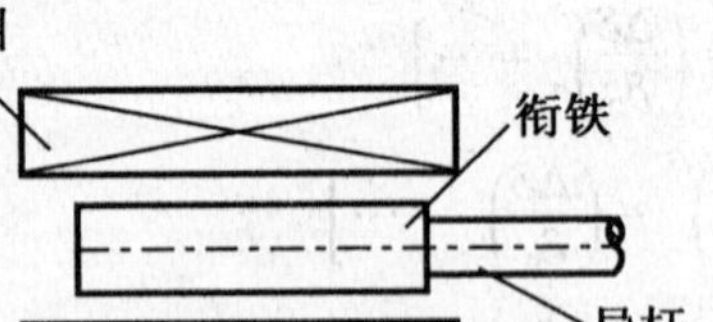

图 4.8　单圈式螺线管型自感传感器结构图

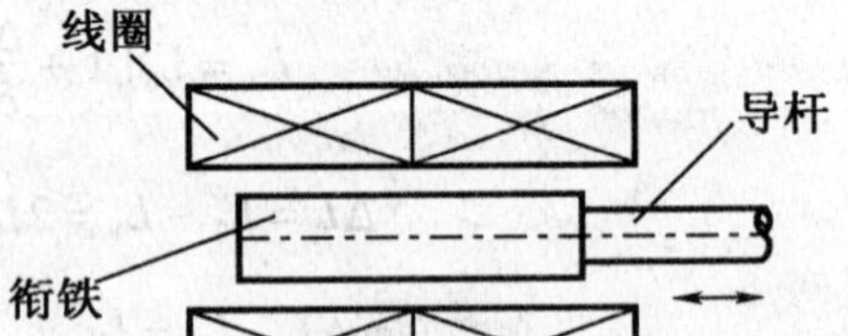

图 4.9　差动式螺线管型自感传感器结构图

单圈式螺线管型自感传感器主要元件为一只螺管线圈和一根圆柱形铁芯。传感器工作时,因铁芯在线圈中伸入长度的变化,引起螺线管线圈自感值的变化。它的特点是测量范围大,数百毫米,灵敏度低,大量程直线位移。

为了提高灵敏度和精度,常采用差动式螺线管型自感传感器。

差动式螺线管型自感传感器测量范围为 1 ~ 200 mm,线性度 0.1% ~ 1%,分辨率 <0.01 um。

螺管型自感传感器的灵敏度比截面型的更低,但示值范围大,线性也较好,因而得到广泛应用。

4.1.2　测量电路

自感式传感器能将位移等非电量转换为电感的变化,为了将电感的变化转换成电流或频率的变化,就需要选择合适的测量电路,自感式传感器的测量电路有交流电桥式、变压器式电桥电路和把传感器作为一个振荡桥路组成元件的谐振式等几种。

1. 交流电桥式测量电路

交流电桥式测量电路如图 4.10 所示。

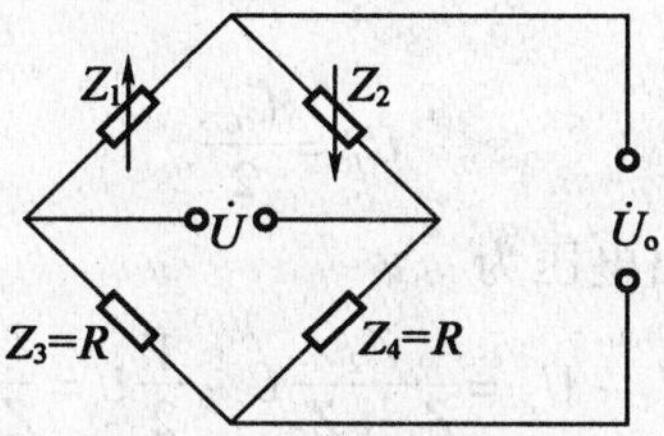

图 4.10　交流电桥式测量电路图

传感器的两线圈作为电桥的两相邻桥臂 Z_1 和 Z_2,另两个相邻桥臂 Z_3,Z_4 为纯电阻 R。设 Z 是衔铁在中间位置时单个线圈的复阻抗,ΔZ_1,ΔZ_2 分别是衔铁偏离中心位置时两线圈阻抗的变化量,则 $Z_1 = Z + \Delta Z_1$,$Z_2 = Z - \Delta Z_2$。

初始平衡时,衔铁在中间位置,$Z_1 = Z_2 = Z = R_s + j\omega L_0$,$R_1 = R_2 = R$,$L_1 = L_2 = L_0$。

当自感线圈的品质因数 $Q = \dfrac{\omega L}{R_s}$ 值很高时,输出电压为

$$\dot{U}_o = \frac{\dot{U}}{2}\frac{\Delta Z}{Z} = \frac{\dot{U}}{2}\frac{j\omega\Delta L}{R_s + j\omega L_0} \approx \frac{\dot{U}}{2}\frac{\Delta L}{L_0} = \frac{\dot{U}}{2}\frac{\Delta\delta}{\delta_0} \tag{4.23}$$

式中　L_0——衔铁在中间位置时单个线圈的电感;

　　　ΔL——单线圈式电感的变化量。

对差动变气隙式自感传感器,电感变化量为

$$\Delta L = 2L_0\frac{\Delta\delta}{\delta_0} \tag{4.24}$$

$$\dot{U}_o \approx \dot{U}\frac{\Delta\delta}{\delta_0} \tag{4.25}$$

由式(4.25)可知,电桥输出电压与 $\Delta\delta$ 成正比,相位与衔铁的移动方向有关。

2. 变压器式电桥电路

原理图如图 4.11 所示。

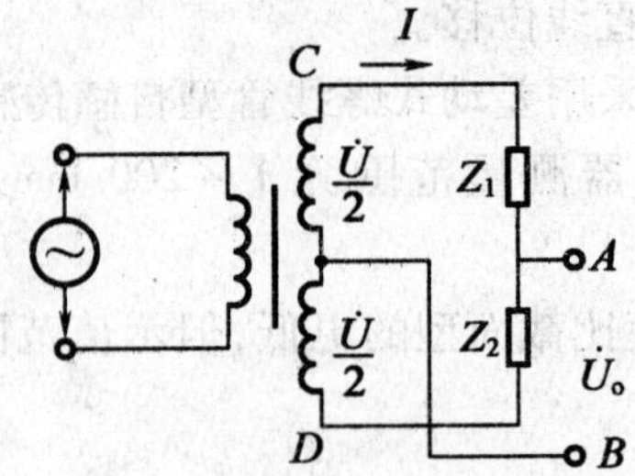

图 4.11　变压器式电桥电路原理图

变压器式交流电桥测量电路,电桥两桥臂分别为传感器两线圈的阻抗,另外两桥臂分别为电源变压器的两次级线圈,其阻抗为次级线圈总阻抗的一半。

电桥 A 点的电位为

$$\dot{U}_A = \frac{Z_1}{Z_1 + Z_2} \cdot \dot{U}_{CD} \tag{4.26}$$

B 点电位为

$$\dot{U}_B = \frac{\dot{U}_{CD}}{2} \tag{4.27}$$

当负载无穷大时,桥路输出电压为

$$\dot{U}_o = \dot{U}_A - \dot{U}_B = \frac{Z_2}{Z_1 + Z_2}\dot{U} - \frac{1}{2}\dot{U} = \frac{Z_2 - Z_1}{Z_1 + Z_2}\frac{\dot{U}}{2} \tag{4.28}$$

在初始位置,即衔铁位于差动自感传感器中间时,$Z_1 = Z_2 = Z$ 时电桥输出电压为零,电桥平衡。输出电压 $\dot{U}_o = 0$。

当衔铁下移时,$Z_1 = Z - \Delta Z$,$Z_2 = Z + \Delta Z$,桥路输出电压为

$$\dot{U}_o = \frac{Z_2 - Z_1}{Z_1 + Z_2}\frac{\dot{U}}{2} = \frac{\Delta Z}{Z}\frac{\dot{U}}{2} \tag{4.29}$$

当衔铁上移时,$Z_1 = Z + \Delta Z$,$Z_2 = Z - \Delta Z$,桥路输出电压为

$$\dot{U}_o = \frac{Z_2 - Z_1}{Z_1 + Z_2}\frac{\dot{U}}{2} = -\frac{\Delta Z}{Z}\frac{\dot{U}}{2} \tag{4.30}$$

若线圈的 Q 值很高,损耗电阻可忽略,则

$$\dot{U}_o = \pm\frac{\dot{U}}{2}\frac{\Delta L}{L_0} \tag{4.31}$$

由式(4.31)可知,当衔铁向上、向下移动相同的距离时,产生的输出电压大小相等,但极性相反。由于是交流信号,要判断衔铁位移的大小及方向同样需要经过相敏检波电路的处理。

4.1.3　变磁阻式传感器的应用

变磁阻式传感器(自感式传感器)一般用于接触测量,可用于静态和动态测量。它主要用于位移测量,也可以用于振动、压力、荷重、流量、液位等参数测量。图 4.12 为电感测微仪典型框图,除电感式传感器外,还包括测量电桥、交流放大器、相敏检波器、振荡器、稳压电源及显示器等,它主要用于精密微小位移测量。图 4.13 为差动压力传感器。若 $P_0 = P$,则衔

铁处于对称位置(零位),此时输出为零;若 $P>P_0$,则测量端电感增大,参考端电压减小,输出不为零。这种结构传感器常采用电桥电路进行测量,其机械零位调整不易实现。

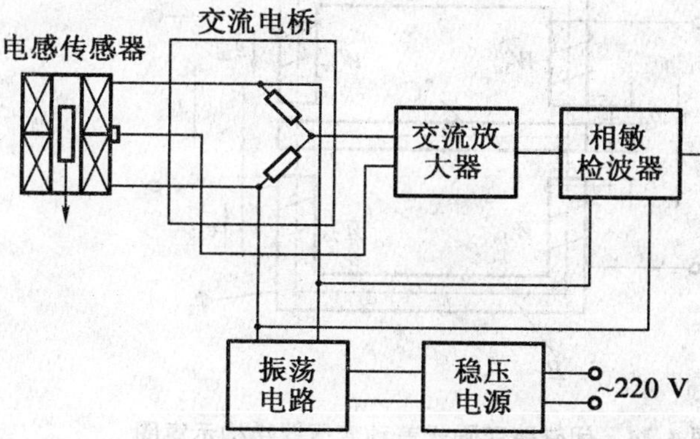

图 4.12　电感测微仪典型框图

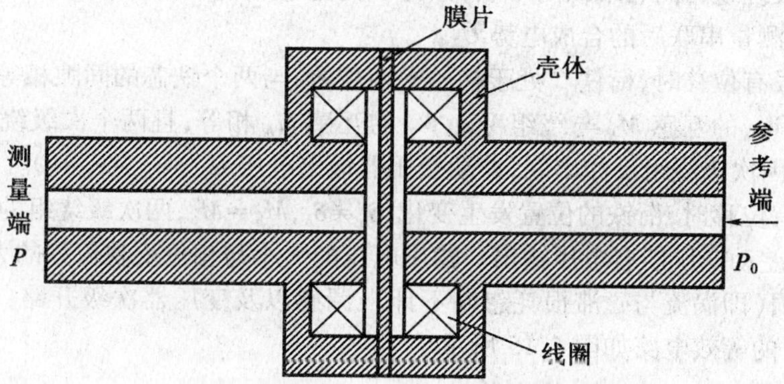

图 4.13　压力、压差测量

4.2　差动变压器式传感器

差动变压器式传感器又称为互感式电感传感器,是把被测量变化转换成线圈互感变化的传感器。主要包括有衔铁、初级绕组、次级绕组和线圈框架等。次级绕组用差动形式连接,所以也称为差动变压器式传感器。工作原理类似于变压器。初、次级绕组的耦合能随衔铁的移动而变化,即绕组间的互感随被测位移的改变而变化。根据结构的不同,分为变气隙型和螺管型两种。

4.2.1　变隙式差动变压器工作原理

闭磁路变隙式差动变压器结构图如图 4.14 所示。

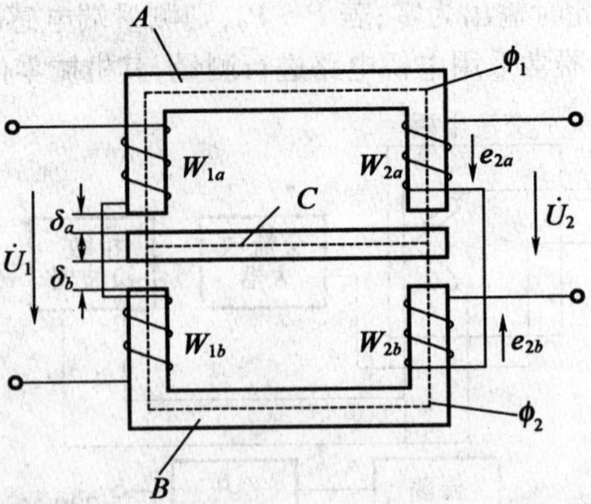

图 4.14　闭磁路变隙式差动变压器结构示意图

在 A,B 两个铁芯上绕有 $W_{1a}=W_{1b}=W_1$ 的两个初级绕组和 $W_{2a}=W_{2b}=W_2$ 的两个次级绕组。两个初级绕组的同名端顺向串联，并施以交流电压 $\dot{U}_1$，而两个次级绕组的同名端则反向串联，同时测量串联后的合成电势 $\dot{U}_2$。

当被测体没有位移时，衔铁 C 处于初始平衡位置，与两个铁芯的间隙相等，即 $\delta_{a0}=\delta_{b0}=\delta_0$，则绕组 W_{1a},W_{2a} 的互感 M_a 与绕组 W_{1b},W_{2b} 的互感 M_b 相等，且两个次级绕组的互感电势 e_{2a} 和 e_{2b} 相等。因次级绕组反相串联，差动变压器输出电压 $\dot{U}_2=e_{2a}-e_{2b}=0$。

当被测体有位移时，衔铁的位置发生变化，$\delta_a\neq\delta_b$，$M_a\neq M_b$，两次级绕组的互感电势不相等，即 $e_{2a}\neq e_{2b}$，差动变压器有电压输出。输出电压的大小与相位反映位移的大小和方向。

在忽略铁损（即涡流与磁滞损耗忽略不计）、漏感以及变压器次级开路（或负载阻抗足够大）的条件下的等效电路如图 4.15 所示。

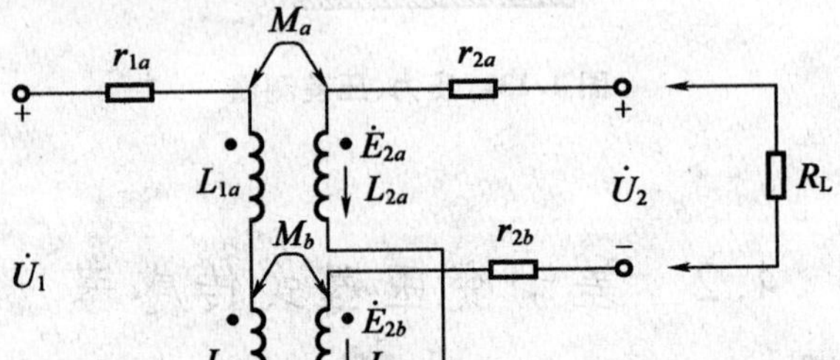

图 4.15　变隙式差动变压器等效电路

r_{1a} 与 L_{1a}，r_{1b} 与 L_{1b}，r_{2a} 与 L_{2a}，r_{2b} 与 L_{2b} 分别为 $W_{1a},W_{1b},W_{2a},W_{2b}$ 绕组的电阻与电感。

当 $r_{1a}\ll\omega L_{1a}$，$r_{1b}\ll\omega L_{1b}$ 时，不考虑铁芯与衔铁中的磁阻影响时，变隙式差动变压器输出电压为

$$\dot{U}_2=-\frac{\delta_b-\delta_a}{\delta_b+\delta_a}\frac{W_2}{W_1}\dot{U}_1 \tag{4.32}$$

当衔铁处于初始平衡位置时，因为 $\delta_a=\delta_b=\delta_0$，则 $\dot{U}_2=0$。

若被测体带动衔铁移动，向上移动 $\Delta\delta$（向上移动为正）时，将 $\delta_a=\delta_0-\Delta\delta$，$\delta_b=\delta_0+\Delta\delta$，

代入式(4.32),可得

$$\dot{U}_2 = -\frac{W_2}{W_1}\frac{\dot{U}_1}{\delta_0}\Delta\delta \tag{4.33}$$

式(4.33)表明,变压器输出电压与衔铁位移量 $\Delta\delta/\delta_0$ 成正比。“-”号的意义是:当衔铁向上移动时,$\Delta\delta/\delta_0$ 定义为正,变压器输出电压与输入电压 $\dot{U}_1$ 反相(相位差180°);当衔铁向下移动时,$\Delta\delta/\delta_0$ 为 $-|\Delta\delta/\delta_0|$,表明 $\dot{U}_2$ 与 $\dot{U}_1$ 同相。

闭磁路变隙式差动变压器的输出特性表明,变压器输出电压大小与衔铁位移大小成正比,相位根据衔铁移动方向与输入电压同相或反向。

变隙式差动变压器灵敏度 K 的表达式为

$$K = \frac{\dot{U}_2}{\Delta\delta} = \frac{W_2}{W_1}\frac{\dot{U}_1}{\delta_0} \tag{4.34}$$

增加 W_2/W_1 的比值和减小 δ_0 都能使灵敏度 K 值提高,但 W_2/W_1 的比值与变压器的体积及零点残余电压有关。

不论从灵敏度考虑,还是从忽略边缘磁通考虑,均要求变隙式差动变压器的 δ_0 愈小愈好。

为兼顾测量范围的需要,一般选择传感器的 δ_0 为0.5 mm。

变隙式差动变压器输出电压 $\dot{U}_2$ 与位移 $\Delta\delta$ 的关系曲线如图4.16所示。

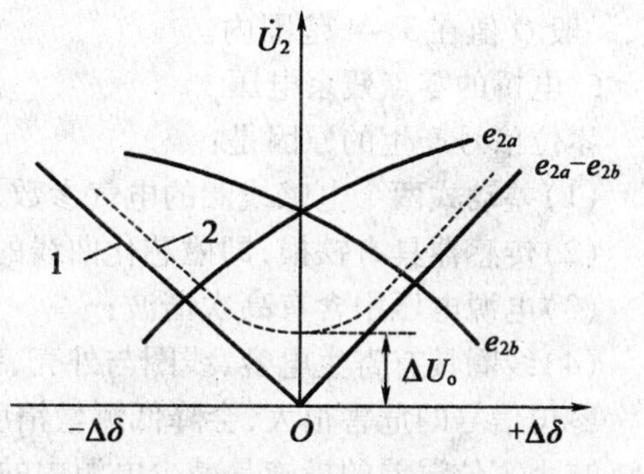

图4.16　闭磁路变隙式差动变压器的输出特性图

1—理想特性;2—实际特性

从图中可以看出,当差动变压器的衔铁处于中间位置时,理想条件下其输出电压为零。但实际上,在零点仍有一个微小的电压值(从零点几 mV 到数十 mV)存在,称为零点残余电压。零点残余电压的存在造成零点附近的不灵敏区;零点残余电压输入放大器内会使放大器末级趋向饱和,影响电路正常工作等。

4.2.2　误差因素分析

影响传感器精度的因素很多,主要分两个方面:一方面是外界工作环境条件的影响,如温度变化、电源电压和频率的波动等;另一方面是传感器本身特性所固有的影响,如线圈电感与衔铁位移之间的非线性、交流零位信号的存在等。这些都会造成测量误差,从而影响传感器的测量精度。

1. 电源电压和频率的波动影响

电源电压的波动一般允许的范围为5%～10%。电源电压波动直接影响传感器的输出电压,同时还会引起传感器铁芯磁感应强度 B 和导磁率 μ 的改变。从而使铁芯磁阻发生变化。因此,铁芯磁感应强度的工作点一定要选在磁化曲线的线性段。电源频率的波动一般较小,频率变化会使线圈感抗变化,而严格对称的交流电桥是能够补偿频率波动影响的。

2. 温度变化的影响

温度变化会引起零部件尺寸改变,小气隙电感式传感器对于其几何尺寸微小的变化也很敏感。随着气隙的改变,传感器的灵敏度和线性度将发生改变,同时温度变动还会引起线圈电阻和铁芯导磁率的变化。

为了补偿温度变化的影响,在结构设计时要合理选择零件的材料(注意各种材料的膨胀系数之间的配合),在制造和装配工艺上应使差动式传感器的两只线圈的电气参数(电阻、电感、匝数)和几何尺寸尽可能取得一致。这样可以在对称电桥电路中能有效地补偿温度的影响。

3. 非线性特性的影响

传感器的线圈电感 L 与气隙厚度 δ 之间为非线性特性,是造成输出特性非线性的主要原因,为了改善特性的非线性,除了采用差动式结构之外,还必须限制衔铁的最大位移量,一般取 $\Delta\delta=(0.1\sim0.2)\delta_0$。

4. 输出电压与电源电压之间的相位差

输出电压与电源电压之间存在着一定的相移,也就是存在与电源电压相差 90°的正交分量,使波形失真。消除或抑制正交分量的方法是采用相敏整流电路,以及传感器应有高 Q 值,一般 Q 值在 3 ~4 范围内。

5. 电桥的零点残余电压

零位信号产生的原因是:

(1)差动式两个电感线圈的电气参数及导磁体的几何尺寸不可能完全对称;

(2)传感器具有铁损,即磁芯化曲线的非线性;

(3)电源电压中含有高次谐波;

(4)线圈具有寄生电容,线圈与外壳、铁芯间有分布电容。

零位信号的危害很大,会降低测量精度,削弱分辨力,易使放大器饱和。

减小零位误差的措施是减少电源中的谐波成分,减小电感传感器的激磁电流,使之工作在磁化曲线的线性段。

为了消除电桥的零点残余电压,在差动电感电桥的电路中通常再接入两只可调电位器,当电桥有起始不平衡电压时,可以反复调节两只电位器,使电桥达到平衡条件,消除不平衡电压;或者从设计和工艺上保证结构对称性;选用合适的测量线路,如相敏检波电路。

4.2.3 差动变压器式传感器测量电路

差动变压器输出交流电压,用交流电压表测量,只能反映衔铁位移大小,不能反映移动方向;测量值中还包含零点残余电压。为了辨别移动方向和消除零点残余电压,实际测量时,常常采用差动整流电路和相敏检波电路,都称之为差动变压器式传感器测量电路。

1. 差动整流电路

这是一种最常用的电路形式。把差动变压器两个次级电压分别整流后,以它们的差作为输出,这样次级电压的相位和零点残余电压都不必考虑。

差动整流后输出电压的线性度与不经整流的次级输出电压的线性度相比有些变化。当次级线圈阻抗高、负载电阻小、接入电容器进行滤波时,其输出线性度的变化倾向是铁芯位移大,线性度增加。利用这一特性能够使差动变压器的线性范围得到扩展。

我们重点研究全波电压输出差动整流电路,如图 4.17 所示。

差动变压器的两个次级输出电压分别全波整流,整流电压的差值作为输出,适用于交流阻抗负载。电阻 R_0 用于调整零点残余电压。

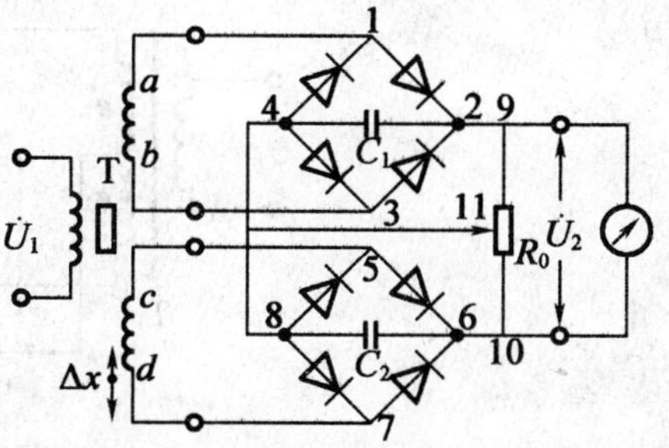

图 4.17　全波电压输出差动整流电路

从电路结构可知，不论两个次级线圈的输出瞬时电压极性如何，流经电容 C_1 的电流方向总是从 2 到 4，流经电容 C_2 的电流方向总是从 6 到 8，整流电路的输出电压为

$$\dot{U}_2 = \dot{U}_{24} - \dot{U}_{68} \tag{4.35}$$

当衔铁零位时，$\dot{U}_{24} = \dot{U}_{68}$，$\dot{U}_2 = 0$；

当衔铁上移时，$\dot{U}_{24} > \dot{U}_{68}$，$\dot{U}_2 > 0$；

当衔铁下移时，$\dot{U}_{24} < \dot{U}_{68}$，$\dot{U}_2 < 0$。

其中，$\dot{U}_2$ 的正负表示衔铁位移方向；$\dot{U}_2$ 的大小表示衔铁位移大小。

差动整流电路具有结构简单，不需要考虑相位调整和零点残余电压的影响，分布电容影响小和便于远距离传输等优点，因而获得广泛应用。

2. 相敏检波电路

如图 4.18 所示是相敏检波电路原理图。根据相敏检波电路输出电压的大小和正负来判断衔铁位移的大小和方向。

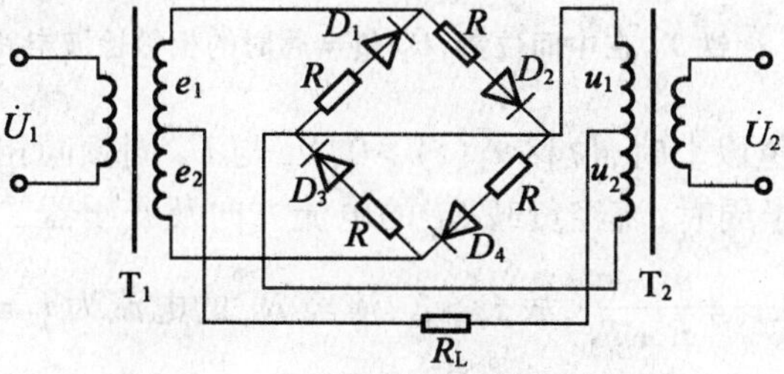

图 4.18　相敏检波电路原理图

用四个特性相同的二极管，串联成一个回路。

$\dot{U}_1$ 为输入信号，差动变压器式传感器输出的调幅波电压，通过变压器 T_1 加到环形电桥的一个对角线。

$\dot{U}_2$ 为参考信号，通过变压器 T_2 加入环形电桥的另一个对角线，$\dot{U}_2$ 的幅值要远大于 $\dot{U}_1$，以便有效控制四个二极管的导通状态，且 $\dot{U}_2$ 与 $\dot{U}_1$ 要同频、同相(或反相)。

R 为平衡电阻，起限流作用，R_L 为负载电阻。

(1)当衔铁 T_1 在中间位置时，位移 $x_1(t)=0$，传感器输出电压 $\dot{U}_1=0$，只有 $\dot{U}_2$ 起作用。

$\dot{U}_2$ 为正半周时，D_3，D_4 导通，流经负载 R_L 的电流如图 4.19 所示，$i_4=\dfrac{u_1}{R+R_L}$，$i_3=\dfrac{u_2}{R+R_L}$，因为是从中心抽头，所以 $u_1=u_2$，故 $i_3=i_4$。流经 R_L 的电流为 $i_0=i_4-i_3=0$。

$\dot{U}_2$ 为负半周时，D_1，D_2 导通，流经负载 R_L 的电流如图 4.20 所示，$i_1=\dfrac{u_2}{R+R_L}$，$i_2=\dfrac{u_1}{R+R_L}$，同理可知 $i_1=i_2$，所以流经 R_L 的电流为 $i_0=i_1-i_2=0$。

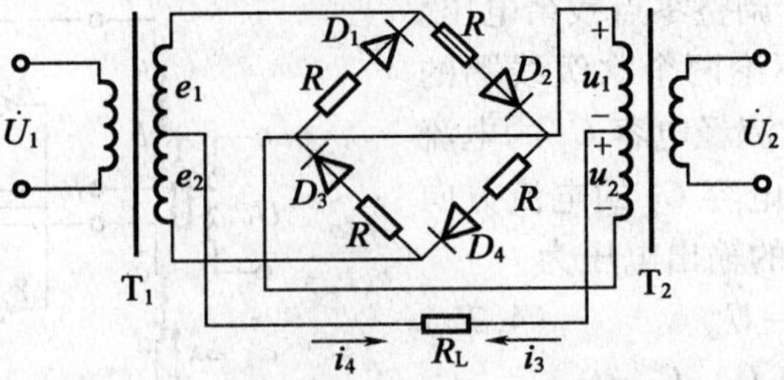

图 4.19　衔铁 T_1 在中间位置，$\dot{U}_2$ 正半周时的相敏检波电路原理图

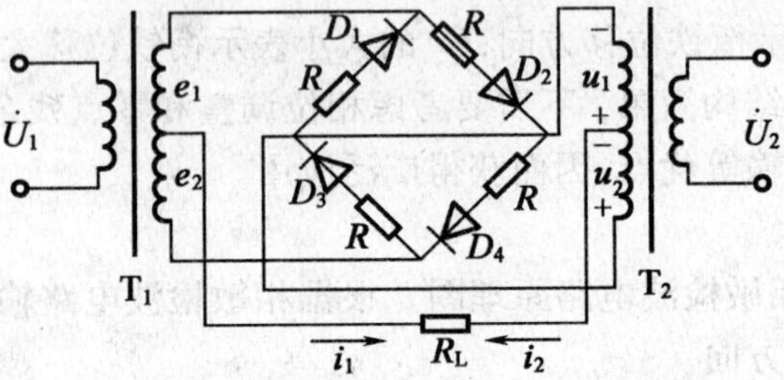

图 4.20　衔铁 T_1 在中间位置，$\dot{U}_2$ 负半周时的相敏检波电路原理图

(2)当衔铁 T_1 在零位以上时，位移 $x_1(t)>0$，$\dot{U}_1$ 与 $\dot{U}_2$ 同频同相。

当 $\dot{U}_1$ 与 $\dot{U}_2$ 都在正半周时，流经负载 R_L 的电流方向及变压器二次绕组上的电压方向如图 4.21 所示，$i_4=\dfrac{u_1+e_2}{R+R_L}$，$i_3=\dfrac{u_2-e_2}{R+R_L}$，故 $i_4>i_3$，流经 R_L 的电流为 $i_0=i_4-i_3>0$。

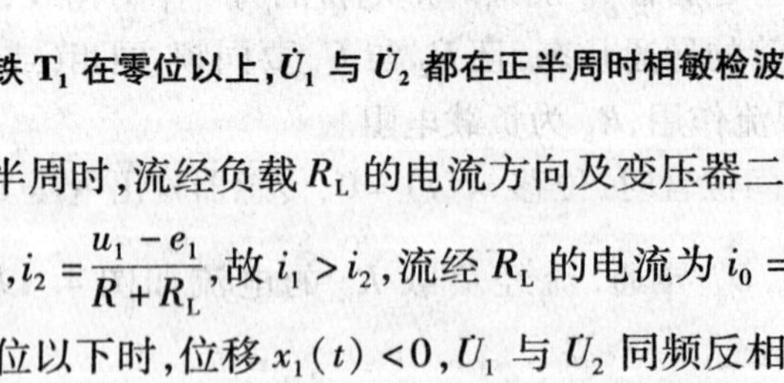

图 4.21　衔铁 T_1 在零位以上，$\dot{U}_1$ 与 $\dot{U}_2$ 都在正半周时相敏检波电路原理图

当 $\dot{U}_1$ 与 $\dot{U}_2$ 都在负半周时，流经负载 R_L 的电流方向及变压器二次绕组上的电压方向如图 4.22 所示，$i_1=\dfrac{u_2+e_1}{R+R_L}$，$i_2=\dfrac{u_1-e_1}{R+R_L}$，故 $i_1>i_2$，流经 R_L 的电流为 $i_0=i_1-i_2>0$。

(3)当衔铁 T_1 在零位以下时，位移 $x_1(t)<0$，$\dot{U}_1$ 与 $\dot{U}_2$ 同频反相。

在 $\dot{U}_2$ 正半周、$\dot{U}_1$ 负半周时，流经负载 R_L 的电流方向及变压器二次绕组上的电压方向如图 4.23 所示，$i_4=\dfrac{u_1-e_2}{R+R_L}$，$i_3=\dfrac{u_2+e_2}{R+R_L}$，故 $i_4<i_3$。流经 R_L 的电流为 $i_0=i_4-i_3<0$。

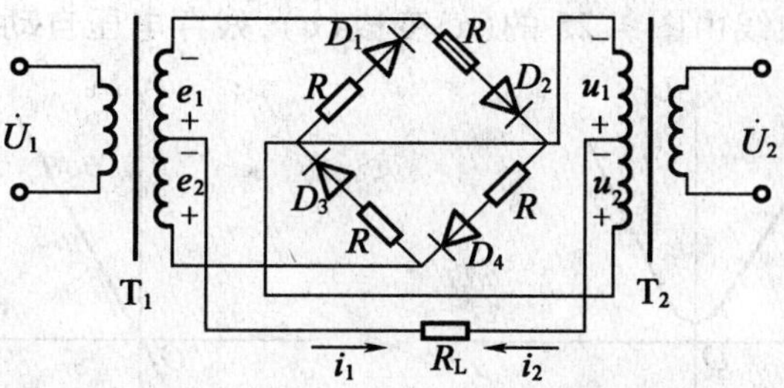

图 4.22　衔铁 T_1 在零位以上，$\dot{U}_1$ 与 $\dot{U}_2$ 都在负半周时相敏检波电路原理图

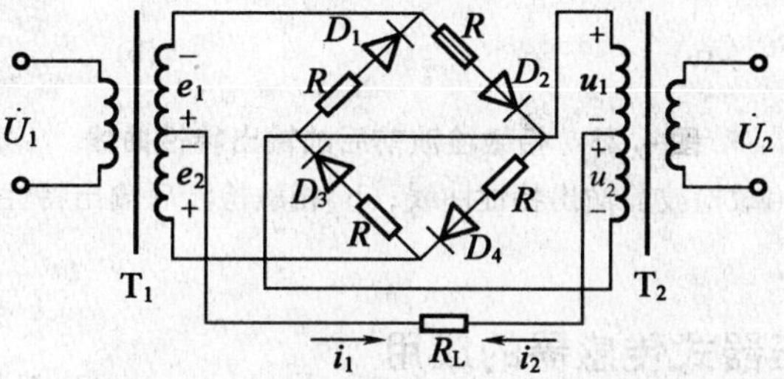

图 4.23　衔铁 T_1 在零位以下，$\dot{U}_2$ 正半周、$\dot{U}_1$ 负半周时相敏检波电路原理图

在 $\dot{U}_2$ 负半周、$\dot{U}_1$ 正半周时，流经负载 R_L 的电流方向及变压器二次绕组上的电压方向如图 4.24 所示，$i_1=\dfrac{u_2-e_1}{R+R_L}$，$i_2=\dfrac{u_1+e_1}{R+R_L}$，$i_1<i_2$。流经 R_L 的电流为 $i_0=i_1-i_2<0$。表示的方向也与规定的正方向相反。

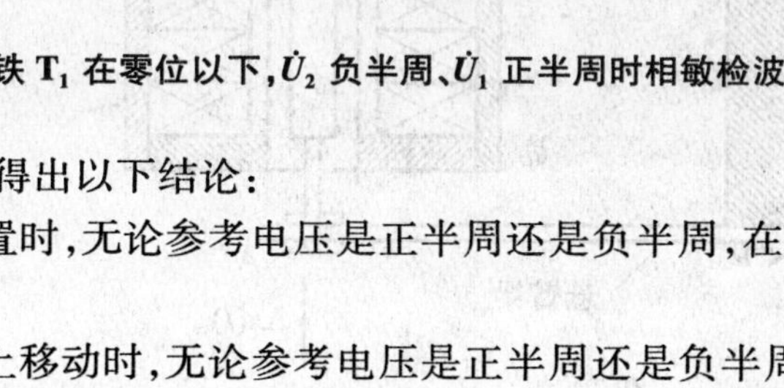

图 4.24　衔铁 T_1 在零位以下，$\dot{U}_2$ 负半周、$\dot{U}_1$ 正半周时相敏检波电路原理图

从上面的分析可以得出以下结论：

(1)衔铁在中间位置时，无论参考电压是正半周还是负半周，在负载 R_L 上的输出电压始终为 0。

(2)衔铁在零位以上移动时，无论参考电压是正半周还是负半周，在负载 R_L 上得到的输出电压始终为正。

(3)衔铁在零位以下移动时，无论参考电压是正半周还是负半周，在负载 R_L 上得到的输出电压始终为负。

由此可见，该电路能判别铁芯移动的方向。

经过相敏检波电路后，正位移输出正电压，负位移输出负电压。差动变压器的输出经过相敏检波以后，特性曲线由图 4.25 的(a)变成(b)，残存电压自动消失。

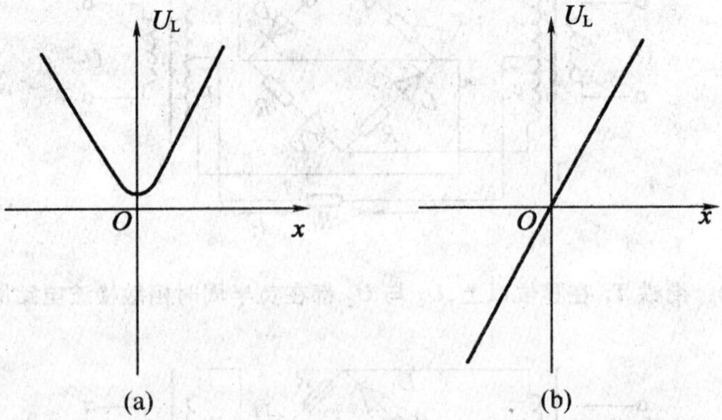

图 4.25　相敏检波前后的输出特性曲线

(a)相敏检波前输出特性曲线；(b)相敏检波后输出特性曲线

4.2.4　差动变压器式传感器的应用

差动变压器式传感器可以直接用于位移测量，也可以测试与位移有关的任何机械量，如振动、加速度、应变、比重、张力和厚度等。

1. 差动变压器式加速度传感器

如图 4.26 所示为差动变压器式加速度传感器的结构示意图。它由悬臂梁和差动变压器构成。测量时，将悬臂梁底座及差动变压器的线圈骨架固定，而将衔铁的 A 端与被测振动体相连。当被测体带动衔铁以 $\Delta x(t)$ 振动时，导致差动变压器的输出电压也按相同规律变化。

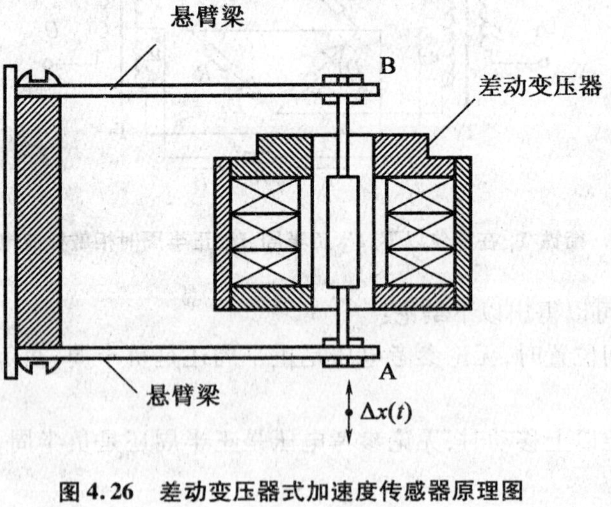

图 4.26　差动变压器式加速度传感器原理图

2. 差动压力变送器

如图 4.27 所示是差动压力变送器结构图，图 4.28 为差动压力变送器转换示意图，传感器的敏感元件为波纹膜盒，差动变压器的衔铁与膜盒相连。当被测压力 P_1 输入到膜盒中，膜盒的自由端面便产生一个与压力 P_1 成正比的位移，此位移带动衔铁上下移动，从而使差动变压器有正比于被测压力的电压输出。该传感器的信号输出处理电路与传感器组合在一个壳体内，输出信号可以是电压，也可以是电流。由于电流信号不易受干扰，且便于远距离传输，所以在使用中多采用电流输出型。

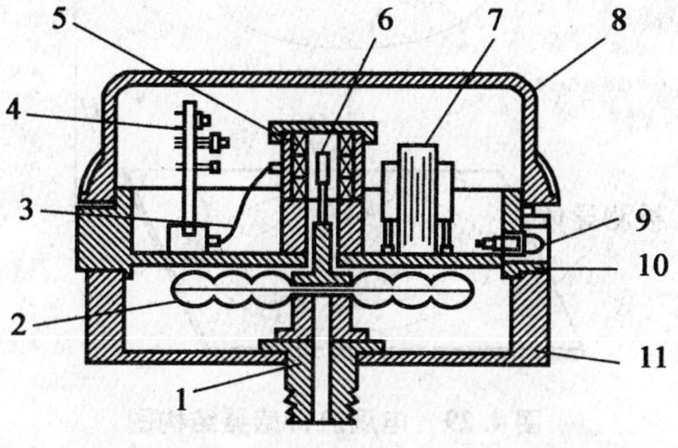

图4.27　差动压力变送器结构图

1—接头；2—膜盒；3—导线；4—印刷线路板；5—差分线圈；6—衔铁；7—电源变压器；8—罩壳；9—指示灯；10—安装座；11—底座

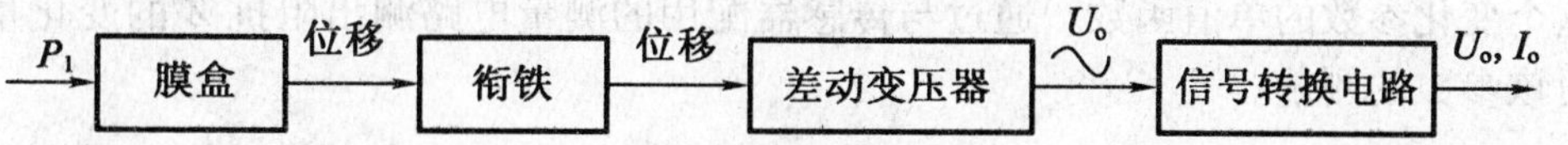

图4.28　差动压力变送器转换示意图

4.3　电涡流式传感器

根据法拉第电磁感应原理，当导体置于交变磁场或在固定磁场中运动时，导体内引起感应电流，此电流在导体内闭合，称为涡流。电涡流的产生必然要消耗一部分能量，从而使产生磁场的线圈阻抗发生变化，这一物理现象称为涡流效应。电涡流式传感器是一种建立在涡流效应原理上的传感器，将非电量转换为阻抗的变化而进行测量。

电涡流式传感器可以实现非接触测量，物体表面为金属导体，还可应用于测量多种物理量，如位移、振动、厚度、转速、应力、硬度等参数。这种传感器也可用于无损探伤。

电涡流式传感器结构简单、频率响应宽、灵敏度高、测量范围大、抗干扰能力强，特别是有非接触测量的优点，因此在工业生产和科学技术的各个领域中得到了广泛的应用。

4.3.1　工作原理

如图4.29所示是电涡流传感器结构图。一个扁平线圈置于金属板附近，当线圈中通有交变电流 I_1 时，线圈周围就产生一个交变磁场 H_1。置于这一磁场中的金属板就产生电涡流 I_2，电涡流也将产生一个新磁场 H_2，H_2 与 H_1 方向相反，因而抵消部分原磁场，使通电线圈的有效阻抗发生变化。

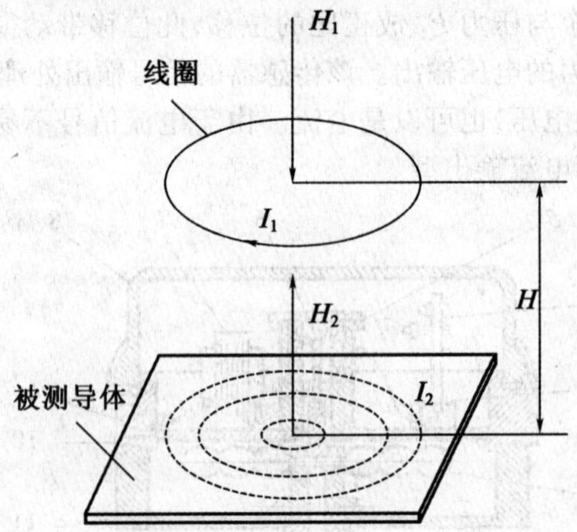

图 4.29　电涡流传感器结构图

涡流的大小与金属板的电阻率 ρ、磁导率 μ、厚度 h、金属板与线圈的距离 δ、激励电流角频率 ω 等参数有关。因此，传感器线圈受电涡流影响时的等效阻抗 Z 的函数关系式为 $Z=f(\rho,\mu,h,\delta,\omega)$，如果控制上述参数中的一个参数改变，而其余参数恒定不变，则阻抗就成为这个变化参数的单值函数。通过与传感器配用的测量电路测出阻抗 Z 的变化量，即可实现对该参数的测量。

4.3.2　电涡流传感器测量电路

1. 等效电路

我们可以把被测导体上形成的电涡等效成一个短路环，这样就可得到如图 4.30 的等效电路。图中 R_1，L_1 为传感器线圈的电阻和电感。短路环可以认为是一匝短路线圈，其电阻为 R_2、电感为 L_2。线圈与导体间存在一个互感 M，它随线圈与导体间距的减小而增大。

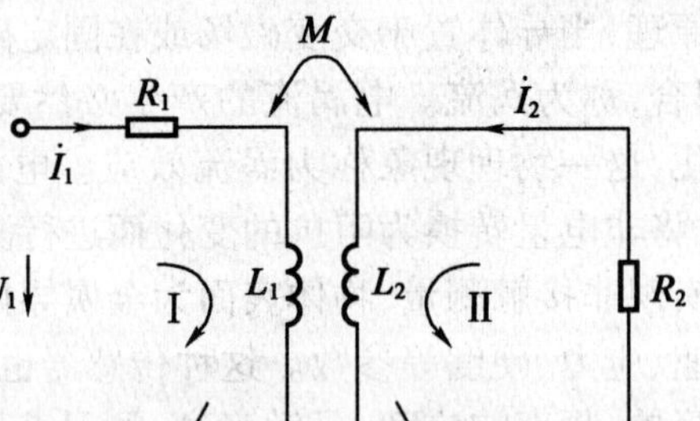

图 4.30　电涡流传感器等效电路

根据基尔霍夫第二定律，有

$$\begin{cases} R_1\dot{I}_1+\mathrm{j}\omega L_1\dot{I}_1-\mathrm{j}\omega M\dot{I}_2=\dot{U}_1 \\ R_2\dot{I}_2+\mathrm{j}\omega L_2\dot{I}_2=\mathrm{j}\omega M\dot{I}_1 \end{cases} \tag{4.36}$$

解上述方程组，可得 $\dot{I}_1$，$\dot{I}_2$，最后得出传感器线圈受金属导体影响后的等效阻抗为

$$Z=\frac{\dot{U}_1}{\dot{I}_1}=R_1+\frac{\omega^2M^2}{R_2^2+\omega^2L_2^2}R_2+\mathrm{j}\omega\left[L_1-\frac{\omega^2M^2}{R_2^2+\omega^2L_2^2}L_2\right] \tag{4.37}$$

2. 测量电路

电涡流传感器测量电路可将线圈阻抗 Z、线圈电感 L、品质因数 Q 的变化转换为相应的电压、电流或频率输出。

根据被测参数的不同，可以分为阻抗测量电路（电桥电路）、电感测量电路（调频式测量电路）和 Q 值测量电路（调幅式测量电路）。

（1）阻抗测量电路（电桥电路）

如图4.31所示是阻抗测量电路的示意图，当位移发生变化时，直接检测线圈的阻抗值的变化。振荡器产生的高频振荡电流经过功率放大器放大后送给交流电桥，当位移发生变化时，将使线圈阻抗变化，从而破坏电桥平衡，电桥不平衡电压信号输出，经过放大、检波之后，输出信号就反映了被测量的变化。

阻抗测量电路主要用于两个电涡流线圈组成的差动式传感器。

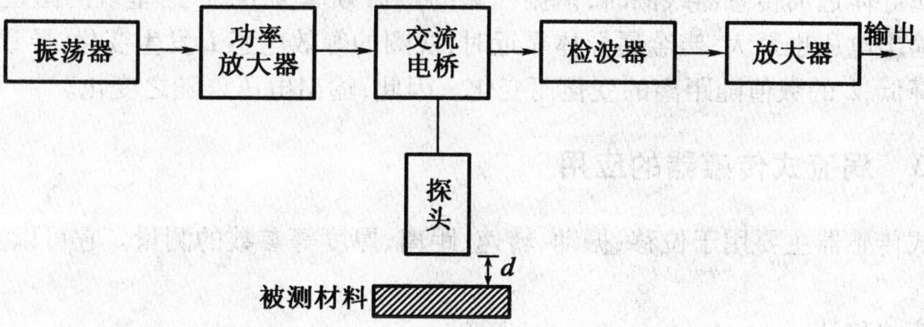

图4.31 阻抗测量电路示意图

（2）电感测量电路（调频式测量电路）

传感器线圈接入振荡回路，当传感器与被测导体之间距离 x 改变时，在涡流影响下，传感器的电感 L 变化，导致振荡频率的变化。

转换过程为

$$x\rightarrow L(x)\rightarrow f\rightarrow U_o(x)$$

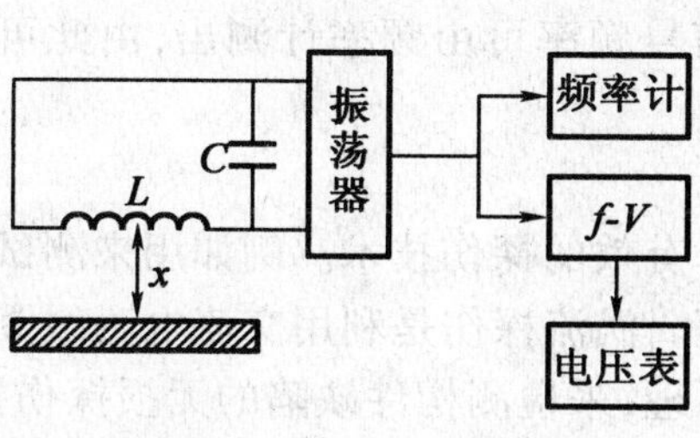

图4.32 调频式电路示意图

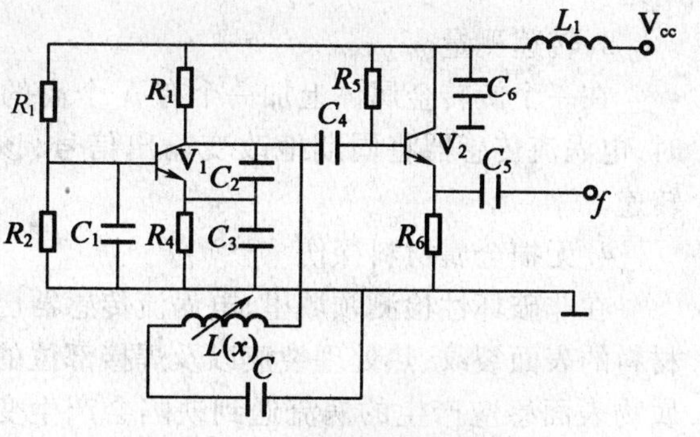

图4.33 调频式振荡电路

频率变化是距离的函数,频率可由数字频率计直接测量,或通过频率－电压变换,用电压表测量对应的电压。

(3)Q 值测量电路(调幅式测量电路)

调幅式电路是由传感器线圈 L、电容器 C 和石英晶体组成石英晶体振荡电路。

石英晶体振荡器起恒流源的作用,给谐振回路提供一个频率 f_0 稳定的激励电流 i_o,LC 回路的阻抗为 Z 时,输出电压为

$$U_o = i_o f(Z) \tag{4.38}$$

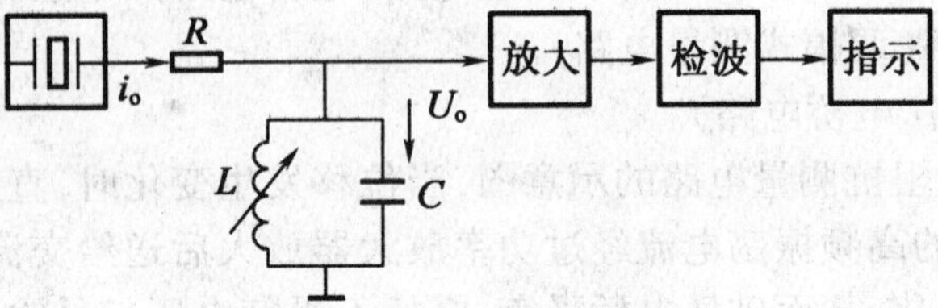

图 4.34　调幅式电路示意图

当金属导体远离传感器线圈时,谐振回路的谐振频率为 f_0,回路呈现的阻抗最大,谐振回路上的输出电压也最大;当金属导体靠近时,线圈的等效电感 L 发生变化,导致回路失谐,输出电压降低,L 的数值随距离的变化而变化。因此,输出电压也随之变化。

4.3.3　涡流式传感器的应用

涡流式传感器主要用于位移、振动、转速、距离、厚度等参数的测量。它可以实现非接触测量。

1. 涡流位移计

涡流传感器测量位移的范围为 0 ~ 5 mm 左右,分辨力可达测量范围的 0.1%,例如可测汽轮机立轴的轴向位移,金属试样的热膨胀系数等。

2. 振幅计

涡流传感器可以无接触地测量机械振动。监视涡轮叶片的振幅,测量范围从几十微米到几毫米,频率特性从零到几十赫以内比较平坦。

在研究轴的振动时常需要了解轴的振动形状,这时可用多只涡流传感器并排布置在轴附近。

3. 转速测量

在一个旋转金属体上加一个有 N 个齿的齿轮,旁边安装电涡流传感器,当旋转体转动时,电涡流传感器将周期地改变输出信号,该输出信号频率可由频率计测出,由此可算出转速。

4. 无损金属材料探伤

在非破坏性检测领域里,电涡流传感器已被用于有效的探伤技术。例如用来测试金属材料的表面裂纹、热处理裂痕以及焊接部位的探伤等。涡流探伤是利用交流电磁线圈在金属物表面感应产生的涡流遇到缺陷会产生变化的原理,来检测构件缺陷的无损探伤技术。利用电磁感应原理用激励线圈使导电构件内产生电涡流,借助检测线圈测定电涡流的变化量,从而获得金属材料缺陷的有关信息。

涡流探伤是以交流电磁线圈在金属物表面感应产生涡流的无损探伤技术。适用于导电材料,包括铁磁性和非铁磁性金属材料的缺陷检测。由于涡流探伤,在检测时不要求线圈与金属物紧密接触,也不用在线圈与金属物间充满耦合剂,容易实现检验自动化。但涡流探伤仅适用于导电材料,只能检测表面或近表面层的缺陷,不便使用于形状复杂的金属物。

思考题

1. 什么是零点残余电压？如何消除？

2. 试述差动相敏检波电路的工作原理。

3. 试比较自感式传感器、差动变压器互感式传感器、电涡流式传感器的工作原理和灵敏度。

4. 试述电感式传感器的种类及工作原理。

5. 什么是电涡流效应？如何利用涡流效应进行位移测量？

6. 电感式传感器的测量电路有哪几种？各有何特点。

第5章

压电式传感器

压电式传感器是典型的有源传感器。当压电材料受力作用而变形时,其表面会有电荷产生,实现力-电转换,进行非电量测量。压电式传感器是力敏元件,能测量最终变换为力的那些物理量,例如力、压力、加速度等。

压电式传感器具有响应频带宽、灵敏度高、信噪比大、结构简单、工作可靠、重量轻等优点。因此,在各种动态力、机械冲击与振动的测量,以及声学、医学、力学、宇航等方面获得了广泛的应用。

5.1 压电效应与压电材料

5.1.1 压电效应

压电式传感器的工作原理是以某些物质的压电效应为基础的。

某些单晶体或多晶体陶瓷电介质,当沿着一定方向对其施力而使它变形时,内部就产生极化现象,同时在它的两个对应晶面上便产生符号相反的等量电荷,当外力取消后,电荷也消失,又重新恢复不带电状态,这种现象称为压电效应(也称为正压电效应),见图5.1(a)。当作用力的方向改变时,电荷的极性也随着改变。相反,当在电介质的极化方向上施加电场(加电压)作用时,这些电介质晶体会在一定的晶轴方向产生机械变形,外加电场消失,变形也随之消失,这种现象称为逆压电效应(电致伸缩)。具有这种压电效应的物质称为压电材料或压电元件。压电式传感器是双向传感器,压电效应具有可逆性,如图5.1(b)所示。

利用正压电效应制成的压电式传感器,可将力、压力、振动、加速度等非电量转换为电量,从而进行精密测量。利用逆压电效应可制成超声波发生器、声发射传感器、压电扬声器、频率高度稳定的晶体振荡器等。利用正、逆压电效应可制成压电超声波探头、压电声表面波传感器、压电陀螺等。

除了上述正、逆压电效应外,还有一种电致伸缩效应,即电介质在电场作用下会由于极化而引起与电场方向无关的形变现象。电致伸缩效应与逆压电效应都是由电能转换成机械能的效应。不同点在于前者与电场方向无关,应变大小与电场强度的平方成正比;而后者(逆压电效应)则与电场方向有关,应变与电场强度成正比,当外加电场反向时,产生的应变也反向。压电效应是晶体的物理现象,它具有方向性。单晶材料的压电效应是由于这些单晶受外应力时其内部晶体结构变形,使原来宏观表现的电中性状态被破坏而产生电极化。当外力方向与生成的电势差方向一致时称为纵向压电效应;外力方向与生成的电势差方向垂直时称为横向压电效应。

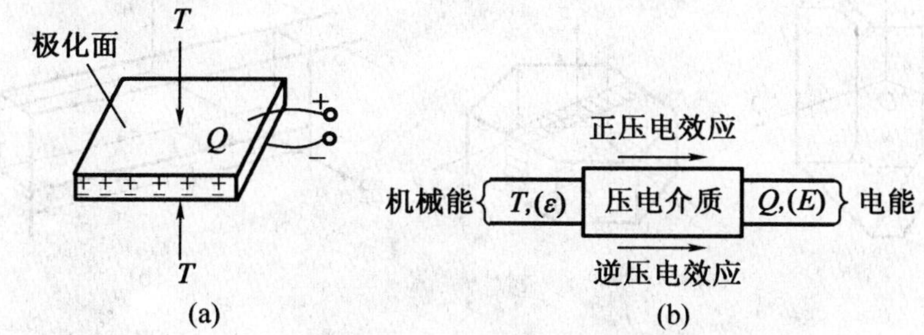

图5.1　压电效应示意图
(a)压电效应;(b)压电效应可逆性

5.1.2　压电材料

具有明显压电效应的材料称为压电材料。压电材料可以分为两大类:压电晶体和压电陶瓷。前者为晶体,后者为极化处理的多晶体。它们都具有较大的压电常数,机械性能优良(强度高、固有振荡频率稳定),时间稳定性和温度稳定性都很好,所以它们是较理想的压电材料。

选用压电材料应考虑以下几方面:

(1)转换性能:具有较大的压电常数;

(2)机械性能:压电元件作为受力元件,希望它的强度高、刚度大,以期获得宽的线性范围和高的固有振动频率;

(3)电性能:希望具有高的电阻率和大的介电常数,以期减弱外部分布电容的影响并获得良好的低频特性;

(4)温度和湿度稳定性要好,具有较高的居里点,以期得到较宽的工作温度范围;

(5)时间稳定性:压电特性不随时间蜕变。

1.石英晶体

石英晶体化学式为 SiO_2,是单晶体结构。它是个六角形晶柱,如图5.2(a)所示。

天然石英是一个正六面体,在晶体学中可用三根互相垂直的轴来表示。其中纵向轴 $z-z$ 称为光轴;经过正六面体棱线,并垂直于光轴的 $x-x$ 轴称为电轴;与 $x-x$ 轴和 $z-z$ 轴同时垂直的 $y-y$ 轴(垂直于棱面)称为机械轴。

为了直观了解压电效应,将一个单元中构成石英晶体的硅离子和氧离子,在垂直于 Z 轴的 XOY 平面上的投影等效为图5.3中的正六边形排列。

当石英晶体未受到外力作用时,正、负离子正好分布在正六边形的顶角上,形成3个大小相等、互成120度夹角的电偶极距,如图5.3(a)所示。$P=ql$,q 为电荷量,l 为正、负电荷之间距离。电偶极距方向从负电荷指向正电荷。此时,正、负电荷中心重合,电偶极距的矢量和等于零,即 $P_1+P_2+P_3=0$,电荷平衡,故晶体表面不产生电荷,呈电中性。

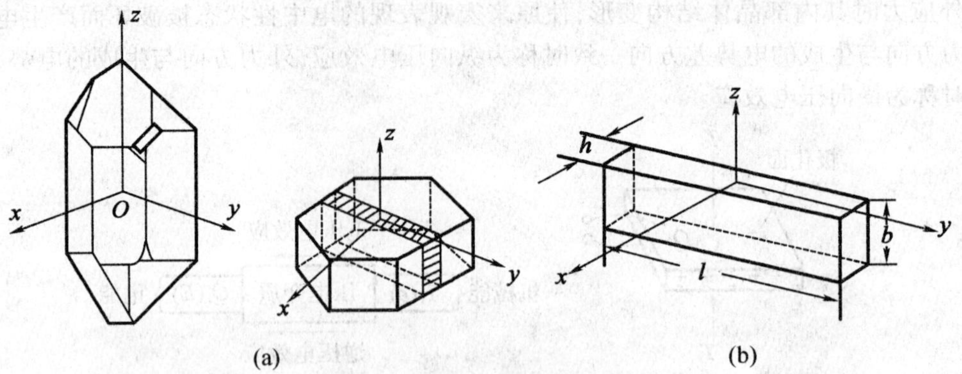

图 5.2　石英晶体

(a)天然晶体;(b)晶体切片

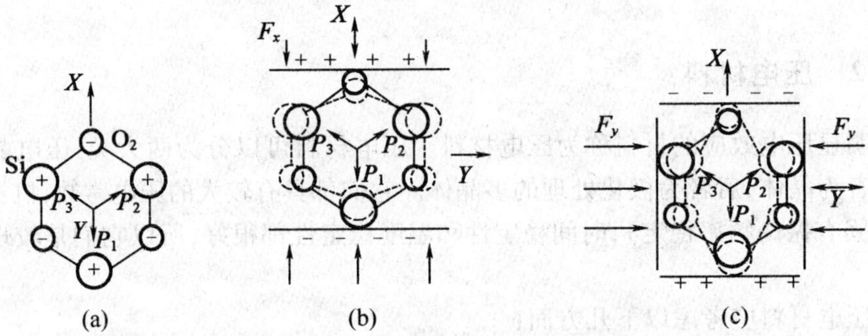

图 5.3　石英晶体的压电效应机理示意图

(a)电中性;(b)纵向压电效应;(c)横向压电效应

当晶体沿电轴(x 轴)方向受压力时,将产生压缩变形。由于晶胞中各离子间相对位置变化,产生硅离子正电荷的等效中心上移与氧离子负电荷的等效中心下移的极化现象,在晶体上表面出现正电荷,下表面出现负电荷,如图 5.3(b)所示。当在 x 轴方向改为拉力时,正电荷等效中心下移,负电荷等效中心上移,则上表面出现负电荷,下表面出现正电荷。这种沿 x 轴施加力,而在垂直于 x 轴的晶面上产生电荷的现象即为前面所说的“纵向压电效应”。在垂直于 Y 轴和 Z 轴的晶体表面上不出现电荷。

当晶体受到机械轴(Y 轴)方向的压力作用时,会产生硅离子所带正电荷等效中心下移、氧离子所带负电荷等效中心上移的极化现象,上表面出现负电荷,下表面出现正电荷而形成电场,如图 5.3(c)所示。当在 Y 轴方向改为拉力时,正电荷等效中心上移,负电荷等效中心下移,则上表面出现正电荷,下表面出现负电荷。这种沿 Y 轴施加力,而在垂直于 X 轴的晶体表面上产生电荷的现象,称为“横向压电效应”。

若沿着 Z 轴方向施加作用力,因为晶体在 X 方向和 Y 方向所产生的形变完全相同,所以正负电荷重心保持重合,电偶极距矢量和等于零。表明沿着 Z 轴方向施加作用力,晶体不会产生压电效应。

从晶体上沿轴线切下的薄片称为晶体切片,图 5.2(b)即为石英晶体切片的示意图。在每一切片中，当沿 X 轴方向加作用力 F_x 时，晶片将产生厚度变形，并产生极化现象，在晶体线性弹性范围内，极化强度 P_x 与应力 $\sigma_x(=F_x/lb)$ 成正比，即

$$P_x = d_{11}\sigma_x = d_{11}\frac{F_x}{lb} \tag{5.1}$$

式中　P_x——沿晶 X 轴方向施加的作用力；

d_{11}——压电常数(C/g 或 C/N)；

l,b——石英晶片的长度和宽度。

而极化强度 P_x 等于晶体表面的面电荷密度，即

$$P_x = q_x = Q_x/lb \tag{5.2}$$

式中　Q_x——垂直于 x 轴晶面上的电荷。

把式(5.2)代入式(5.1)，得

$$Q_x = d_{11}F_x \tag{5.3}$$

从式(5.3)知，当晶体受到 x 方向外力作用时，晶面上产生的电荷 Q_x 与作用力 F_x 成正比，而与晶片的几何尺寸无关。电荷 Q_x 的极性视 F_x 是受压还是受拉而决定，如图 5.4 所示。

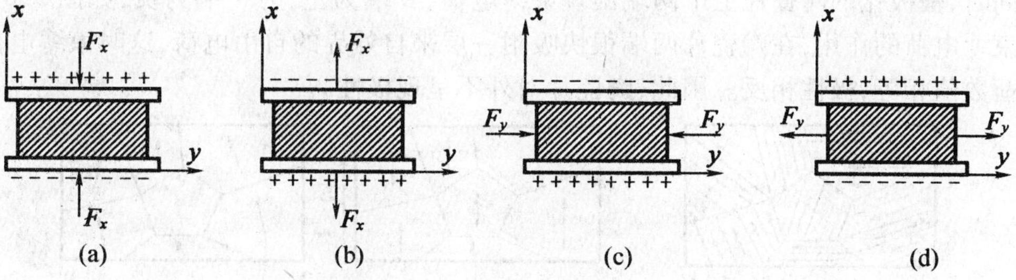

图 5.4　晶片上电荷的极性与受力方向的关系

如果在同一晶片上，作用力是沿机械轴 $y-y$ 方向，其电荷仍在与 x 轴垂直的平面上出现，极性见图 5.4(c)、图 5.4(d)。此时电荷量为

$$Q_x = d_{12}\frac{lb}{bh}F_y = d_{12}\frac{l}{h}F_y \tag{5.4}$$

式中　d_{12}——石英晶体在 y 方向受力时的压电系数；

l,b——晶片的长度和厚度。

根据石英晶体轴的对称条件，$d_{12}=-d_{11}$，则式(5.4)可改写为

$$Q_x = -d_{12}\frac{l}{h}F_y \tag{5.5}$$

负号表示沿 y 轴的压缩力产生的电荷与沿 x 轴施加的压缩力所产生的电荷极性相反。从式(5.5)可见，沿机械轴方向施加作用力时，产生的电荷量与晶片的几何尺寸有关。

在片状压电材料的两个电极面上，如果加以交流电压，那么压电片能产生机械振动，即压电片在电极方向上有伸缩的现象。压电材料的这种现象称为“电致伸缩效应”，也叫作“逆压电效应”。

例 5.1　石英晶片的长、宽、厚之间的关系为 $l=2b$，$l=3h$，其压电系数为 $d_{11}=2.31\times$

10^{-12} C/N,求:(1)沿电轴 x 方向施加 3×10^{6} N 压力时的电荷量 q_x;(2)沿机械轴 y 方向施加 3×10^{6} N 压力时的电荷量 q_x;(3)在石英晶体表面上标出电荷极性。

解　(1)$q_x = d_{11}F_x = 2.31\times10^{-12}\times3\times10^{6} = 6.93\times10^{-6}$(C)

(2)$q_x = -d_{11}\dfrac{l}{h}F_y = -2.31\times10^{-12}\times3\times3\times10^{6} = -2.08\times10^{-5}$(C)

(3)石英晶体表面上的电荷极性分别如图 5.4(a),(c)所示。

2. 压电陶瓷

压电陶瓷是人工制造的多晶体压电材料。压电陶瓷材料内的晶粒有许多自发极化的电畴,在极化处理以前,各晶粒内电畴任意方向排列,自发极化的作用相互抵消,陶瓷内极化强度为零,如图 5.5(a)所示。

在陶瓷上施加外电场时,电畴的极化方向发生转动,趋向于按外电场方向排列,从而使材料得到极化。外电场越强,就有越多的电畴更完全地转向外电场方向,如图 5.5(b)所示。

让外电场强度大到使材料的极化达到饱和的程度,即所有电畴极化方向都整齐的与外电场方向一致时,当外电场去掉后,电畴的极化方向基本不变,即剩余极化强度很大,这时的材料才具有压电特性,如图 5.5(c)所示。

同时,被极化的陶瓷片上下两端出现束缚电荷,一端为正,另一端为负,如图 5.6 所示。由于束缚电荷的作用,在陶瓷片两端很快吸附一层来自外界的自由电荷,这时束缚电荷与自由电荷数值相等,极性相反。因此,陶瓷片对外不呈现极性。

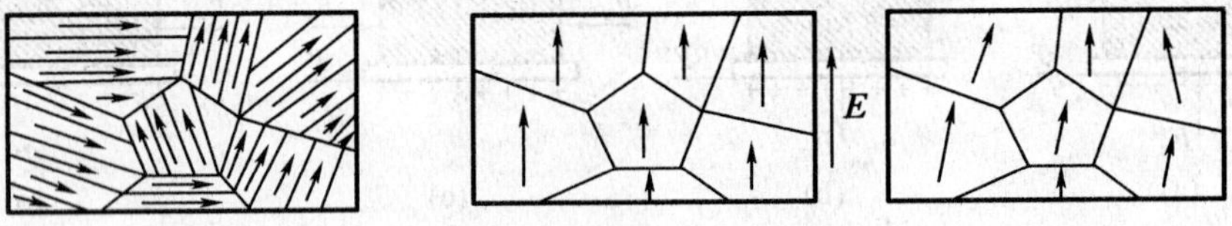

图 5.5　压电陶瓷的极化

(a)未极化;(b)正在极化;(c)极化后

由于束缚电荷的作用,在陶瓷片的电极表面上很快吸附了一层来自外界的自由电荷。这些自由电荷与陶瓷片内的束缚电荷符号相反而数值相等,它起着屏蔽和抵消陶瓷片内极化强度对外的作用,因此陶瓷片对外不表现极性。如果在压电陶瓷片上加一个与极化方向平行的外力,陶瓷片将产生压缩变形,片内的正、负束缚电荷之间距离变小,电畴发生偏转,极化强度也变小。因此,原来吸附在极板上的自由电荷,有一部分被释放而出现放电现象。当压力撤销后,陶瓷片恢复原状,片内的正、负电荷之间的距离变大,极化强度也变大,因此电极上又吸附一部分自由电荷而出现充电现象。这种由于机械效应转变为电效应,或者说由机械能转变为电能的现象,就是压电陶瓷的正压电效应。放电电荷的多少与外力的大小成比例关系,即

$$Q = d_{33}\cdot F \tag{5.6}$$

式中　Q——电荷量;

d_{33}——压电陶瓷的压电系数;

F——作用力。

如图5.7所示为压电陶瓷的压电原理。

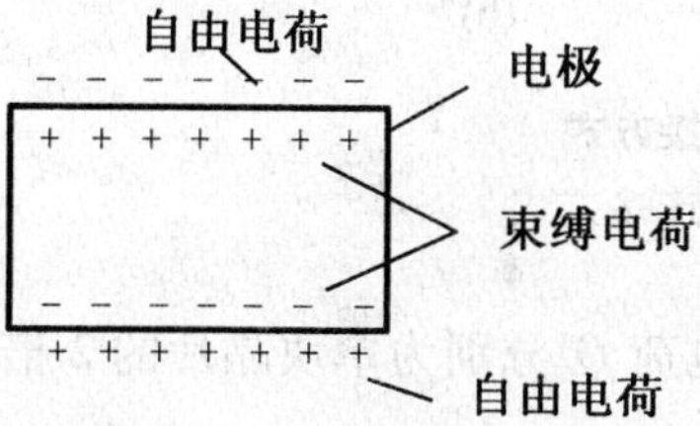

图5.6　束缚电荷示意图

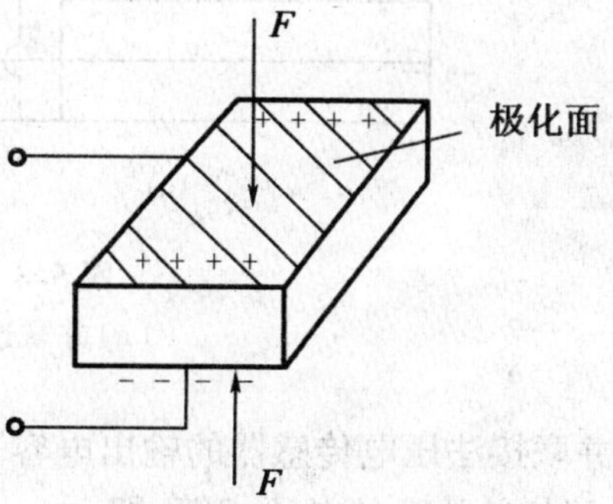

图5.7　压电陶瓷的压电原理

应该注意，刚刚极化后的压电陶瓷的特性是不稳定的，经过两三个月以后，压电常数才近似保持为一定常数。经过两年以后，压电常数又会下降，所以做成的传感器要经常校准。另外，压电陶瓷也存在逆压电效应，若在陶瓷片上加一个与极化方向相同的电场，陶瓷片将沿着极化方向产生伸长形变。若外加电场的方向与极化方向相反，则陶瓷片沿极化方向产生缩短形变。

压电陶瓷的压电系数比石英晶体的大得多，所以采用压电陶瓷制作的压电式传感器的灵敏度较高，极化处理后的压电陶瓷材料的剩余极化强度和特性与温度有关，它的参数也随时间变化，从而使其压电特性减弱。

5.1.3　压电方程

压电元件在受到力作用时，就在相应的表面上产生表面电荷。其计算公式如下：

$$q_i = d_{ij}\sigma_j \text{ 或 } Q = d_{ij}F \tag{5.7}$$

式中　q——电荷的表面密度，C/cm^2；

Q——总电荷量，C；

σ——单位面积上的作用力，即应力，N/cm^2；

F——作用力，N；

d_{ij}——压电常数，C/N（$i=1,2,3$；$j=1,2,3,4,5,6$）。

压电常数有两个下脚注，其中第一个脚注 i 表示晶体的极化方向。当产生电荷的表面垂直于两轴（y 轴或 z 轴）时，记作 $i=1$（或2或3）。第二个下角标 $j=1,2,3,4,5$ 或6，分别表示在沿 x 轴、y 轴、z 轴方向作用的单向应力和在垂直于 x 轴、y 轴、z 轴的平面内（即平面、二平面、xy 平面）作用的剪切力。单向应力的符号规定拉应力为正而压应力为负。

5.1.4　压电元件的结构形式

在实际使用时，为了提高传感器灵敏度，常采用增加压电片数目和采用合理的连接方法。经常采用压电片串联或者并联的方式。

1. 并联连接方式

图5.8(a)为两片压电片的并联连接方式。

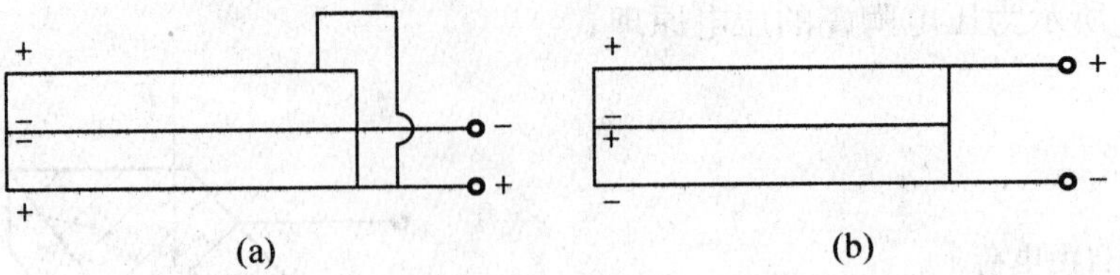

图 5.8　两个压电片的连接方式

(a)并联连接方式;(b)串联连接方式

并联接法压电传感器的输出电容 C'和极板上的电荷 Q'分别为单块晶片的 2 倍,而输出电压 U'与单片上的电压相等,即

$$Q' = 2Q, C' = 2C, U' = U$$

并联接法虽然输出电荷大,但由于本身电容亦大,故时间常数大,只适于测量缓变信号,并以电荷为输出量的场合。

2. 串联连接方式

图 5.8(b)为两片压电片串联连接方式。

串联接法时,输出电荷 Q'等于单片上的电荷,输出电压为单片电压的 2 倍,总电容应为单片的 1/ 2 ,即

$$Q' = Q, U' = 2U, C' = C/2$$

串联接法输出电压高,本身电容小,适于以电压为输出量并且测量电路输入阻抗很高的场合。

压电元件在传感器应用中,必须有一定的预应力,以保证在作用力变化时,压电元件始终受到压力;其次是保证压电元件与作用力之间的全面均匀接触,获得输出电压(或电荷)与作用力的线性关系。但是预应力不能太大,否则将会影响其灵敏度。

在压电式传感器中,一般利用压电元件的纵向压电效应较多,这时压电元件大多是圆片式,也有利用其横向压电效应的。

5.2　压电传感器的等效电路和测量电路

5.2.1　压电传感器的等效电路

压电式传感器的主要组成元件是压电元件,为了进一步分析和理解压电式传感器,有必要引入压电元件的等效电路。

当压电式传感器中的压电晶体承受被测机械应力的作用时,在它的两个极面上出现极性相反但电量相等的电荷,压电式传感器可以看作一个电荷发生器。同时,它也是一个电容器,如图 5.9(a)所示。晶体上聚集正、负电荷的两表面相当于电容的两个极板,极板间物质等效于一种介质,则其电容为

$$C_a = \frac{\varepsilon_r \varepsilon_0 A}{d} \tag{5.8}$$

式中　A——压电片的面积；

d——压电片的厚度；

ε_r——压电材料的相对介电常数，F/m，随材料不同而异，如锆钛酸铅的为 2 000 ~2 400 F/m；

ε_0——真空介电常数（其值为 8.85×10^{-12} F/m）。

因此，当需要压电元件输出电压时，可以把它等效为一个电压源与一个电容相串联的电压等效电路，如图 5.9(b) 所示。在开路状态下，其输出端电压为

$$U_a=\frac{q}{C_a} \tag{5.9}$$

当需要压电元件输出电荷时，可以把压电元件等效为一个电荷源与一个电容相并联的电荷等效电路，如图 5.9(c) 所示。在开路状态下，其输出端电荷为

$$q=C_aU_a \tag{5.10}$$

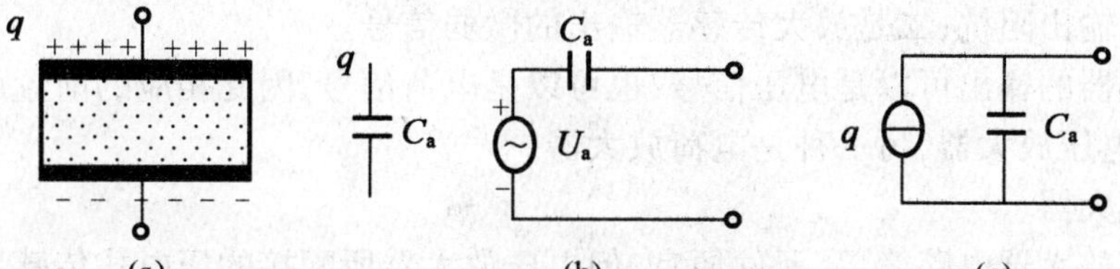

图 5.9　压电式传感器的等效电路

压电式传感器在实际使用时总要与测量仪器或测量电路相连接，因此还需要考虑连接电缆的等效电容 C_c，放大器的输入电阻 R_i，输入电容 C_i 以及压电传感器的泄漏电阻（绝缘电阻）R_a，实际的等效电路如图 5.10 所示。图 5.10(a) 是电压源等效电路形式，图 5.10(b) 是电荷源等效电路形式。

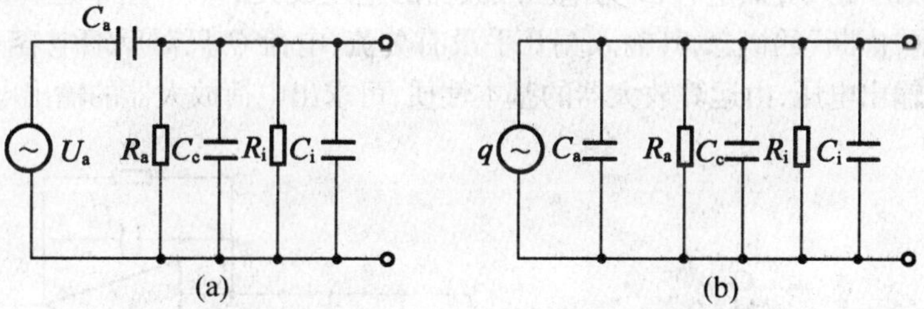

图 5.10　压电传感器在实际测量系统中的等效电路

(a) 电压源形式；(b) 电荷源形式

压电式传感器的灵敏度如下：

电压灵敏度为

$$K_u=U_a/F \tag{5.11}$$

它表示单位力所产生的电压。

电荷灵敏度为

$$K_q=Q/F \tag{5.12}$$

它表示单位力所产生的电荷。

它们之间的关系是

$$K_u = K_q / C_a \tag{5.13}$$

若要压电元件上的电荷长时间保存，必须使压电元件的绝缘电阻 R_a 与测量电路的输入电阻 R_i 为无穷大，以保证没有电荷泄漏回路。实际上这是不可能的。故压电传感器不能用于静态测量。当压电元件在交变力的作用下，电荷量可以不断更新与补充，给测量电路提供一定的电流，因而它适用于动态测量。随着电子技术的发展，转换电路的低频特性越来越好，可以在低于 1 Hz 的条件下进行测量。

5.2.2　压电传感器的测量电路

压电式传感器本身内阻抗很高，输出能量较小，因此它的测量电路通常需要接入一个高输入阻抗的前置放大器，放大器的作用有两个：一个是阻抗变换，把压电式传感器的高输出阻抗变换成低输出阻抗；二是放大传感器输出的微弱信号。

压电传感器的输出可以是电压信号，也可以是电荷信号，因此相应的前置放大器有两种形式，一种是电压放大器，另一种是电荷放大器。

1. 电荷放大器

虽然电压放大器电路简单，元件便宜，但电压放大器所配接的压电式传感器的电压灵敏度随电缆分布电容及传感器自身电容的变化而变化，电缆长度对测量精度影响较大，限制了其应用。随着集成运放价格的降低，目前生产的仪器越来越多地采用电荷放大器。电荷放大器便于远距离测量，是一种较好的冲击测量放大器。

电荷放大器实际上是一个有反馈电容的增益运算放大器，如图 5.11(a)所示。当略去传感器的绝缘电阻 R_a 和前置放大器的输入电阻 R_i，并联等效电阻 R 后，它与压电式传感器连接后的等效电路如图 5.11(b)所示，电荷放大器可看作是电荷负反馈电路。图中 C_c 为连接电缆的等效电容，C_i 为集成运放的输入等效电容，A 为电压放大器的电压放大倍数。由于运算放大器具有极高的输入阻抗，根据“虚断”的概念，其输入端几乎没有分流，电荷 Q 只对反馈电容 C_f 充电，充电电压接近放大器的输出电压，由运算放大器的基本性质，可求出电荷放大器的输出电压为

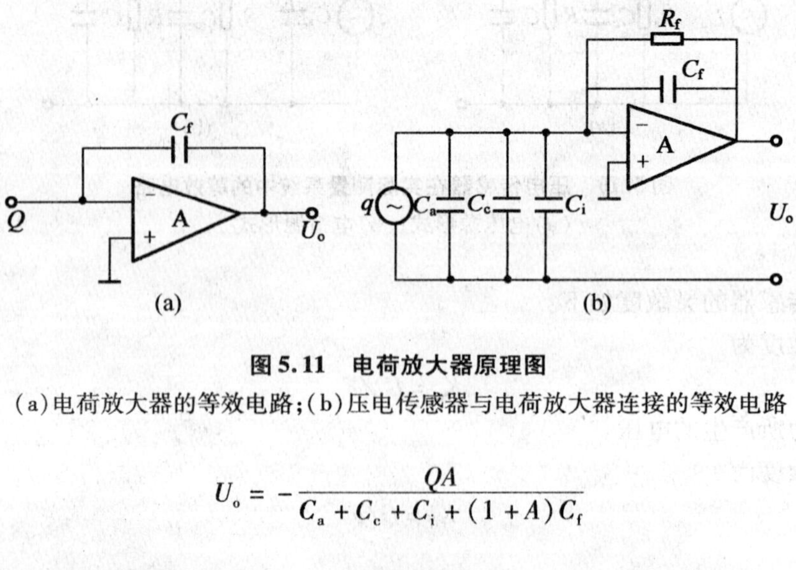

图 5.11　电荷放大器原理图

(a)电荷放大器的等效电路；(b)压电传感器与电荷放大器连接的等效电路

$$U_o = -\frac{QA}{C_a + C_c + C_i + (1 + A)C_f} \tag{5.14}$$

当 $A \gg 1$（一般 A 约为 $10^4 \sim 10^6$）且满足 $(1+A)C_f > (C_a + C_c + C_i)$ 时，则

$$U_o \approx \frac{Q}{C_f} \tag{5.15}$$

即运算放大器的电压放大倍数足够大时，电荷放大器的输出电压 U_o 与电缆电容 C_c 无关（更换连接电缆时不会影响传感器的灵敏度），且与 Q 成正比，仅取决于输入电荷 Q 和反馈电容 C_f，这是电荷放大器的最大特点。改变 C_f 的大小便可得所需的电压输出大小。C_f 一般取值为 $100 \sim 10^4$ pF。为了减小零漂，使电荷放大器工作稳定，一般在反馈电容的两端并联一个大电阻 R_f（约 $10^8 \sim 10^{10}$ Ω），见图 5.11(b)，其功用是提供直流反馈。

例 5.2　压电陶瓷片 $d_{33} = 5 \times 10^{-10}$ C/N，用反馈电容 $C_f = 0.01$ μF 的电荷放大器测得输出电压幅值 $U_o = 0.4$ V，求受力的大小。

解　$\because U_o = \left|\dfrac{Q}{C_f}\right|$

$\therefore Q = U_o \cdot C_f = 0.4 \times 0.01 \times 10^{-6} = 4 \times 10^{-9}$ (C)

又 $\because Q = d_{33} F$

$\therefore F = \dfrac{Q}{d_{33}} = \dfrac{4 \times 10^{-9}}{5 \times 10^{-10}} = 8$ (N)

2. 电压放大器（阻抗变换器）

电压放大器的作用是将压电式传感器的高输出阻抗经放大器变换为低阻抗输出，并对微弱的电压信号进行适当放大，因此也把电压放大器称为阻抗变换器。为了尽可能保持压电式传感器的输出值不变，要求前置放大器的输入电阻要尽量高，一般最低在 10^{11} Ω 以上。这样才能减小由于漏电造成的电压（或电荷）的损失，不致引起过大的测量误差。

压电式传感器与电压放大器连接的等效电路如图 5.12 所示。

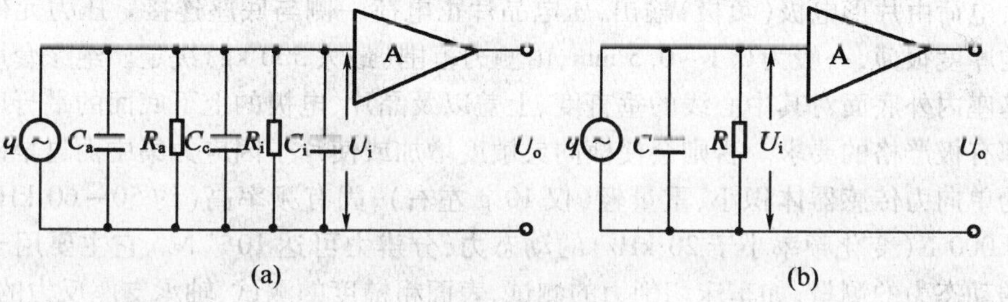

图 5.12　等效电路

(a)传感器与电压前置放大器连接的等效电路；(b)图(a)的简化电路

在图 5.12 中，等效电阻 R 为

$$R = \frac{R_a R_i}{R_a + R_i} \tag{5.16}$$

等效电容 C 为

$$C = C_a + C_c + C_i \tag{5.17}$$

式中　R_a——传感器绝缘电阻；

R_i——前置放大器输入电阻；

C_a——传感器内部电容；

C_c——电缆电容；

C_i——前置放大器输入电容。

压电式传感器在与前置放大器配合使用时，连接电缆不能太长。电缆长，电缆电容 C_c 就大，不但使 U_{im} 变化，电缆电容 C_c 增大必然使传感器的电压灵敏度降低。

电压放大器与电荷放大器相比，电路简单、元件少、价格便宜，工作可靠，但是，电缆长度对传感器测量精度的影响较大，在一定程度上限制了压电式传感器在某些场合的应用。

解决电缆问题的办法是将放大器（阻抗变换器）装入传感器内部，使其一体化。

5.3　压电传感器的应用

5.3.1　压电式力传感器

压电式测力传感器以压电元件为转换元件，利用压电元件纵向压电效应的厚度变形实现输出电荷与作用力成正比的力－电转换。结构上大多采用机械串联而电气并联的两片晶片。配以适当的放大器可测量几百至几万牛顿的动、静态力。它由石英晶片、绝缘套、电极、上盖及基座等组成，根据其用途和压电元件的组成可分为单向力、双向力和三向力传感器。我们主要介绍单向力传感器。

图 5.13 是一种用于机床动态切削力测量的单向压电式测力传感器的结构图。压电元件采用 *xy* 切型石英晶体，被测力通过传力上盖使压电元件受压力作用而产生电荷。石英晶片尺寸为 $\phi 8 \times 1$ mm，利用纵向压电效应，石英晶片在电轴方向上出现电荷，实现了力－电转换。负电荷由片形电极（负极）输出，压电晶片正电荷一侧与底座连接。压力元件弹性变形部分的厚度很薄，一般为 0.1 ~ 0.5 mm，由测力范围（最大 500 kg）决定。绝缘套用来绝缘和定位基座内外底面对其中心线的垂直度、上盖以及晶片、电极的上下底面的平行度与表面光洁度都有极严格的要求。否则会使横向灵敏度增加或使片子因应力集中而过早破碎。这种结构的单向力传感器体积小、重量轻（仅 10 g 左右），固有频率高（约 50 ~ 60 kHz），可检测高达 5 000 N（变化频率小于 20 kHz）的动态力，分辨力可达 10^{-3} N。它主要用于变化频率中等的动态力的测量，如车床切削力的测试、表面粗糙度的测试、轴承支座反力的测试等。

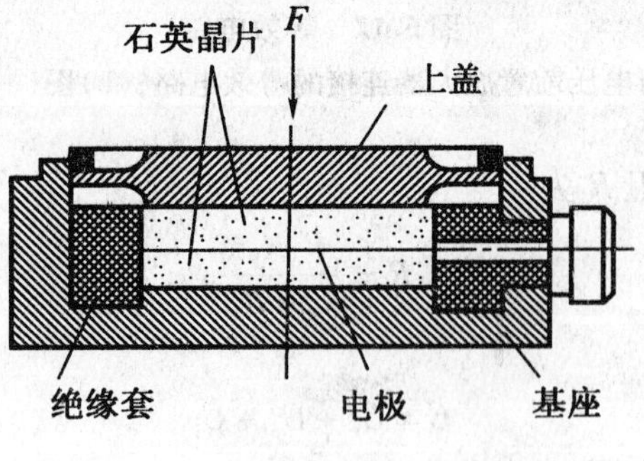

图 5.13　压电式单向测力传感器

5.3.2　压电式流体压力传感器

压电式压力传感器，可以用来测量流体动态压力，测量压力压强范围为 $10^4 \sim 10^8$ Pa、频率范围为几 Hz～几十 kHz。按弹性敏感元件和受力机构的形式可分为膜片式和活塞式两类。图 5.14 是一种膜片式压电压力传感器结构示意图。其主要结构包括石英晶体、膜片等。由于石英晶片工作温度稳定，所以将其作为压电元件。当流体动态压力 F 作用于膜片时，压电元件的上、下表面产生电荷，产生的电荷量与压力 F 的关系为 $q = d_{11}F$。

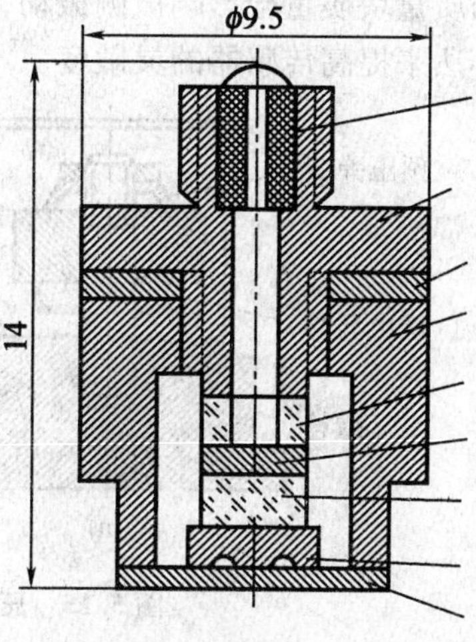

图 5.14　压电式压力传感器结构图

又由公式 $F = PS$（S 为压电晶片受力面积，P 为压强），得出 $P = q/d_{11}S$，即传感器的输出电荷与输入压强 P 也成正比。据此，将产生的电荷由引线输出给电荷（或电压）放大器。再经过归一化处理，在仪表上可以读取压力压强的大小。

5.3.3　压电式加速度传感器

压电传感器测量重力加速度具有一系列的优点，如：体积小、重量轻、坚实牢固、振动频率高（频率范围约为 0.3～10 kHz）、加速度的测量范围大以及工作温度范围宽等。

如图 5.15(a)所示是一种压电陶瓷加速度传感器的结构图，(b)是其简化模型，它主要由压电元件（一般由两片压电片组成）、质量块、预压弹簧、基座及外壳组成。在压电片的两个表面上镀银层，并在银层上焊接输出引线，或在两个压电片之间夹一片金属，引线就焊接在金属片上，输出端的另一根引线直接与传感器基座相连。整个部件装在外壳内，并用螺栓加以固定。压电元件和质量块为环形，通过螺母对质量块预先加载，使之压紧在压电元件上。测量时将传感器基座与被测对象牢牢地紧固在一起。

当加速度传感器和被测物一起受到冲击振动时，因为质量块相对被测物质量较小，因此质量块感受与传感器基座相同的振动，压电元件受到与加速度方向相反的惯性力的作用，根据牛顿第二定律，此惯性力是加速度的函数，即

$$F = ma \tag{5.18}$$

式中　F——质量块产生的惯性力，N；

m——质量块的质量，kg；

a——质量块的加速度，m/s^2。

由于压电元件的压电效应，它受惯性力作用而产生电荷 q，当传感器选定后，m 为常数，所以传感器输出的电荷为

$$q = d_{ij}F = d_{ij}ma \tag{5.19}$$

与加速度成正比。压电传感器的输出电压 $U = q/C$，若传感器中电容 C 不变，那么 $U =$

$d_{ij}ma/C$。因此,可以用输出电荷或电压值表示加速度。

为了提高灵敏度,一般选择压电系数较大的压电陶瓷片。

若增加质量块质量会影响被测振动,同时会降低振动系统的固有频率,因此一般不用增加质量的办法来提高传感器的灵敏度。

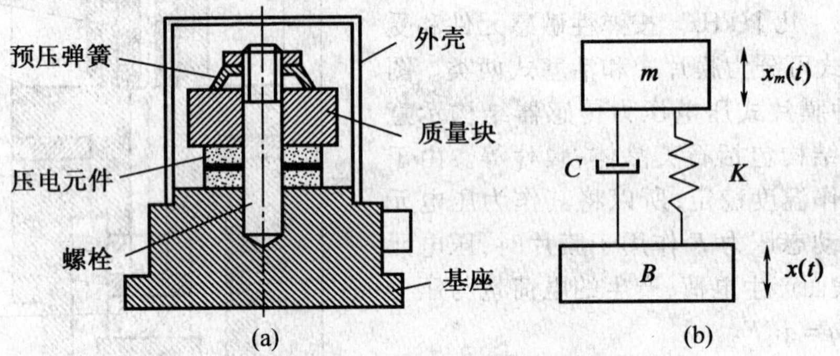

图 5.15　压缩式压电加速度传感器

(a)结构原理图;(b)简化模型

5.3.4　压电式玻璃破碎报警器

压电式玻璃破碎报警器可以检测玻璃破碎,它是利用压电元件对振动敏感的特性来感知玻璃受撞击和破碎时产生的振动波。如图 5.16 所示是 BS – D2 型压电式玻璃破碎传感器外形及内部结构。其最小输出电压为 100 mV,最大输出电压为 100 V,内阻为 15 ~ 20 kΩ。

如图 5.17 所示是压电式玻璃破碎传感器测量电路原理框图,传感器把振动波转换成电压输出,输出电压经过放大、滤波、比较等处理后提供给报警系统。

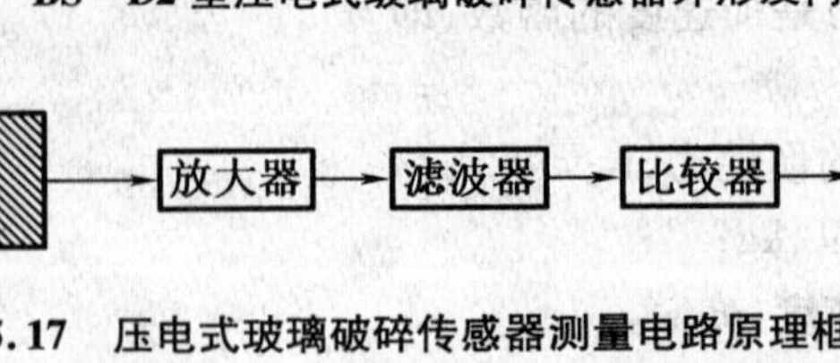

图 5.16　BS – D2 型压电式玻璃破碎传感器外形及内部结构

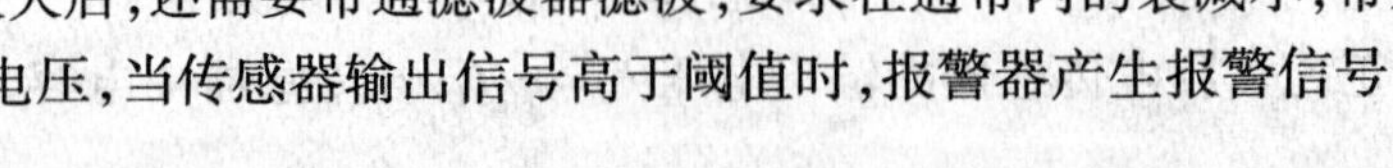

图 5.17　压电式玻璃破碎传感器测量电路原理框图

在使用时,将传感器用胶粘贴在玻璃上,通过电缆与报警电路连接。为了提高报警器的灵敏度,信号经放大后,还需要带通滤波器滤波,要求在通带内的衰减小,带外衰减大。在比较器内设定阈值电压,当传感器输出信号高于阈值时,报警器产生报警信号。压电式玻璃破碎报警器可以用于文物保管、贵重商品保管及智能楼宇中的防盗报警。

思考题

1. 什么叫压电效应和逆压电效应？什么叫横向压电效应和纵向压电效应？

2. 石英晶体 X,Y,Z 轴的名称是什么？各自有什么特点？

3. 电荷放大器和电压放大器各自的特点是什么？

4. 简述压电式加速度传感器的工作原理。

5. 压电元件在使用时常采用多片串联或并联的接法，试述在不同接法下输出电压、输出电荷、输出电容的关系，以及每种接法适用于何种场合。

6. 用一压电式力传感器测一正弦变化的作用力，采用电荷放大器，压电元件用两片压电陶瓷并联，压电系数 $d_{33}=190\times10^{-12}$ C/N，电荷放大器中的运算放大器为理想运放，反馈电容 $C_f=3\ 800$ pF，实际测得放大器输出电压为 $U_o=10\sin\omega t(\mathrm{V})$，试求此时的作用力 F。

第6章

磁电式传感器

磁电式传感器是通过磁电作用将被测量转换成电信号的一种传感器。磁电式传感器有磁电感应式传感器、霍尔式传感器等,下面将分别讨论。

6.1 磁电感应式传感器

磁电感应式传感器又称磁电式传感器,是利用电磁感应原理将被测量(如振动、位移、转速等)转换成电信号的一种传感器。它不需要辅助电源就能把被测对象的机械量转换成易于测量的电信号,是有源传感器。由于它输出功率大且性能稳定,具有一定的工作带宽(10 ~1 000 Hz),所以得到普遍应用。

1. 磁电感应式传感器工作原理

根据电磁感应定律,当 ω 匝线圈在均恒磁场内运动时,设穿过线圈的磁通为 ϕ,则线圈内的感应电势 E 与磁通变化率 $\mathrm{d}\phi/\mathrm{d}t$ 有如下关系:

$$E = -\omega \frac{\mathrm{d}\phi}{\mathrm{d}t} \tag{6.1}$$

根据这一原理,可以设计成两种磁电传感器结构:变磁通式和恒磁通式。

图6.1是变磁通式磁电传感器,用来测量旋转物体的角速度。

图6.1 (a)为开磁路变磁通式:线圈、磁铁静止不动,测量齿轮安装在被测旋转体上,随之一起转动。每转动一个齿,齿的凹凸引起磁路磁阻变化一次,磁通也就变化一次,线圈中产生感应电势,其变化频率等于被测转速与测量齿轮齿数的乘积。这种传感器结构简单,但输出信号较小,且因高速轴上加装齿轮较危险而不宜测量高转速。

图6.1(b)为闭磁路变磁通式,它由装在转轴上的内齿轮和外齿轮、永久磁铁和感应线圈组成,内外齿轮齿数相同。当转轴连接到被测转轴上时,外齿轮不动,内齿轮随被测轴而转动,内、外齿轮的相对转动使气隙磁阻产生周期性变化,从而引起磁路中磁通的变化,使线圈内产生周期性变化的感生电动势,显然感应电势的频率与被测转速成正比。

图6.2为恒磁通式磁电传感器典型结构,它由永久磁铁、线圈、弹簧、金属骨架等组成。磁路系统产生恒定的直流磁场,磁路中的工作气隙固定不变,因而气隙中磁通也是恒定不变的。其运动部件可以是线圈(动圈式),也可以是磁铁(动铁式),动圈式(图6.2(a))和动铁式(图6.2(b))的工作原理是完全相同的。当壳体随被测振动体一起振动时,由于弹簧较软,运动部件质量相对较大,当振动频率足够高(远大于传感器固有频率)时,运动部件惯性很大,来不及

随振动体一起振动，近乎静止不动，振动能量几乎全被弹簧吸收，永久磁铁与线圈之间的相对运动速度接近于振动体振动速度，磁铁与线圈的相对运动切割磁力线，从而产生感应电势为：

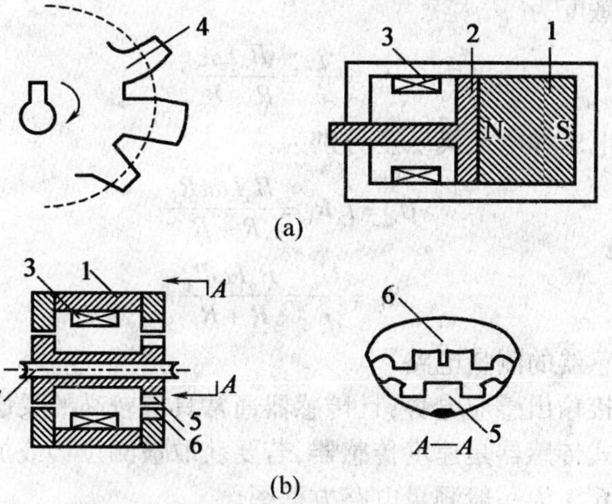

图 6.1　变磁通式磁电传感器结构图

(a)开磁路；(b)闭磁路

1—永久磁铁；2—软磁铁；3—感应线圈；4—测量齿轮；5—内齿轮；6—外齿轮；7—转轴

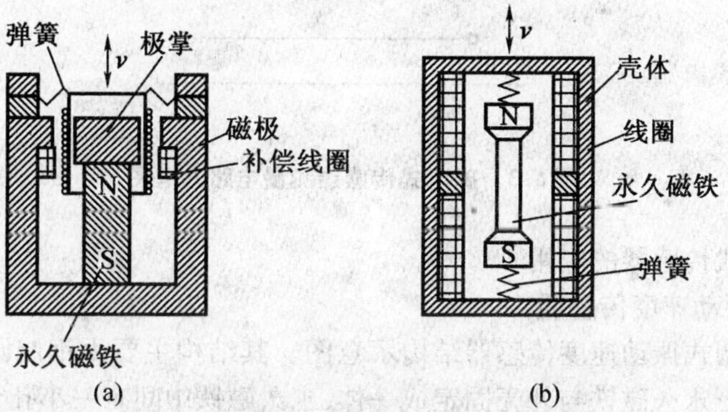

图 6.2　恒磁通式磁电传感器结构原理图

(a)动圈式；(b)动铁式

$$E = -B_o L\omega v \tag{6.2}$$

式中　B_o——工作气隙磁感应强度；

L——每匝线圈平均长度；

ω——线圈在工作气隙磁场中的匝数；

v——相对运动速度。

2. 磁电感应式传感器基本特性

被测电路接入磁电传感器电路中，磁电传感器的输出电流 I_o 为

$$I_o = \frac{E}{R + R_i} = \frac{B_o L\omega v}{R + R_i} \tag{6.3}$$

式中 R_i——测量电路输入电阻；

R——线圈等效电阻。

传感器的电流灵敏度为

$$S_I = \frac{I}{v} = \frac{B_o L\omega}{R + R_i} \tag{6.4}$$

而传感器的输出电压和电压灵敏度分别为：

$$U_o = I_o R_i = \frac{B_o L\omega v R_i}{R + R_i} \tag{6.5}$$

$$S_U = \frac{U_o}{v} = \frac{B_o L\omega R_i}{R + R_i} \tag{6.6}$$

3. 磁电感应式传感器的测量电路

磁电式传感器直接输出感应电势，且传感器通常具有较高的灵敏度，所以一般不需要高增益放大器。但磁电式传感器是速度传感器，若要获取被测位移或加速度信号，则需要配用积分或微分电路。图 6.3 为一般测量电路方框图。

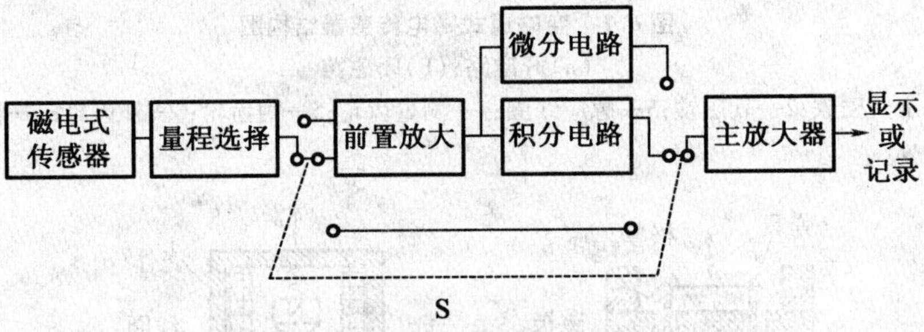

图 6.3 磁电式传感器测量电路方框图

4. 磁电感应式传感器的应用

(1) 动圈式振动速度传感器

图 6.4 是动圈式振动速度传感器结构示意图。其结构主要由钢制圆形外壳制成，里面用铝支架将圆柱形永久磁铁与外壳固定成一体，永久磁铁中间有一小孔，穿过小孔的芯轴两端架起线圈和阻尼环，芯轴两端通过圆形膜片支撑架空且与外壳相连。

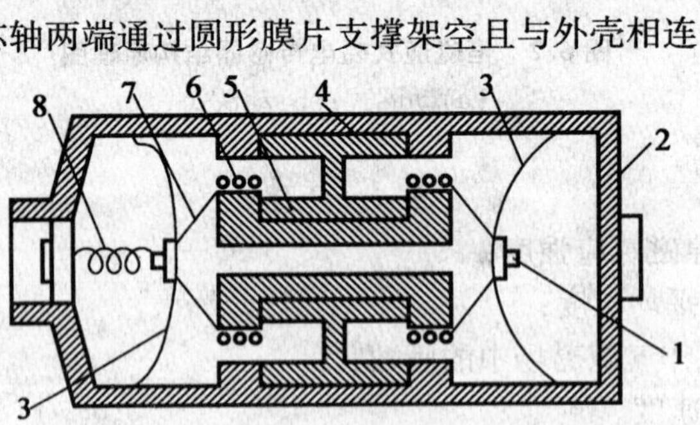

图 6.4 动圈式振动速度传感器

1—芯轴；2—外壳；3—弹簧片；4—铝支架；5—永久磁铁；6—线圈；7—阻尼环；8—引线

工作时，传感器与被测物体刚性连接，当物体振动时，传感器外壳和永久磁铁随之振动，而架空的芯轴、线圈和阻尼环因惯性而不随之振动。因而,磁路空气隙中的线圈切割磁力线而产生正比于振动速度的感应电动势,线圈的输出通过引线输出到测量电路。该传感器测量的是振动速度参数,若在测量电路中接入积分电路,则输出电势与位移成正比;若在测量电路中接入微分电路,则其输出与加速度成正比。

(2)磁电式扭矩传感器

图 6.5 是磁电式扭矩传感器的工作原理图。在驱动源和负载之间的扭转轴的两侧安装有齿形圆盘,它们旁边装有相应的两个磁电传感器。磁电传感器的结构见图 6.6 所示。传感器的检测元件部分由永久磁场、感应线圈和铁芯组成。永久磁铁产生的磁力线与齿形圆盘交链。当齿形圆盘旋转,圆盘齿凸凹引起磁路气隙的变化,于是磁通量也发生变化,在线圈中感应出交流电压,其频率等于圆盘上齿数与转数的乘积。

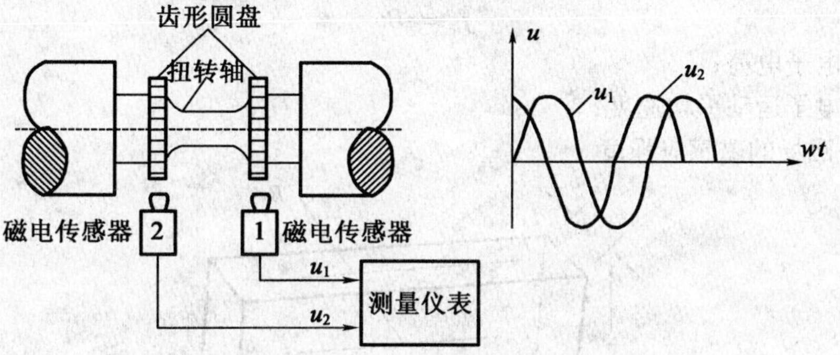

图 6.5　磁电式扭矩传感器工作原理图

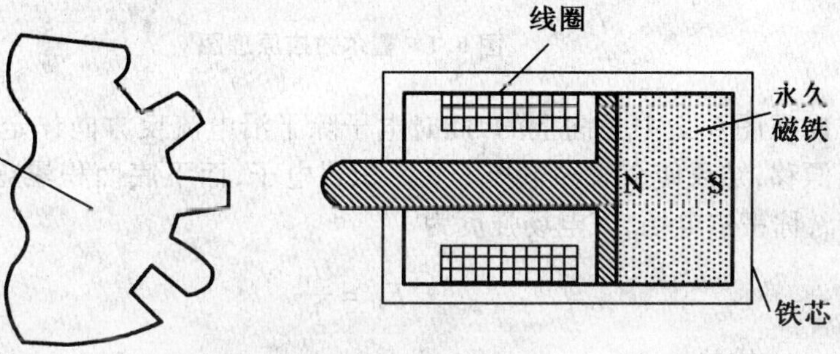

图 6.6　磁电式传感器结构图

当扭矩作用在扭转轴上时,两个磁电传感器输出的感应电压 u_1 和 u_2 存在相位差,这个相位差与扭转轴的扭转角成正比。这样传感器就可以把扭矩引起的扭转角转换成相位差的电信号。

6.2　霍尔式传感器

霍尔传感器是基于霍尔效应的一种传感器。1897 年美国物理学家霍尔首先在金属材料中发现了霍尔效应,但由于金属材料的霍尔效应太弱而没有得到应用。随着半导体技术的发展，开始用半导体材料制成霍尔元件，由于它的霍尔效应显著而得到应用和发展。霍尔传感器广泛用于电磁测量、压力、加速度、振动等方面的测量。

6.2.1　霍尔效应及霍尔元件

1. 霍尔效应

置于磁场中的静止载流导体，当它的电流方向与磁场方向不一致时，载流导体上平行于电流和磁场方向上的两个面之间产生电动势，这种现象称霍尔效应。该电势称霍尔电势。如图 6.7 所示，在垂直于外磁场 B 的方向上放置一导电板，导电板通以电流 I，方向如图所示。导电板中的电流是金属中自由电子在电场作用下的定向运动。此时，每个电子受洛仑兹力 f_m 的作用，f_m 的大小为

$$f_m = eBv \tag{6.7}$$

式中　e——电子电荷；
v——电子运动平均速度；
B——磁场的磁感应强度。

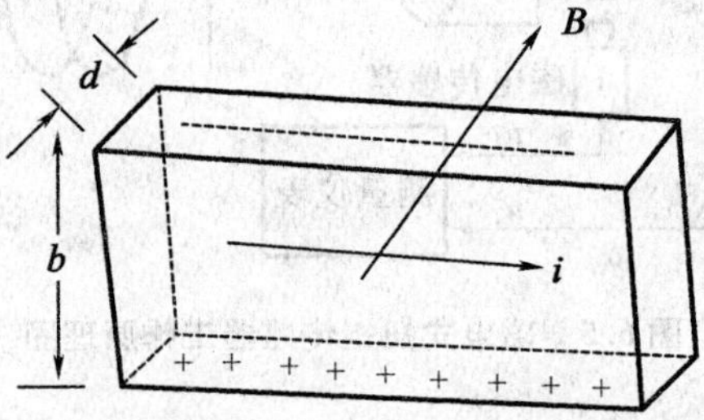

图 6.7　霍尔效应原理图

f_m 的方向在图 6.7 中是向上的，此时电子除了沿电流反方向作定向运动外，还在 f_m 的作用下向上漂移，结果使金属导电板上底面积累电子，而下底面积累正电荷，从而形成了附加内电场 E_H，称霍尔电场，该电场强度为

$$E_H = \frac{U_H}{b} \tag{6.8}$$

式中　U_H——电位差。

霍尔电场的出现，使定向运动的电子除了受洛仑兹力作用外，还受到霍尔电场的作用力，其大小为 eE_H，此力阻止正电荷继续积累。随着上、下底面积累电荷的增加，霍尔电场增加，电子受到的电场力也增加，当电子所受洛仑兹力与霍尔电场作用力大小相等、方向相反时，即

$$eE_H = evB \tag{6.9}$$

则

$$E_H = vB \tag{6.10}$$

此时，电荷不再向两底面积累，达到平衡状态。

若金属导电板单位体积内电子数为 n，电子定向运动平均速度为 v，则激励电流 $I = nevbd$，则

$$v = \frac{I}{bdne} \tag{6.11}$$

将式(6.11)代入式(6.10),得

$$E_H = \frac{IB}{bdne} \tag{6.12}$$

将式(6.12)代入式(6.8),得

$$U_H = \frac{IB}{ned} \tag{6.13}$$

式中,令 $R=1/(ne)$,称之为霍尔常数,大小取决于导体载流子密度。则

$$U_H = R_H \frac{IB}{d} = K_H IB \tag{6.14}$$

式中　$K_H = R_H/d$——称为霍尔片的灵敏度。

由式(6.14)可见,霍尔电势正比于激励电流及磁感应强度,其灵敏度与霍尔常数 R_H 成正比而与霍尔片厚度 d 成反比。为了提高灵敏度,霍尔元件常制成薄片形状。

对霍尔片材料的要求,希望有较大的霍尔常数 R_H,霍尔元件激励极间电阻 $R=\rho L/(bd)$,同时 $R=U_1/I= E_1L/I=vL/(\mu nevbd)$,其中 U_1 为加在霍尔元件两端的激励电压,E_1 为霍尔元件激励极间内电场,v 为电子移动的平均速度。则

$$\frac{\rho L}{bd} = \frac{L}{\mu nebd} \tag{6.15}$$

解得

$$R_H = \mu\rho \tag{6.16}$$

从式(6.16)可知,霍尔常数等于霍尔片材料的电阻率与电子迁移率的乘积。若要霍尔效应强,则 R_H 值大,因此要求霍尔片材料有较大的电阻率和载流子迁移率。一般金属材料载流子迁移率很高,但电阻率很小;而绝缘材料电阻率极高,但载流子迁移率极低,故只有半导体材料适于制造霍尔片。目前,常用的霍尔元件材料有:锗、硅、砷化铟、锑化铟等半导体材料。其中,N 型锗容易加工制造,其霍尔系数、温度性能和线性度都较好。N 型硅的线性度最好,其霍尔系数、温度性能同 N 型锗相近。锑化铟对温度最敏感,尤其在低温范围内温度系数大,但在室温时其霍尔系数较大。砷化铟的霍尔系数较小,温度系数也较小,输出特性线性度好。

2. 霍尔元件基本结构

霍尔元件的结构很简单,如图 6.8 所示,从一个矩形薄片状半导体上的两个相互垂直方向的侧面上,各分出一个电极,用于加激励电压或电流,称激励电极(控制电极);另两个侧面正中引出霍尔电势,称霍尔电极。在基片外面用金属、陶瓷或环氧树脂等封装作为外壳,图 6.8(b)是霍尔元件的图形符号。

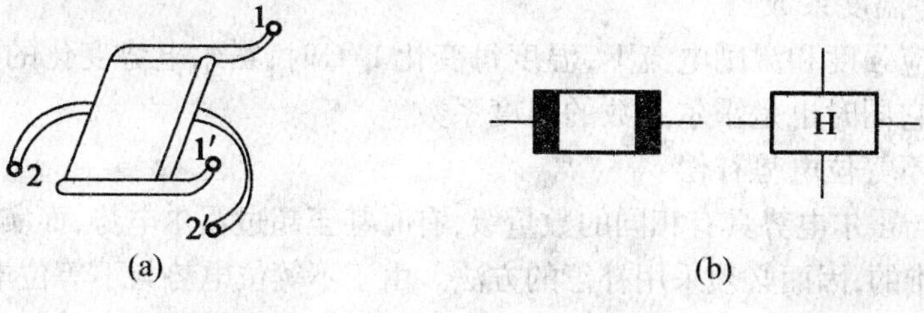

图 6.8　霍尔元件

(a)外形结构示意图;(b)图形符号

3. 霍尔元件基本特性

(1)额定激励电流和最大允许激励电流

当霍尔元件自身温升 10 ℃时所流过的激励电流称为额定激励电流。以元件允许最大温升为限制所对应的激励电流称为最大允许激励电流。因霍尔电势随激励电流增加而线性增加,所以使用中希望选用尽可能大的激励电流,因而需要知道元件的最大允许激励电流。改善霍尔元件的散热条件,可以使激励电流增加。

(2)输入电阻和输出电阻

激励电极间的电阻值称为输入电阻。霍尔电极输出电势对外电路来说相当于一个电压源,其电源内阻即为输出电阻。以上电阻值是在磁感应强度为零且环境温度在 20 ℃ ±5 ℃时确定的。

(3)不等位电势和不等位电阻

当霍尔元件的激励电流为 I 时,若元件所处位置磁感应强度为零,则它的霍尔电势应该为零,但实际不为零。这时测得的空载霍尔电势称不等位电势。产生这一现象的原因有:

①霍尔电极安装位置不对称或不在同一等电位面上;

②半导体材料不均匀造成了电阻率不均匀或是几何尺寸不均匀;

③激励电极接触不良造成激励电流不均匀分布等。

不等位电势也可用不等位电阻表示为

$$r_o = \frac{U_o}{I_H} \tag{6.17}$$

式中 U_o——不等位电势;

r_o——不等位电阻;

I_H——激励电流。

由上式(6.17)可以看出,不等位电势就是激励电流流经不等位电阻 r_0 所产生的电压。

(4)寄生直流电势

在外加磁场为零、霍尔元件用交流激励时,霍尔电极输出除了交流不等位电势外,还有一直流电势,称寄生直流电势。其产生的原因有:

①激励电极与霍尔电极接触不良,形成非欧姆接触,造成整流效果;

②两个霍尔电极大小不对称,则两个电极点的热容不同,散热状态不同形成极向温差电势。

寄生直流电势一般在 1 mV 以下,它是影响霍尔片温漂的原因之一。

(5)霍尔电势温度系数

在一定磁感应强度和激励电流下,温度每变化 1 ℃时,霍尔电势变化的百分率称为霍尔电势温度系数。它同时也是霍尔系数的温度系数。

4. 霍尔元件不等位电势补偿

不等位电势与霍尔电势具有相同的数量级,有时甚至超过霍尔电势,而实用中要消除不等位电势是极其困难的,因而必须采用补偿的方法。由于不等位电势与不等位电阻是一致的,可以采用分析电阻的方法来找到不等位电势的补偿方法。如图 6.9 所示,其中 A,B 为激励电极,C,D 为霍尔电极,电极分布电阻分别用 R_1, R_2, R_3, R_4 表示。理想情况下,$R_1 = R_2 = R_3 = R_4$,即可取得零位电势为零(或零位电阻为零)。实际上,由于不等位电阻的存在,说明此四个电阻值不相等,可将其视为电桥的四个桥臂,则电桥不平衡。为使其达到平衡可在阻值较大的桥臂上并联电阻(如图 6.9(a)所示),或在两个桥臂上同时并联电阻(如图 6.9(b)所示)。

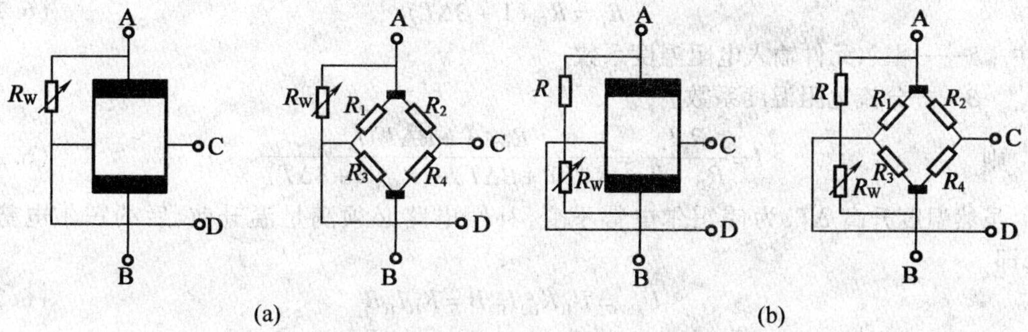

图 6.9　不等位电势补偿电路

5. 霍尔元件温度补偿

霍尔元件是采用半导体材料制成的,因此它们的许多参数都具有较大的温度系数。当温度变化时,霍尔元件的载流子浓度、迁移率、电阻率及霍尔系数都将发生变化,从而使霍尔元件产生温度误差。

为了减小霍尔元件的温度误差,除选用温度系数小的元件或采用恒温措施外,由 $U_H = K_H IR$ 可看出:采用恒流源供电是个有效措施,可以使霍尔电势稳定。但也只能减小由于输入电阻随温度变化引起激励电流 I 变化带来的影响。

霍尔元件的灵敏系数 K_H 也是温度的函数,它随温度的变化引起霍尔电势的变化。霍尔元件的灵敏度系数与温度的关系可写成

$$K_H = K_{H0}(1 + \alpha\Delta T) \tag{6.18}$$

式中　K_{H0}——温度 T_0 时的 K_H 值;

$\Delta T = T - T_0$——温度变化量;

α——霍尔电势温度系数。

大多数霍尔元件的温度系数 α 是正值,它们的霍尔电势随温度升高而增加$(1 + \alpha\Delta T)$倍。如果,与此同时让激励电流 I 相应地减小,并能保持 $K_H I$ 乘积不变,也就抵消了灵敏系数 K_H 增加的影响。图 6.10 就是按此思路设计的一个既简单、补偿效果又较好的补偿电路。电路中用一个分流电阻与霍尔元件的激励电极相并联。当霍尔元件的输入电阻随温度升高而增加时,旁路分流电阻 R_P 自动地加强分流,减少了霍尔元件的激励电流 I,从而达到补偿的目的。

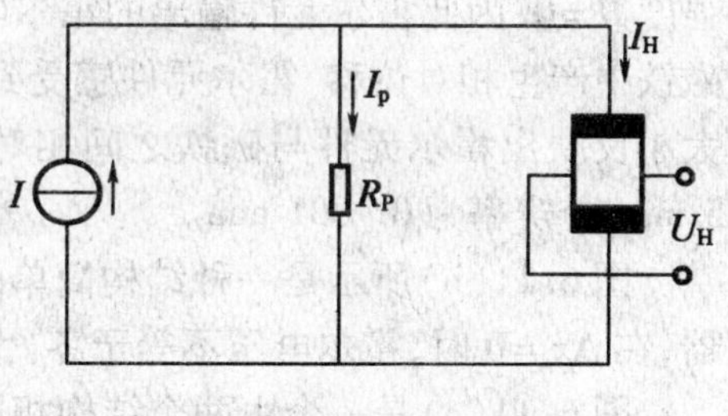

图 6.10　恒流温度补偿电路

在图 6.10 所示的温度补偿电路中,设初始温度为 T_0,霍尔元件输入电阻为 R_{i0},灵敏系数为 K_{H1},分流电阻为 R_{P0},根据分流概念得

$$I_{H0} = \frac{R_{P0} I_s}{R_{P0} + R_{i0}} \tag{6.19}$$

当温度升至 T 时,电路中各参数变为

$$R_i = R_{i0}(1+\delta\Delta T) \tag{6.20}$$

$$R_P = R_{P0}(1+\beta\Delta T) \tag{6.21}$$

式中　δ——霍尔元件输入电阻温度系数;

β——分流电阻温度系数。

则

$$I = \frac{R_P I_s}{R_P + R_i} = \frac{R_{P0}(1+\beta\Delta T)I_s}{R_{P0}(1+\beta\Delta T)+R_{i0}(1+\delta\Delta T)} \tag{6.22}$$

虽然温度升高 ΔT,为使霍尔电势不变,补偿电路必须满足温升前、后的霍尔电势不变,即

$$U_{H0} = U_H K_{H0} I_{H0} B = K_H I_H B \tag{6.23}$$

则

$$K_{H0} I_{H0} = K_H I_2 \tag{6.24}$$

将式(6.18),(6.19),(6.22)代入上式,经整理并略去 $\alpha,\beta,\Delta T^2$ 高次项后得

$$R_{P0} = \frac{(\delta-\beta-\alpha)R}{\alpha} \tag{6.25}$$

当霍尔元件选定后,它的输入电阻 R_{i0} 和温度系数 δ 及霍尔电势温度系数 α 是确定值。由式(6.25)即可计算出分流电阻及所需温度系数 β 的值。为了满足 R_0 及 β 两个条件,分流电阻可取温度系数不同的两种电阻的串、并联组合,这样虽然麻烦但效果很好。

6.2.2　霍尔式传感器的应用

1. 霍尔式位移传感器

霍尔元件具有结构简单、体积小、动态特性好和寿命长的优点,它不仅用于磁感应强度、有功功率及电能参数的测量,也在位移测量中得到广泛应用。

图6.11给出了一些霍尔式位移传感器的工作原理图。图6.11(a)是磁场强度相同的两块永久磁铁,同极性相对地放置。霍尔元件处在两块磁铁的中间,由于磁铁中间的磁感应强度 $B=0$,因此霍尔元件输出的霍尔电势 U_H 也等于零,此时位移 $\Delta x=0$。若霍尔元件在两磁铁中产生相对位移,霍尔元件感受到的磁感应强度也随之改变,这时 U_H 不为零,其量值大小反映出霍尔元件与磁铁之间相对位置的变化量,这种结构的传感器,其动态范围可达5 mm,分辨率为0. 001 mm。

图6.11(b)所示是一种结构简单的霍尔位移传感器,由一块永久磁铁组成磁路的传感器,在 $\Delta x=0$ 时,霍尔电压不等于零。

图6.11(c)是一个由两个结构相同的磁路组成的霍尔式位移传感器,为了获得较好的线性分布,在磁极端面装有极靴,霍尔元件调整好初始位置时,可以使霍尔电压 $U_H=0$。这种传感器灵敏度很高,但它所能检测的位移量较小,适合于微位移量及振动的测量。

2. 霍尔式转速传感器

图6.12是几种不同结构的霍尔式转速传感器。磁性转盘的输入轴与被测转轴相连,当被测转轴转动时,磁性转盘随之转动,固定在磁性转盘附近的霍尔传感器便可在每一个小磁铁通过时产生一个相应的脉冲,检测出单位时间的脉冲数,便可知被测转速。磁性转盘上小磁铁数目的多少决定传感器测量转速的分辨率。

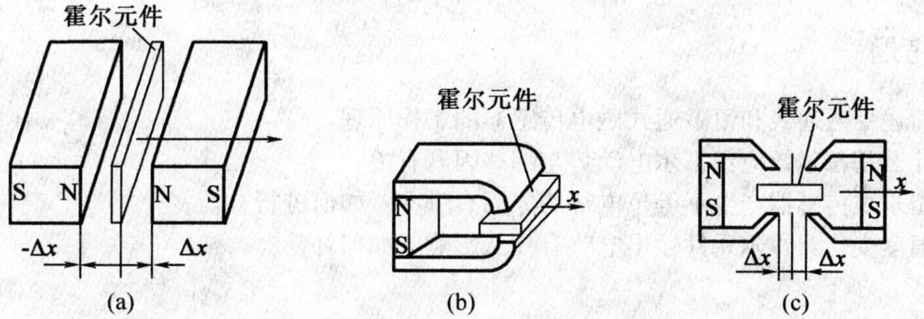

图 6.11 霍尔式位移传感器的工作原理图

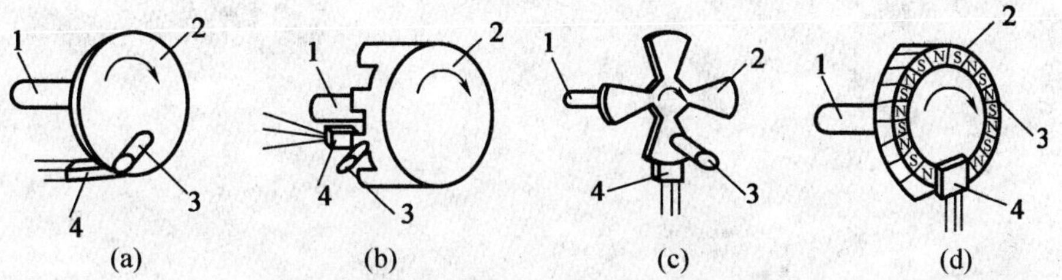

图 6.12 几种霍尔式转速传感器的结构

3. 霍尔计数装置

霍尔开关传感器 SL3501 是具有较高灵敏度的集成霍尔元件,能感受到很小的磁场变化。因而可对黑色金属零件进行计数检测。图 6.13 是对钢球进行计数的工作示意图和电路图。当钢球通过霍尔开关传感器时,传感器可输出峰值为 20 mV 的脉冲电压,该电压经放大器 A (μA741)放大后,驱动半导体三极管 VT(2N5812)工作,VT 输出端便可接计数器进行计数,并由显示器显示检测数值。

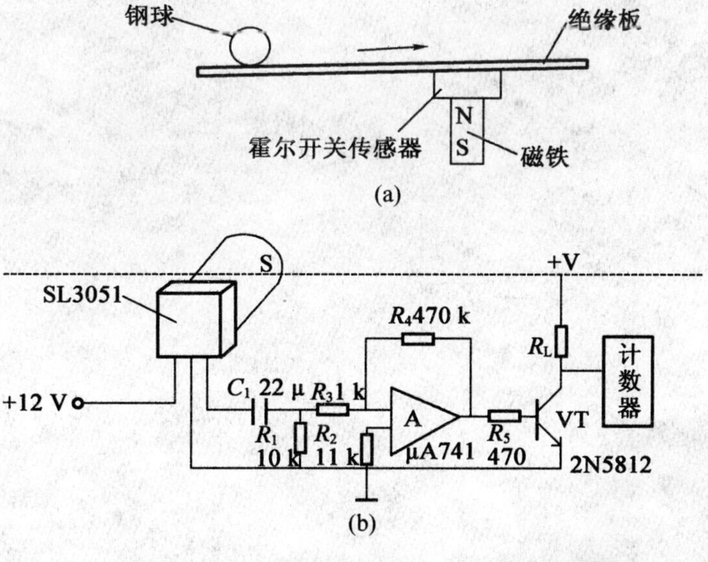

图 6.13 霍尔计数装置的工作示意图及电路图

思考题

1. 简述变磁通式和恒磁通式磁电传感器的工作原理。
2. 什么是霍尔效应？霍尔电动势与哪些因素有关？
3. 霍尔式传感器产生不等位电势的原因有哪些？如何进行补偿？
4. 温度变化对霍尔元件输出电势有什么影响？如何补偿？

第7章

热电式传感器

热电式传感器是一种将温度变化转换为电量变化的装置。在各种热电式传感器中,以将温度量转换为电势和电阻的方法最为普遍。其中最常用于测量温度的是热电偶和热电阻,热电偶是将温度变化转换为电势变化,而热电阻是将温度变化转换为电阻值的变化。这两种热电式传感器目前在工业生产中已得到广泛应用,并且有与其相配套的显示仪表与记录仪表。

7.1 热　电　偶

热电偶是将温度量转换为电势大小的热电式传感器。自 19 世纪发现热电效应以来,热电偶被越来越广泛地用来测量 100 ~ 1 300 ℃范围内的温度,根据需要还可以用来测量更高或更低的温度。它具有结构简单,使用方便,精度高,热惯性小,可测局部温度和便于远距离传送与集中检测、自动记录等优点。

7.1.1 热电偶的基本原理

1. 热电效应

1823 年塞贝克(Seebeck)发现,在两种不同的金属所组成的闭合回路中,当两接触处的温度不同时,回路中就要产生热电势,称为塞贝克电势。这个物理现象称为热电效应。

如图 7.1 所示,两种不同材料的导体 A 和 B,两端连接在一起,一端温度为 T_0,另一端为 T(设 $T > T_0$),这时在这个回路中将产生一个与温度 T, T_0 以及导体材料性质有关的电势 $E_{AB}(T, T_0)$,显然可以利用这个热电效应来测量温度。在测量技术中,把由两种不同材料构成的上述热电变换元件称为热电偶,称 A,B 导体为热电极。两个接点,一个为热端(T),又称工作端;另一个为冷端(T_0),又称为自由端或参考端。

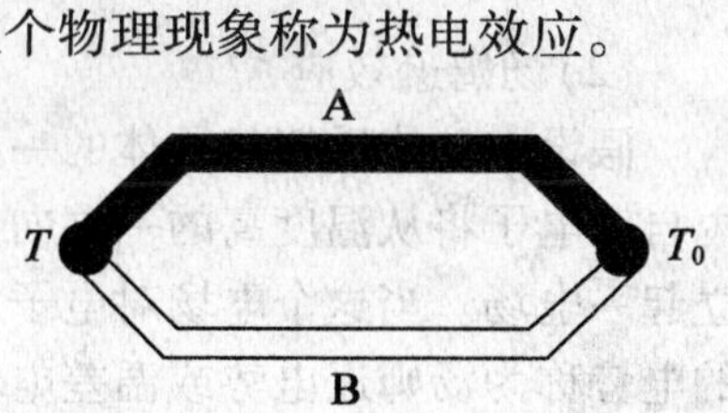

图 7.1　热电效应

实验证明,回路的总热电势为

$$E_{AB}(T,T_0) = \int_{T_0}^{T} \alpha_{AB} \mathrm{d}T = E_{AB}(T) - E_{AB}(T_0) \tag{7.1}$$

式中　α_{AB}——热电势率或塞贝克系数,其值随热电极材料和两接点的温度而定。

后来研究指出,热电效应产生的电势 $E_{AB}(T,T_0)$ 是由泊尔帖(Pettier)效应和汤姆逊

(Thomson)效应引起的。

(1)泊尔帖效应

将同温度的两种不同的金属互相接触,如图7.2所示。由于不同金属内自由电子的密度不同,在两金属A和B的接触处会发生自由电子的扩散现象,自由电子将从密度大的金属A扩散到密度小的金属B,使A失去电子带正电,B得到电子带负电,直至在接点处建立了强度充分的电场,能够阻止电子扩散达到平衡为止。两种不同金属的接点处产生的电动势称泊尔帖电势,又称接触电势。此电势 $E_{AB}(T)$ 由两个金属的特性和接点处的温度所决定。根据电子理论,得

$$E'_{AB}(T)=\frac{kT}{e}\ln\frac{n_A}{n_B}\text{或}E'_{AB}(T_0)=\frac{kT_0}{e}\ln\frac{n_A}{n_B}$$

式中　k——玻耳兹曼常数,其值为 1.38×10^{-23} J/K;

T,T_0——接触处的绝对温度,K;

e——电子电荷量,等于 1.60×10^{-19} C;

n_A,n_B——分别为电极A,B的自由电子密度。

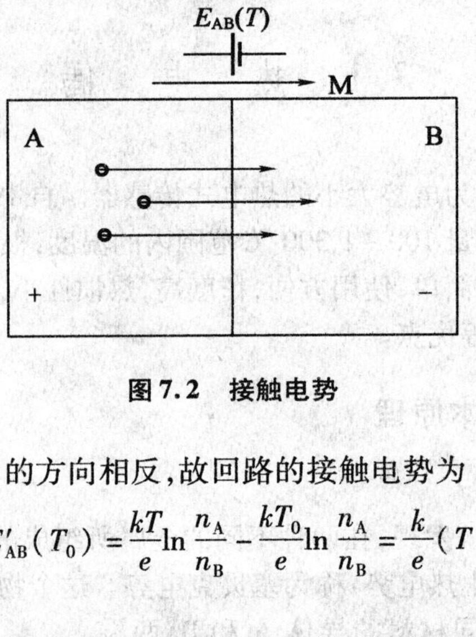

图7.2　接触电势

由于 $E'_{AB}(T)$ 与 $E'_{AB}(T_0)$ 的方向相反,故回路的接触电势为

$$E'_{AB}(T)-E'_{AB}(T_0)=\frac{kT}{e}\ln\frac{n_A}{n_B}-\frac{kT_0}{e}\ln\frac{n_A}{n_B}=\frac{k}{e}(T-T_0)\ln\frac{n_A}{n_B}\tag{7.2}$$

(2)汤姆逊效应

假设在一均质棒状导体的一端加热,如图7.3所示,则沿此棒状导体有温度梯度。导体内自由电子将从温度高的一端向温度低的一端扩散,并在温度较低一端积聚起来,使棒内建立起一电场。当这个电场对电子的作用力与扩散力相平衡时,扩散作用即停止。电场产生的电势称为汤姆逊电势或温差电势。

当均质导体两端的温度分别是 T,T_0 时,温差电势为

$$E_A(T,T_0)=\int_{T_0}^{T}-\sigma_A\mathrm{d}T\text{或}E_B(T,T_0)=\int_{T_0}^{T}\sigma_B\mathrm{d}T\tag{7.3}$$

式中,σ 称为汤姆逊系数,它表示温差为1度时所产生的电势值。

σ 的大小与材料性质和导体两端的平均温度有关。通常规定:当电流方向与导体温度降低的方向一致时,则 σ 取正值;当电流方向与导体温度升高方向一致时,则 σ 取负值。对于导体A,B组成的热电偶回路,当接点温度 $T>T_0$ 时,回路的温差电势等于导体温差电势的代数和,即

$$E_A(T,T_0)-E_B(T,T_0)=\int_{T_0}^{T}\sigma_A\mathrm{d}T-\int_{T_0}^{T}\sigma_B\mathrm{d}T=\int_{T_0}^{T}(\sigma_A-\sigma_B)\mathrm{d}T \qquad (7.4)$$

式(7.4)表明,热电偶回路的温差电势只与热电极材料 A,B 和两接点的温度 T,T_0 有关,而与热电极的几何尺寸和沿热电极的温度分布无关。如果两接点温度相同,则温差电势为零。

综上所述,在热电极 A,B 组成的热电偶(见图 7.4)回路中,当接点温度 $T>T_0$ 时,其总热电势为

$$\begin{aligned}E_{AB}(T,T_0)&=E'_{AB}(T)-E'_{AB}(T_0)+\int_{T_0}^{T}(\sigma_A-\sigma_B)\mathrm{d}T\\&=\left[E'_{AB}(T)+\int_{T_0}^{T}(\sigma_A-\sigma_B)\mathrm{d}T\right]-\left[E'_{AB}(T_0)+\int_{T_0}^{T}(\sigma_A-\sigma_B)\mathrm{d}T\right]\\&=E_{AB}(T)-E_{AB}(T_0)\end{aligned} \qquad (7.5)$$

式中　$E_{AB}(T)$——热端的分热电势;

$E_{AB}(T_0)$——冷端的分热电势。

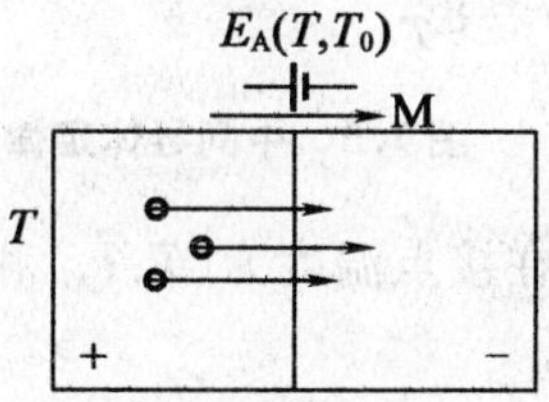

图 7.3　温差电势

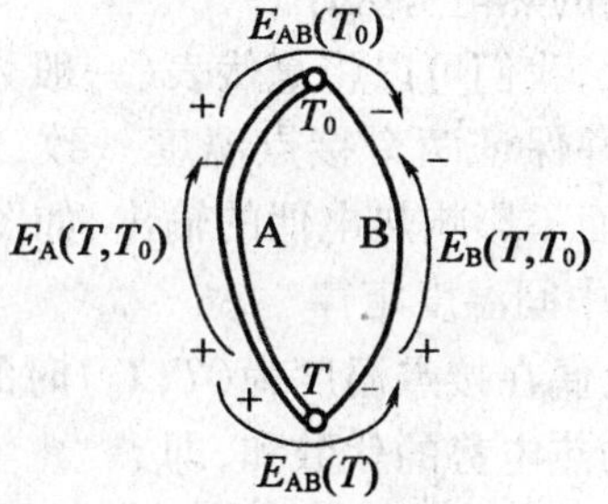

图 7.4　总热电势

从上面的讨论可知:当两接点的温度相同时,则无汤姆逊电势,$E_A(T,T_0)=E_B(T,T_0)=0$;而泊尔帖电势大小相等方向相反,所以 $E_{AB}(T,T_0)=0$。当两种相同金属组成热电偶时,两接点温度虽不同,但两个汤姆逊电势大小相等、方向相反,而两接点处的泊尔帖电势皆为零,所以回路总电势仍为零。因此:

①如果热电偶两个电极的材料相同,两个接点温度不同,不会产生电势;

②如果两个电极的材料不同,但两接点温度相同,也不会产生电势;

③当热电偶两个电极的材料不同,且 A, B 固定后,热电势 $E_{AB}(T,T_0)$ 便为两接点温度 T 和 T_0 的函数,即

$$E_{AB}(T,T_0)=E(T)-E(T_0) \qquad (7.6)$$

当 T 保持不变,即 $E(T_0)$ 为常数时,则热电势 $E_{AB}(T,T_0)$ 便为热电偶热端温度 T 的函数,有

$$E_{AB}(T,T_0)=E(T)-c=\varphi(T) \qquad (7.7)$$

由此可知,$E_{AB}(T,T_0)$ 和 T 有单值对应关系,这是热电偶测温的基本公式。热电极的极性:测量端失去电子的热电极为正极,得到电子的热电极为负极。在热电势符号 $E_{AB}(T,T_0)$,规定写在前面的 A,T 分别为正极和高温,写在后面的 B,T_0 分别为负极和低温。如果它们的前后位置互换,则热电势极性相反,如 $E_{AB}(T,T_0)=-E_{AB}(T_0,T)$,$E_{BA}(T,T_0)=-E_{BA}(T,T_0)$ 等。判断热电势极性最可靠的方法是将热端稍加热,在冷端用直流电表辨别。

2. 热电偶的基本定律

在对热电偶回路的大量研究工作中，分别对电流、电阻和电动势进行了准确的测量，已得出几个基本的定律，这些定律都是通过试验验证过的。

(1) 均质导体定律

两种均质金属组成的热电偶，其电势大小与热电极直径、长度及沿热电极长度上的温度分布无关，只与热电极材料和两端温度有关。

如果材质不均匀，则当热电极上各处温度不同时，将会产生附加热电势，造成无法估计的测量误差。因此，热电极材料的均匀性是衡量热电偶质量的重要指标之一。

(2) 中间导体定律

在热电偶回路中插入第三种、第四种……导体，只要插入导体的两端温度相等，且插入导体是均质的，则无论插入导体的温度分布如何，都不会影响原来热电偶的热电势大小。

因此，我们可以将毫伏表(一般为铜线)接入热电偶回路，并保证两个接点温度一致，就可对热电势进行测量，而不影响热电偶的输出，如图 7.5 所示。

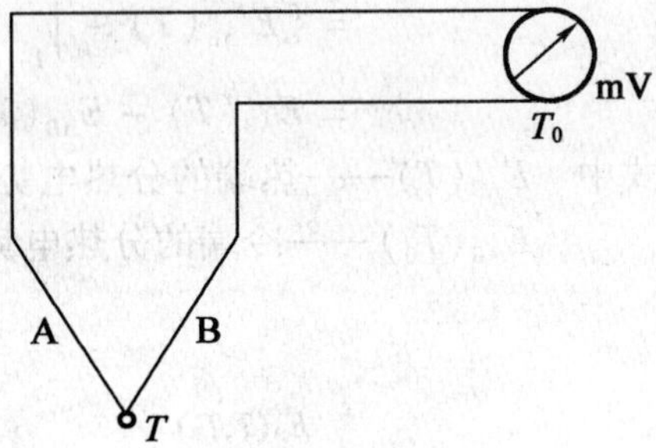

图 7.5 中间导体定律

(3) 中间温度定律

热电偶在接点温度为(T,T_0)时的热电势等于该热电偶在接点温度为(T,T_n)和(T_n,T_0)时相应的热电势的代数和，即

$$E_{AB}(T,T_0)=E_{AB}(T,T_n)+E_{AB}(T_n,T_0) \tag{7.8}$$

若 $T_0=0$，则有

$$E_{AB}(T,0)=E_{AB}(T,T_n)+E_{AB}(T_n,0) \tag{7.9}$$

3. 热电偶冷端温度及其补偿

热电偶热电势的大小与热电极材料及两接点的温度有关。只有在热电极材料一定，其冷端温度 T_0 保持不变的情况下，其热电势 $E_{AB}=(T,T_0)$ 才是其工作端温度 T 的单值函数。热电偶的分度表是在热电偶冷端温度等于 0 ℃的条件下测得的，所以在使用时，只有满足 $T_0=0$ ℃的条件，才能直接应用分度表或分度曲线。

在工程测温中，冷端温度常随环境温度的变化而变化，将引入测量误差，因此必须采取以下的修正或补偿措施。

(1) 冷端温度修正法

对于冷端温度不等于 0 ℃，但能保持恒定不变的情况，可采用修正法。

①热电势修正法

在工作中由于冷端不是 0 ℃而是某一恒定温度时，当热电偶工作在温差(T,T_n)时，其输出电势为 $E(T,T_n)$，如果不加修正，根据这个电势查标准分度表，显然对应较低的温度。根据中间温度定律，将电势换算到冷端为 0 ℃时，得

$$E(T,0)=E(T,T_n)+E(T_n,0) \tag{7.10}$$

也就是说，在冷端温度为不变的 T_n 时，要修正到冷端为 0 ℃的电势，应再加上一个修正电势，即这个热电偶工作在 0 ℃和 T_n 之间的电势值 $E(T_n,0)$。

例 7.1 用镍铬 - 镍硅热电偶测炉温。当冷端温度 $T_0=30$ ℃时，测得热电势为 $E(T,$

T_0) = 39.17 mV,则实际炉温是多少度?

由 $T_0 = 30$ ℃查分度表得 $E(30,0) = 1.2$ mV

则 $E(T,0) = E(T,30) + E(30,0) = 39.17 + 1.2 = 40.37$ mV

再用40.37 mV查分度表得977 ℃,即实际炉温为977 ℃。

若直接用测得的热电势39.17 mV查分度表可知其值为946 ℃,比实际炉温低了31 ℃,产生31 ℃的测量误差。

②温度修正法

令 T' 为仪表的指示温度,T_0 为冷端温度,则被测的真实温度 T 为

$$T = T' + kT_0 \tag{7.11}$$

式中 k——热电偶的修正系数,决定于热电偶种类和被测温度范围,如表7.1所示。

表7.1 几种常用热电偶 k 值表

测量端温度/℃	热电偶类别				
	铜 – 考铜	镍铬 – 考铜	铁 – 考铜	镍铬 – 镍硅	铂铑 – 铂
0	1.00	1.00	1.00	1.00	1.00
20	1.00	1.00	1.00	1.00	1.00
100	0.86	0.90	1.00	1.00	0.82
200	0.77	0.83	0.99	1.00	0.72
300	0.70	0.81	0.99	0.98	0.69
400	0.68	0.83	0.98	0.98	0.66
500	0.65	0.79	1.02	1.00	0.63
600	0.65	0.78	1.00	0.96	0.62
700	–	0.80	0.91	1.00	0.60
800	–	0.80	0.82	1.00	0.59
900	–	–	0.84	1.00	0.56
1 000	–	–	–	1.07	0.55
1 100	–	–	–	1.11	0.53
1 200	–	–	–	–	0.53
1 300	–	–	–	–	0.52
1 400	–	–	–	–	0.52
1 500	–	–	–	–	0.53
1 600	–	–	–	–	0.53

例7.2 上例中测得炉温为946 ℃(39.17 mV),冷端温度为30 ℃,查表 $k = 1.00$,则

$$T = 946 + 1 \times 30 = 976 \text{ ℃}$$

与用热电势修正法所得结果相比,只差1 ℃,因而这种方法在工程上应用较为广泛。

(2)冷端温度自动补偿法

热电偶在实际测温中,冷端一般暴露在空气中,受到周围介质温度波动的影响,它的温度不可能恒定或保持0 ℃不变,不宜采用修正法,可用电势补偿法。产生补偿电势的方法很多,主要介绍电桥补偿和PN结补偿法。

①电桥补偿法

电桥补偿法是用电桥的不平衡电压(补偿电势)去消除冷端温度变化的影响,这种装置

称为冷端温度补偿器。

如图 7.6 所示，冷端补偿器内有一个不平衡电桥，其输出端串联在热电偶回路中。桥臂电阻 R_1，R_2，R_3 和限流电阻 R_s 的电阻值几乎不随温度变化。R_{Cu} 为铜电阻，其阻值随温度升高而增大。电桥由直流稳压电源供电。

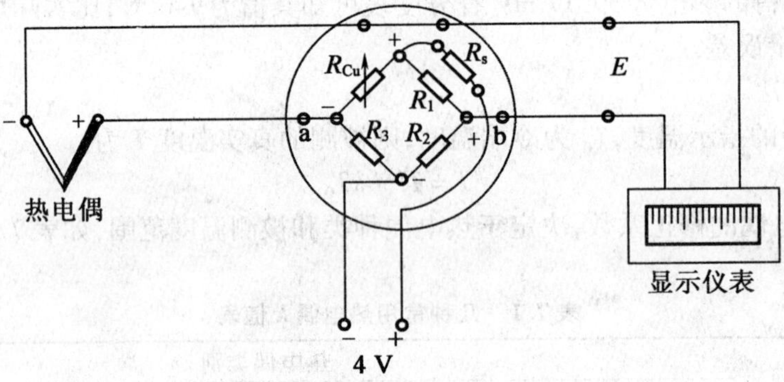

图 7.6　冷端温度补偿原理图

在某一温度下，设计电桥处于平衡状态，则电桥输出为 0，该温度称为电桥平衡点温度或补偿温度。此时补偿电桥对热电偶回路的热电势没有影响。

当环境温度变化时，冷端温度随之变化，热电偶的电势值随之变化 ΔE_1；与此同时，R_{Cu} 的电阻值也随环境温度变化，使电桥失去平衡，有不平衡电压 ΔE_2 输出。如果设计的 ΔE_1 与 ΔE_2 数值相等极性相反，则叠加后互相抵消，因而起到冷端温度变化自动补偿的作用。这就相当于将冷端恒定在电桥平衡点温度。

使用冷端补偿器应注意以下两点：

a. 不同分度号的热电偶要配用与热电偶同型号的补偿电桥；

b. 我国冷端补偿器的电桥平衡点温度为 20 ℃，在使用前要把显示仪表的机械零位调到相应的补偿温度 20 ℃上。

②PN 结冷端温度补偿法

PN 结在 -100 ~ +100 ℃范围内，其端电压与温度有较理想的线性关系，温度系数约为 -2.2 mV/℃，因此是理想的温度补偿器件。采用二极管作冷端补偿，精度可达 0.3 ~ 0.8 ℃；采用三极管补偿，精度可达 0.05 ~0.2 ℃。

图 7.7 为采用二极管作冷端补偿的电路及其等效电路。其补偿电压 Δu 是由 PN 结端电压 u_D 通过电位器分压得到的，PN 结置于与热电偶冷端相同的温度 t_0 中，Δu 反向接入热电偶测量回路。

设 $E(t_0,0)=k_1t_0$，式中 k_1 为热电偶在 0 ℃附近的灵敏度。

则热电偶测量回路的电势为

$$E(t,0)-E(t_0,0)-\Delta u=E(t,0)-k_1t_0-\frac{u_D}{n} \tag{7.12}$$

而 $u_D=u_0-2.2t_0$

式中　u_D——二极管 D 的 PN 结端电压；

u_0——PN 结在 0 ℃时的端电压（对硅材料约为 700 mV）；

n——电位器 R_W 的分压比。

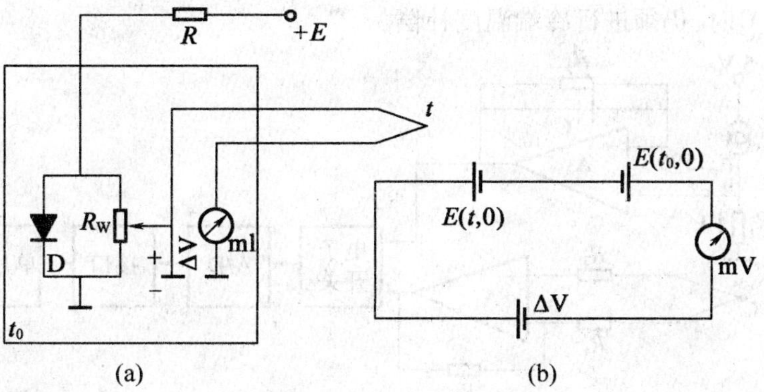

图 7.7　PN 结冷端温度补偿器

令
$$k_1 = \frac{2.2}{n}$$

整理上式可得回路电势为

$$E(t,0) - \frac{U_o}{n} = E(t,0) - \frac{700}{n} \tag{7.13}$$

可见，回路电势与冷端温度变化无关，只要用 U_o/n 作相应的修正，就可得到真实的热电偶热电势 $E(t,0)$。也可在测量温度时，从分度表中的热电势值减去 U_o/n，得到适用的分度表；在控制系统中，用单动作电压减去 U_o/n，得到接有上述补偿电路的动作电压。对于不同的热电偶，由于它们在 0 ℃附近的灵敏度 k_1 不同，则应有不同的 n 值，可用 R_w 调整。二极管可选用动态特性好的 2CP 型铁壳封装的二极管，或选用反向电流小，允许结温高，非线性和离散性小的 3DG6 发射结。

图 7.8 利用集成温度传感器 AD590 作为冷端补偿元件的原理图。AD590 是一个两端器件，其输出电流与绝对温度成正比（1 μA/K），当 25 ℃（298.2 K）时，能输出 298.2 μA 的电流。它相当于一个温度系数为 1 μA/K 的高阻恒流源。其输出电流通过 1 kΩ 电阻转换为1 mV/K的电压信号，跟随器 A_2 提高了 AD590 的负载能力，并使之与电子开关阻抗匹配，然后通过电子采样开关送入 A/D 转换器转换成数字量，存放在内存单元中。这样，电路就完成了对补偿电势的采样。接着电路对测温热电偶的热电势进行采样，并转换成数字量，单片机将该信号线性化后与内存中的补偿电势相加，即得到真实的热电势值。

（3）延引热电极法

一般恒温装置或补偿器距被测对象较远，需要很长的热电极把冷端引到这些装置中，这对于贵金属热电偶是很不经济的。可以用比较便宜的，在 0～100 ℃温度范围内，热电性质与工作热电偶相近的导线代替贵金属热电极。这种导线常称为延引电极、冷端延长线或冷端补偿导线。

如图 7.9 所示，只要在冷端温度可能的变化范围内（0～100 ℃），由 C，D 组成的热电偶与由 A，B 组成的工作热电偶具有相同的热电特性，即 $E_{CD}(T,T_0) = E_{AB}(T,0)$。则由中间温度定律可知，C，D 的接入不会引起附加误差。应用延伸导线时必须注意：①不同的热电偶必须选用相应的补偿导线；②延伸导线和热电极连接处两接点的温度必须相同，而且不可超过规定的温度范围(一般为 0 ~ 100 ℃);③采用延伸导线只是移动了冷接点的位置,当该处温度不为 0 ℃时,仍须进行冷端温度补偿。

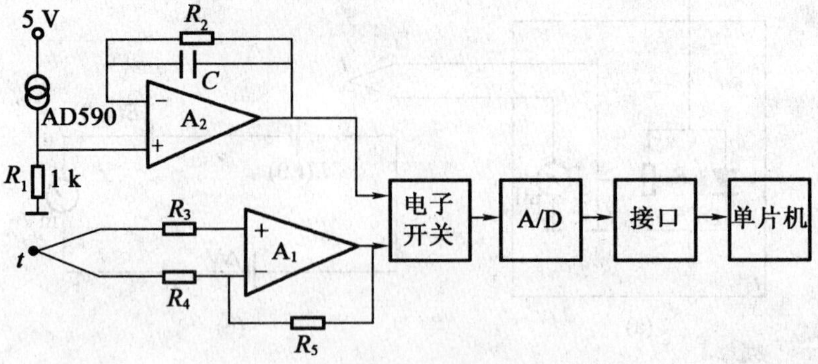

图 7.8　AD590 在冷端补偿中的应用

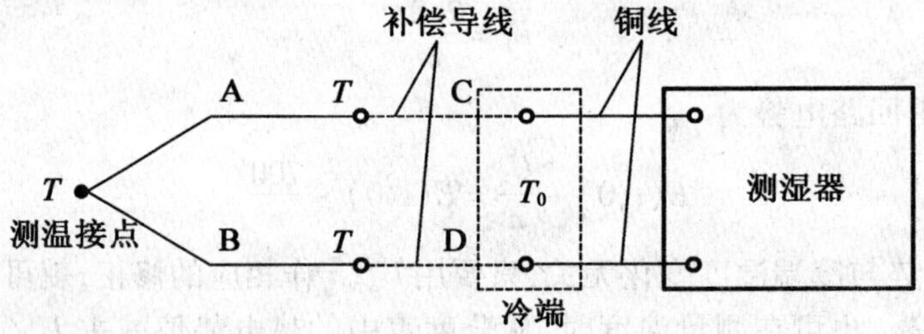

图 7.9　延引热电极法

除采用上述各项补偿方法外,也可以用各种恒温的方法使冷端恒温,或采用不需冷端温度补偿的热电偶。如镍钴 - 镍铝在 300 ℃以下,镍铁 - 镍铜在 50 ℃以下,铂铑$_{30}$ - 铂铑$_6$ 在 50 ℃以下的热电势均非常小。只要实际的冷端温度在此范围内,使用这些热电偶可以不考虑冷端误差。

7.1.2　热电偶的结构

将两热电极的一个端点,紧密焊接在一起组成接点就构成了热电偶。在热电偶两热电极之间通常用耐高温材料绝缘,如图 7.10 所示。

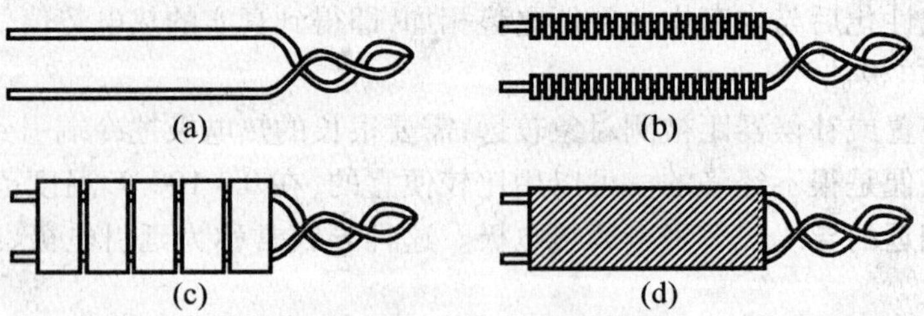

图 7.10　热电偶导线的绝缘方法

(a)裸线热电偶;(b)珠形绝缘子热电偶;(c)双孔绝缘子热电偶;(d)石棉绝缘管热电偶

根据被测对象不同,热电偶的结构形式是多种多样的。下面介绍几种比较典型的热电偶结构形式。

1. 普通型热电偶

这种热电偶在测量时将测量端插入被测对象的内部，主要用于测量容器或管道内气体、液体等介质的温度。其结构主要包括：热电极、保护套管、绝缘子、接线盒及安装法兰等。

2. 铠装热电偶

铠装热电偶是把保护套管（材料为不锈钢或镍基高温合金）、绝缘材料（高纯脱水氧化镁或氧化铝）与热电偶丝组合在一起拉制而成，也称套管热电偶或缆式热电偶。

图7.11为铠装热电偶工作端结构的几种形式，其中图7.11(a)为单芯结构，其外套管亦为一电极，因此中心电极在顶端应与套管直接焊在一起；图7.11(b)为碰底型，测量端和套管焊在一起；图7.11(c)为不碰底型，热电极与套管间互相绝缘；图7.11(d)为露头型，测量端露在套管外面；图7.11(e)为帽型，把露头型的测量端套上一个套管材料做的保护帽，再用银焊密封起来。

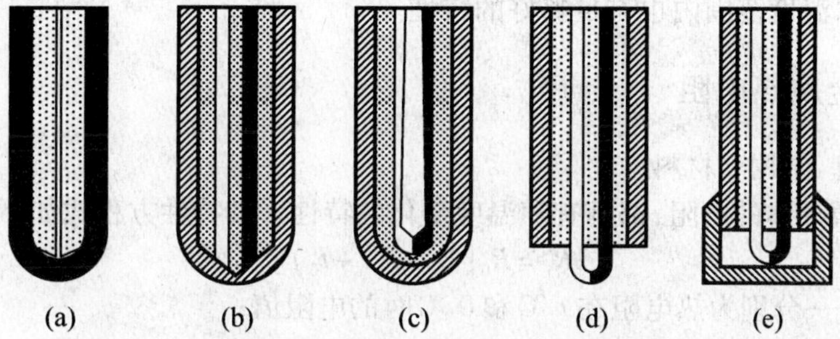

图7.11　铠装热电偶工作端的结构

铠装热电偶有独特的优点：小型化，动态响应快，时间常数小。由于其柔性大，可以弯成各种形状，适用于结构复杂的对象。同时，机械性能好，结实牢靠、抗震动和耐冲击。

3. 小惯性热电偶

其特点是时间常数小，响应速度快，可用以测量瞬态温度变化过程。它又可分为普通小惯性热电偶、快速微型热电偶和薄膜热电偶等。

图7.12为薄膜热电偶，是由两种金属薄膜连接在一起的特殊结构的热电偶。热电极是一层金属薄膜，其厚度约0.01～0.1 μm，所以测量端的热惯性很小，反应快，可以用来测量瞬变的表面温度和微小面积上的温度。其结构有片状、针状和把热电极材料直接蒸度在被测表面上的三种。所用热电偶类型有铁－康铜、铁－镍、铜－康铜、镍铬－镍硅等，测温范围为－200～300 ℃，最小时间常数可达微秒级。

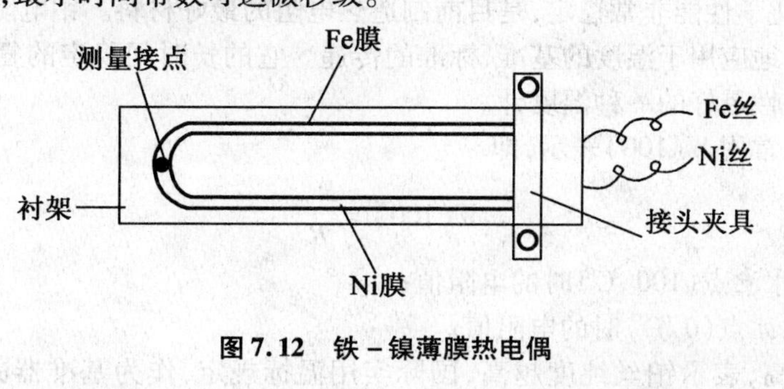

图7.12　铁－镍薄膜热电偶

除以上所述，还有测量表面温度的热电偶、测量气流温度的热电偶、多点式热电偶等，就不一一介绍了。

7.2　热　电　阻

利用感温电阻，把测量温度转化成测量电阻的电阻式测温系统，常用于测量 -200 ~ 500 ℃范围内的温度。它是利用热电阻和热敏电阻的电阻率温度系数而制成温度传感器的。大多数金属导体和半导体的电阻率都随温度发生变化，都称为热电阻，纯金属有正的温度系数，半导体有负的电阻温度系数。用金属导体或半导体制成的传感器，分别称为金属电阻温度计和半导体电阻温度计。

随着科学技术的发展，热电阻的应用范围已扩展到 1 ~ 5 K 的超低温领域。同时，在 1 000 ~ 1 200 ℃温度范围内也有足够好的特性。

7.2.1　金属热电阻

1. 工作原理、结构和材料

大多数金属导体的电阻，都具有随温度变化的特性。其特性方程式如下：

$$R_i = R_0[1 + \alpha(t - t_0)] \tag{7.14}$$

式中　R_i，R_0——分别为热电阻在 t ℃和 0 ℃时的电阻值；

α——热电阻的电阻温度系数(1/℃)。

对于绝大多数金属导体，α 并不是一个常数，而是温度的函数。但在一定的温度范围内，α 可近似地看作为一个常数。不同的金属导体，α 保持常数所对应的温度范围不同。选作感温元件的材料应满足如下要求：

①材料的电阻温度系数 α 要大。α 越大，热电阻的灵敏度越高；纯金属的 α 比合金的高，所以一般均采用纯金属作热电阻元件；

②在测温范围内，材料的物理、化学性质应稳定；

③在测温范围内，α 保持常数，便于实现温度表的线性刻度特性；

④具有比较大的电阻率，以利于减少热电阻的体积，减小热惯性；

⑤特性复现性好，容易复制。

比较适合以上要求的材料有：铂、铜、铁和镍。

(1)铂热电阻

铂的物理、化学性能非常稳定，是目前制造热电阻的最好材料。铂电阻主要作为标准电阻温度计。广泛地应用于温度的基准、标准的传递。它的长时间稳定的复现性可达 10^4 K，是目前测温复现性最好的一种温度计。

铂的纯度通常用 $W(100)$ 表示，即

$$W(100) = \frac{R_{100}}{R_0} \tag{7.15}$$

式中　R_{100}——水沸点(100 ℃)时的电阻值；

R_0——水冰点(0 ℃)时的电阻值。

$W(100)$ 越高，表示铂丝纯度越高，国际实用温标规定，作为基准器的铂电阻，其比值

$W(100)$不得小于 1.392 5。目前技术水平已达到 $W(100)=1.393\ 0$，与之相应的铂纯度为 99.999 5%，工业用铂电阻的纯度 $W(100)$为 1.387～1.390。

铂丝的电阻值与温度之间的关系：在 0～630.755 ℃范围内为

$$R_t = R_0(1 + At + Bt^2) \tag{7.16}$$

在 −190～0 ℃范围内为

$$R_t = R_0[1 + At + Bt^2 + C(t - 100t^3)] \tag{7.17}$$

式中　R_t, R_0——分别为温度 t 和 0 ℃时铂的电阻值；

A, B, C——常数。

对 $W(100)=1.391$ 有 $A=3.968\ 47\times10^{-3}/℃$，$B=-5.847\times10^{-7}/℃^2$，$C=-4.22\times10^{-12}/℃^4$。

对 $W(100)=1.389$ 有 $A=3.948\ 51\times10^{-3}/℃$，$B=-5.851\times10^{-7}/℃^2$，$C=-4.04\times10^{-12}/℃^4$。

我国标准化铂热电阻特性见表 7.2，其中 B_1，B_2 已渐趋淘汰。

表 7.2　铂热电阻技术特性表

分度号	R_0/Ω	R_{100}/R_0	精度等级	R_0 允许误差/%	最大允许误差/%
B_1	46.00	1.389 ±0.001	II	±0.1	对于 I 级精度 −200～0 ℃ ±(0.15 +4.5 ×10⁻³ t) 0～500 ℃ 对于 II 级精度 −200～0 ℃ ±(0.15 +3 ×10⁻³ t) ±(0.3 +6.0 ×10⁻³ t) 0～500 ℃ ±(0.3 +4.5 ×10⁻³ t)
B_2	100.00	1.389 ±0.001	II	±0.1	
B_{A1}(Pt500)	46.00	1.391 ±0.000 7	I	±0.05	
	(50.00)	1.391 ±0.001	II	±0.1	
B_{A2}(Pt100)	100.00	1.391 ±0.001	I	±0.05	
		1.391 ±0.001	II	±0.1	
B_{A3}(Pt300)	300.00	1.391 ±0.001	II	±1	

铂电阻一般由直径为 0.05～0.07 mm 铂丝绕在片形云母骨架上，铂丝的引线采用银线，引线用双孔瓷绝缘套管绝缘，见图 7.13。

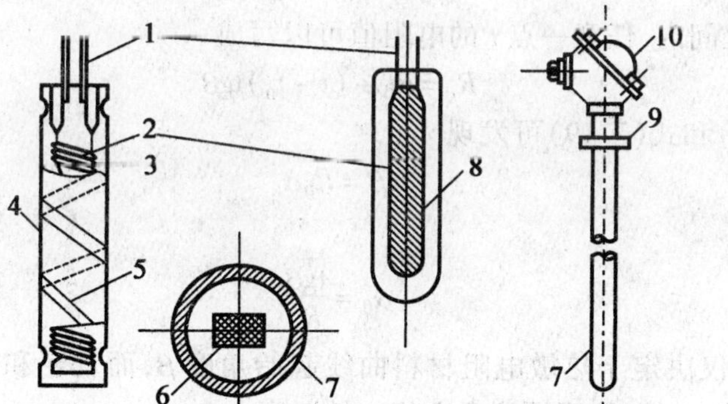

图 7.13　铂热电阻的构造

(a)剖面图；(b)结构图；(c)装配图

1—银引出线；2—铂丝；3—锯齿形云母骨架；4—保护用云母片；5—银绑带；

6—铂电阻横断面；7—保护套管；8—石英骨架；9—连接法兰；10—接线盒

(2)铜热电阻

铜丝可用来制造 $-50 \sim 150$ ℃范围内的工业用电阻温度计。在此温度范围内线性关系好,灵敏度比铂电阻高($\alpha = (4.25 \sim 4.28) \times 10^{-3}/℃$),容易得到高纯度材料,复制性能好。但铜易于氧化,一般只用于 150 ℃以下的低温测量和没有水分及无侵蚀性介质中的温度测量。

通常利用二项式计算在 t ℃时的铜电阻值为

$$R_t = R_0[1 + \alpha_0(t - t_0)] \tag{7.18}$$

式中　R_0——在 t_0℃时的电阻值;

α_0——在初始温度为 t_0℃时的温度系数。

由式可知,铜电阻与温度的关系是线性的,但需注意一点,式中 R_0 应是温度范围起始温度 t_0℃时的电阻值,而且要和 α_0 值的温度对应。

假设已知从 t_0℃到 t_k℃温度区间的 α_0 值为常数,则在图 7.14 中 1 ~ 2 之间的电阻与温度的关系可用直线 AB 表示。

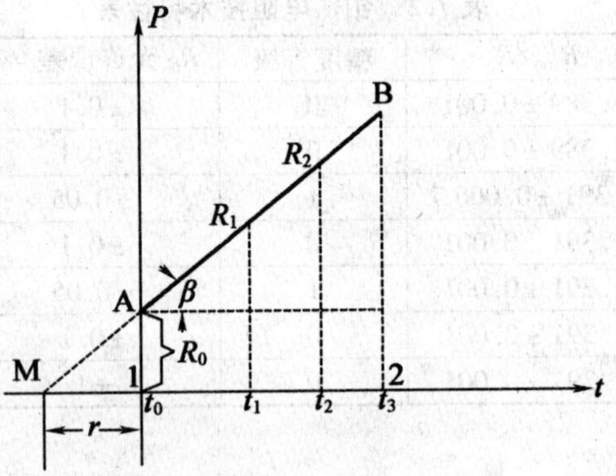

图 7.14　电阻与温度关系

在某一温度区间内,任意一点 t 的电阻值可以写成

$$R_t = R_0 + (t - t_0)\text{tg}\beta \tag{7.19}$$

比较式(7.18)和式(7.19)可发现

$$\text{tg}\beta = R_0\alpha_0$$

即

$$\alpha_0 = \frac{\text{tg}\beta}{R_0}$$

可见 α_0 值不仅决定于热敏电阻材料曲线起始角度 β,而且还和初始电阻值 R_0 有关。所以在利用给出的 α_0 值时,还要注意它相应的温度。

目前工业上使用的标准化铜热电阻有分度号为 G,Cu50 和 Cu100 三种。它们的技术特性见表 7.3。

铁和镍这两种金属的电阻温度系数较高,电阻率较大,故可做成体积小、灵敏度高的电阻温度计。其特点是容易氧化、化学稳定性差、不易提纯、复制性差,而且电阻值与温度的线性关系差,目前应用不多。

表 7.3　铜热电阻的技术特性

分度号	G	Cu50	Cu100
R_0/Ω	53	50	100
R_{100}/R_0	1.425 ± 0.001		1.425 ± 0.002
精度等级	Ⅱ		Ⅲ
R_0 允许误差/%	±0.1		±0.1
最大允许误差/%	$\pm(0.3\times3.5\times10^{-3}t)$		$\pm(0.3\times6.0\times10^{-3}t)$

热电阻的结构比较简单，一般将电阻丝绕在云母、石英、陶瓷、塑料等绝缘骨架上，经过固定，外面再加上保护套管。但骨架性能的好坏，影响其测量精度、体积大小和使用寿命。对骨架的要求是：①电绝缘性能好；②在高、低温下有足够的机械强度，在高温下有足够的刚度；③体膨胀系数要小，在温度变化后不给热电阻丝造成压力；④不对电阻丝产生化学作用。

2. 测量电路

电阻温度计的测量电路最常用的是电桥电路，其精度较高的是自动电桥。为消除由于连接导线电阻随环境温度变化而造成的测量误差，常采用三线和四线连接法。图 7.15 是三线连接法的原理图。G 为检流计，R_1，R_2，R_3 为固定电阻，R_a 为零位调节电阻。热电阻 R_t 通过电阻为 r_1，r_2，r_g 的三根导线和电桥连接，r_1 和 r_2 分别接在相邻的两臂内。当温度变化时，只要它们的长度和电阻温度系数 α 相等，它们的电阻变化就不会影响电桥的状态。电桥在零位调整时，使用 $R_4=R_a+R_{t0}$。R_{t0} 为热电阻在参考温度（如 0 ℃）时的电阻值。三线接法中可调电阻 R 的触点，接触电阻和电桥臂的电阻相连，可能导致电桥的零点不稳。

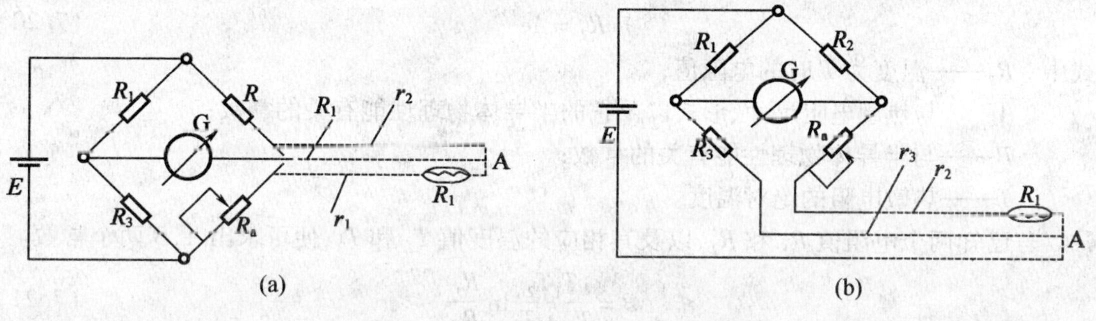

图 7.15　热电阻测温电桥的三线连接法

图 7.16 为四线连接法。调零的 R_a 电位器的接触电阻和检流计串联，这样，接触电阻的不稳定不会破坏电桥的平衡和正常工作状态。

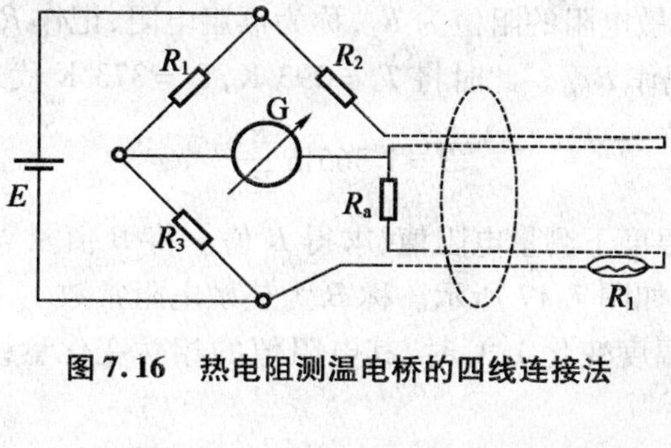

图 7.16　热电阻测温电桥的四线连接法

热电阻式温度计性能最稳定，测量范围广、精度也高。特别是在低温测量中得到了广泛的应用，其缺点是需要辅助电源。热容量大限制了它在动态测量中的应用。为避免热电阻中流过电流的加热效应，在设计电桥时，要使流过热电阻的电流尽量小，一般小于 10 mA。

7.2.2　半导体热敏电阻

一般说来，半导体比金属具有更大的电阻温度系数。半导体热敏电阻包括正温度系数（PTC）、负温度系数（NTC）、临界温度系数（CTR）热敏电阻等几类。

PTC 热敏电阻主要采用 BaTO 系列的材料，当温度超过某一数值时，其电阻值朝正的方向快速变化。其用途主要是彩电消磁，各种电器设备的过热保护，发热源的定温控制，也可以作为限流元件使用。

CTR 热敏电阻采用 VO 系列等材料，在某个温度值上电阻值急剧变化。其用途主要用作温度开关。

NTC 热敏电阻具有很高的负电阻温度系数，特别适用于 −100 ~ 300 ℃之间测温。在点温、表面温度、温差、温场等测量中得到日益广泛的应用，同时也广泛地应用在自动控制及电子线路的热补偿线路中，这里主要讨论该种热敏电阻。

1. 热敏电阻的主要特性

（1）温度特性

热敏电阻的基本特性是电阻与温度之间的关系，其曲线是一条指数曲线，可用下式表示：

$$R_T = A\mathrm{e}^{B/T} \tag{7.20}$$

式中　R_T——温度为 T 时的电阻值；

A——与热敏电阻尺寸、形式以及它的半导体物理性能有关的常数；

B——与半导体物理性能有关的常数；

T——热敏电阻的绝对温度。

若已知两个电阻值 R_1 和 R_2，以及其相应的温度值 T_1 和 T_2，便可求出 A，B 两个常数。

$$B = \frac{T_1 T_2}{T_2 + T_1}\ln\frac{R_1}{R_2} \tag{7.21}$$

$$A = B_1\mathrm{e}^{(-B/T_1)} \tag{7.22}$$

将 A 值代入式（7.20）中，可获得以电阻 R_1 作为一个参数的温度特性表达式：

$$R_T = R_1\mathrm{e}^{(B/T - B/T_1)} \tag{7.23}$$

通常取 20 ℃时的热敏电阻的阻值为 R_1，称为额定电阻，记作 R_{20}；取相应于 100 ℃时的热敏电阻的阻值为 R_2，记作 R_{100}。此时将 $T_1 = 293$ K，$T_2 = 373$ K 代入式（7.23）可得

$$B = 1\ 365\ln\frac{R_{20}}{R_{100}} \tag{7.24}$$

一般生产厂都在此温度下测量电阻值，求得 B 值。将 B 值及 R_{20} 代入式（7.23）就确定了热敏电阻的温度特性，如图 7.17 所示。称 B 为热敏电阻常数。

热敏电阻在其本身温度变化 1 ℃时，其电阻值的相对变化量，称为热敏电阻的温度系数。即

$$\alpha=\frac{1}{R}\frac{\mathrm{d}R}{\mathrm{d}T}\tag{7.25}$$

微分式(7.25)可求得

$$\alpha=-B/T^2\tag{7.26}$$

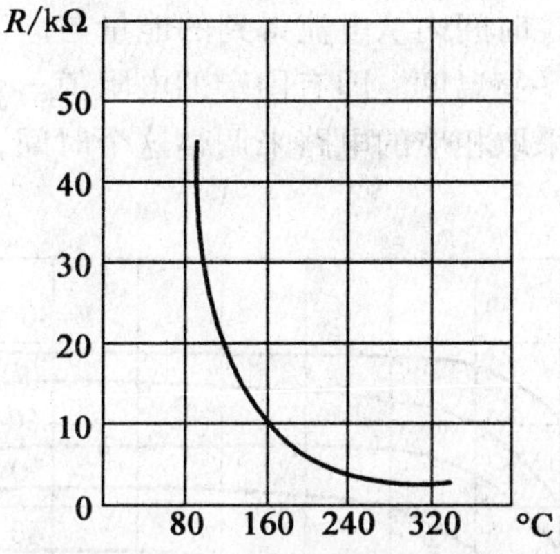

图 7.17　热敏电阻的温度特性

α 值和 B 值都是表示热敏电阻灵敏度的参数，热敏电阻的电阻温度及系数比金属丝的高很多，所以它的灵敏度很高。

除了电阻 - 温度特性以外，热敏电阻的伏 - 安特性和安 - 时特性在使用中也是十分重要的。

(2)伏 - 安特性 $U=f(I)$

在稳态情况下，通过热电阻的电流 I 与其两端之间的电压 U 的关系，称为热敏电阻的伏 - 安特性。

由图 7.18 可见，当流过热敏电阻的电流很小时，不足以使之加热。电阻值只决定于环境温度，伏 - 安特性是直线，遵循欧姆定律，主要用来测温。

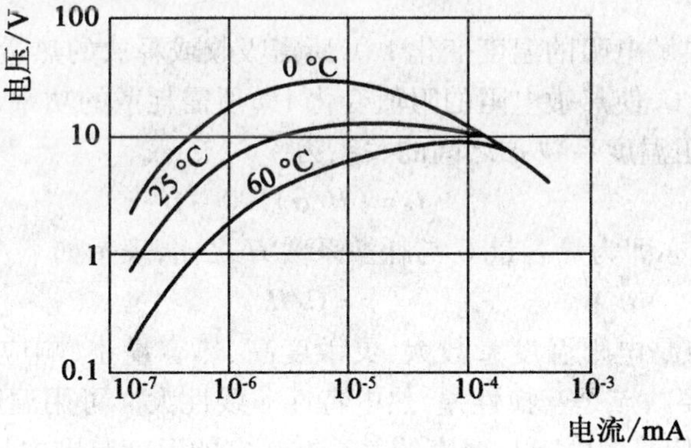

图 7.18　伏 - 安特性

当电流增大到一定值时，流过热敏电阻的电流使之加热，本身温度升高，出现负阻特性。因电阻减小使电流增大，端电压下降，其所能升高的温度与环境条件(周围介质温度及散热条件)有关。当电流和周围介质温度一定时，热敏电阻的电阻值取决于介质的流速、流量、密度等散热条件。根据这个原理可用它来测量流体速度和介质密度等。

(3)安－时特性

如图7.19所示为热敏电阻的电流－时间曲线,表示热敏电阻在不同的外加电压下,电流达到稳定最大值所需的时间。热敏电阻受电流加热后,一方面使自身温度升高,另一方面也向周围介质散热,只有在单位时间内从电流得到的能量与向四周介质散发的热量相等并达到热平衡时,才能有相应的平衡温度。即有固定的电阻值。完成这个热平衡过程需要时间,可选择热敏电阻的结构及采取相应的电路来调整这个时间,对于一般结构的热敏电阻,其值在0.5～1 s之间。

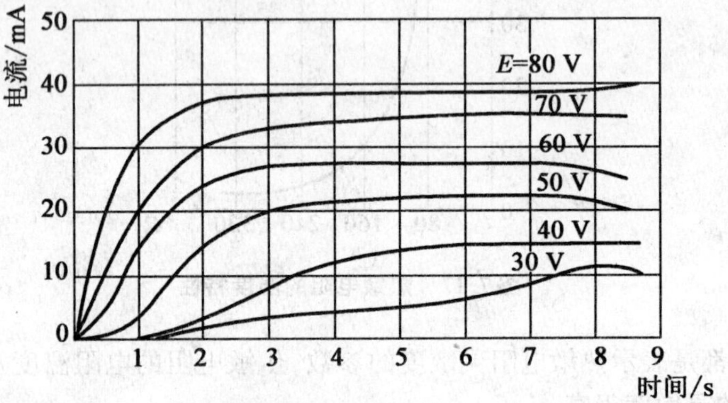

图7.19　安－时特性

2.热敏电阻的主要参数

(1)标称电阻值R_H,即当环境温度为(25±0.2 ℃)时测得的电阻值,又称冷电阻;

(2)电阻温度系数α,即热敏电阻的温度变化1 ℃时电阻值的变化率,通常指温度为20 ℃时的温度系数,单位为%℃$^{-1}$;

(3)耗散系数H,指热敏电阻的温度与周围介质的温度相差1 ℃时所耗散的功率,单位为W/℃;

(4)热容量C,热敏电阻的温度变化1 ℃所需吸收或释放的热量,单位为J/℃;

(5)能量灵敏度G,使热敏电阻的阻值变化1%所需耗散的功率,单位为W,能量灵敏度G与耗散系数H、电阻温度系数α之间的关系为

$$G=(H/\alpha)100 \tag{7.27}$$

(6)时间常数t,亦即为热容量C与耗散系数H之比,表示如下:

$$\tau=C/H \tag{7.28}$$

热敏电阻的优点是电阻温度系数大、灵敏度高、热容量小、响应速度快,而且分辨率很高,可达10^{-4}℃;主要缺点是互换性差,热电特性非线性大。可用温度系数很小的电阻与热敏电阻串联或并联,使等效电阻与温度的关系在一定的温度范围内是线性的。

7.3　晶体管和集成温度传感器

这种传感器是利用PN结的伏安特性与温度之间的关系研制成的一种固态传感器。

7.3.1　工作原理

PN结伏安特性可用下式表示

$$I = I_s\left(\exp\frac{qU}{kT} - 1\right) \tag{7.29}$$

式中　I——PN结正向电流；

U——PN结正向压降；

I_s——PN结反向饱和电流；

q——电子电荷量；

T——绝对温度；

k——玻耳兹曼常数。

当 $\exp(qU/kT) \gg 1$ 时，则上式为

$$I = I_s\exp\frac{qU}{kT} \tag{7.30}$$

则

$$U = \frac{kT}{q}\ln\frac{I}{I_s} \tag{7.31}$$

可见只要通过PN结上的正向电流 I 恒定，则PN结的正向压降 U 与温度的线性关系只受反向饱和电流 I_s 的影响。I_s 是温度的缓变函数，只要选择合适的掺杂浓度，就可认为在不太宽的温度范围内，I_s 近似常数。因此，正向压降 U 与温度 T 成线件关系。

$$\frac{\mathrm{d}U}{\mathrm{d}T} = \frac{k}{q}\ln\frac{I}{I_s} \approx 常数 \tag{7.32}$$

这就是PN结温度传感器的基本原理。

二极管作为温度传感器虽然工艺简单，但线性差，因而选用把 nPN晶体管的be结短接，利用be结作为感温器件，即通常的三极管，三极管形式更接近理想PN结，其线性更接近理论推导值。

如图7.20所示。一只晶体管的发射极电流密度 J_e，可用下式表示：

$$J_e = \frac{1}{a}\cdot J_s\left(\ln\frac{qU_{be}}{kT} - 1\right) \tag{7.33}$$

式中　a——共基接法的短路电流增益；

T——绝对温度；

J_s——发射极饱和电流密度；

k——玻耳兹曼常数（1.38×10^{-3} J/K）；

q——电子电荷（1.59×10^{-19} C）；

U_{be}——基、射极电位差。

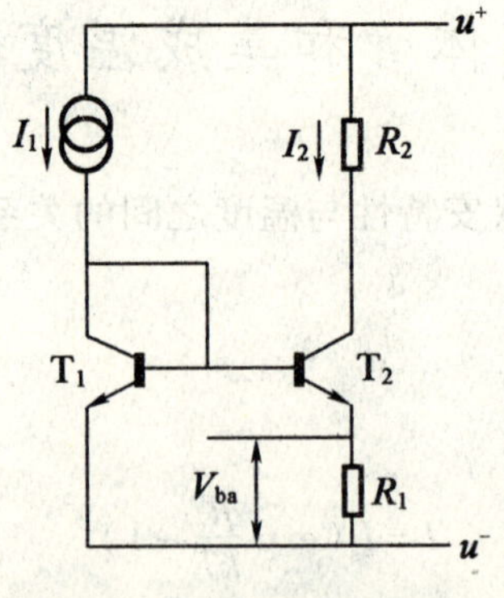

图 7.20　PN 结温度传感器

通常 $a \approx 1, J_e \gg J_s$，将上式简化、取对数后，得

$$U_{be} = \frac{kT}{q}\ln\frac{aJ_e}{J_s} \tag{7.34}$$

如果图中两晶体管满足下列条件：$a_1 = a_2, J_{s1} = J_{s2}, J_{e1}/J_{e2} = \gamma$（$\gamma$ 是 Q_1, Q_2 发射极面积比因子，由设计和制造决定，为一常数），则两晶体管基、射极电位差 U_{be} 之差 ΔU_{be}（R 两端之压降）为

$$\Delta U_{be} = U_{be1} - U_{be2} = \frac{kT}{q}\ln\gamma \tag{7.35}$$

可见，ΔU_{be} 正比于绝对温度 T，这就是集成温度传感器的基本原理。

集成温度传感器按输出信号可分为电压型和电流型两种。电压型的温度系数约为 10 mV/℃；电流型的温度系数约为 1 μA/℃。这就很容易从它们输出信号的大小换算成绝对温度，而且其输出电压或电流与绝对温度成线性关系。

图 7.21 为单片双端集成温度传感器 AD590 的内部等效电路。Q_8, Q_{11} 是产生基－射电压正比于绝对温度的晶体管，R_5, R_6 将电压转换成电流。Q_{10} 的集电极电流跟踪 Q_9 和 Q_{11} 集电极电流，它提供所有的偏置及电路其余部分基底漏电流，从而迫使总电流正比于绝对温度。R_5，R_6 是在 +25 ℃校准器件。图 7.22（a）为其伏－安特性，U 为作用于 AD590 两端的电压，I 为其电流。由图可见，在 4～30 V 时，该器件为一个温控电流源，且其电流值与温度成正比，即

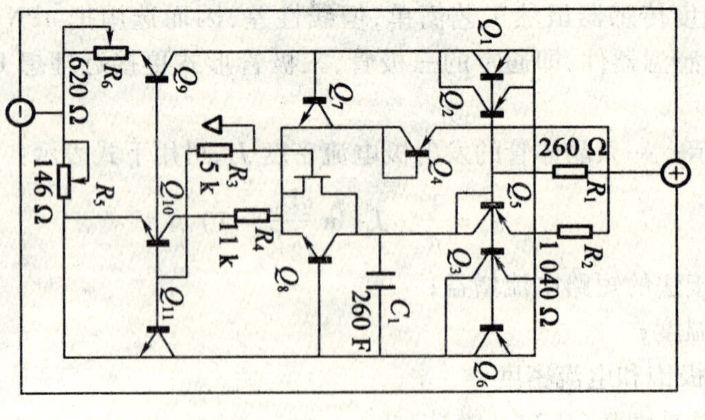

图 7.21　AD590 温度传感器电路

$$I = k_T \cdot T_k \tag{7.36}$$

其中，k_T 为标度因子，在器件制造时已作标定，是每度 1 μA，其标定精度因器件的档次而异（常分为 I，J，K，L，M 五档）。因此，AD590 在电路中以理想恒流源的电路符号出现。图 7.22（b）为其温度特性，它在 −55 ~ +150 ℃温域中有较好线性度，其非线性误差因档次而异。若略去非线性项，则有

$$I = k_T \cdot T_c + 273.2(\mu A) \tag{7.37}$$

图 7.22（c）为非线性曲线。AD590 的 I 档 $\triangle T < \pm 3$ ℃，M 档 $\triangle T < \pm 0.3$ ℃，其余档次在两者之间。从图中可见，在 −55 ~ 100 ℃范围内，$\triangle T$ 递增，容易补偿；在 +100 ~ 150 ℃为递减，可进行分段补偿。AD590 的主要特征是：

（1）线性电流输出：1 μA/K，正比于绝对温度；

（2）宽温度范围：−55 ~ 150 ℃；

（3）精度高：激光校准精度至 ±0.5 ℃（AD590M）；

（4）线性好：满量程范围 ±0.3 ℃（AD590M）；

（5）电源范围宽：+4 ~ 30 V。

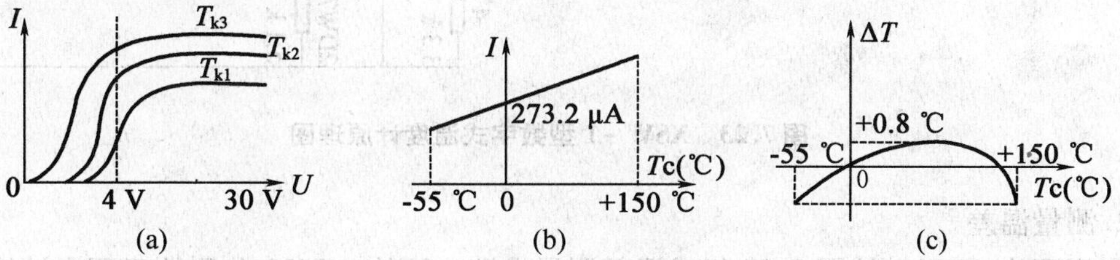

图 7.22　AD590 温度特性

7.3.2　集成温度传感器的典型应用

集成温度传感器具有体积小、热惰性小、反应快、测量精度高、稳定性好、校准方便、价格低等特点，因而获得广泛的应用。以 AD590 为例，扼要介绍它的典型应用。

1. 测量温度

AD590 是一个两端器件，只需要一个直流电压源（+4 ~ +30 V），功率的需求比较低（1.5 mW，5 V），其输出是高阻抗（710 MΩ，）电流，因而长线上的电阻对器件工作影响不大。

图 7.23 是用 AD590 组成的 XSW－1 型数字式温度计。AD590 上接入一个大于 +4 V 的电压后，其输出电流将正比于绝对温度。当温度为 0 ℃时，输出电流为 273.2 μA，温度每变化 1 ℃，输出电流变化 1 μA，AD590 的输出电流通过 10 kΩ 电阻变为电压信号，其单位为 mV/℃，因 0 ℃时 10 kΩ 电阻上已有 2.732 V 的电压输出，所以必须设置一偏置电压（由 W_1 上取出）使 0 ℃时输出电压为零。这样当 AD590 的环境温度大于 0 ℃时，显示正的温度数值；环境温度小于 0 ℃时，显示负的温度数值。测量系统的精度取决于 AD590 的精度，采用 AD590，经零点和满量程点校准后，精度优于 0.5 级。调校方法是使其显示对应满度值。整个仪表结构简单、可靠性高、体积小、重量轻、功耗低、测量精度高，维护使用方便。

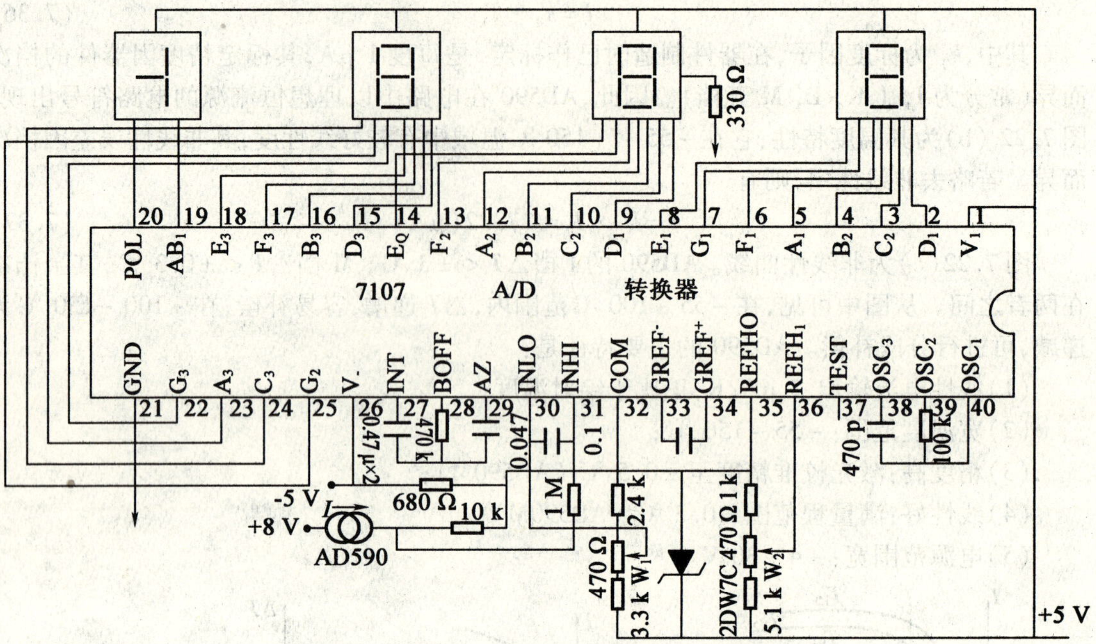

图 7.23　XSW－1 型数字式温度计原理图

2. 测量温差

利用两块 AD590，按图 7.24 组成温差测量电路。两块 AD590 分别处于两个被检点，其温度分别为 T_{k1}，T_{k2}，由图得

$$I = I_{T_{k1}} - I_{T_{k2}} = k_T(T_{k2} - T_{k1})$$

这里假设两 AD590 有相同的标度因子，运放的输出电压 U_o 为

$$U_o = IR_3 = k_T R_3 (T_{k2} - T_{k1}) \tag{7.38}$$

可见，整个电路的标度因子 $F = k_T R_3$ 的值取决于 R_3，表示为

$$R_3 = F/k_T \tag{7.39}$$

尽管电路要求感温器件具有相同的 k，但总有差异，电路中引入电位器 R_w，通过隔离电阻 R_1 注入一个校正电流 ΔI，以获得平稳的零位误差，如图 7.25 的曲线所示。从曲线可见，只在某一个温度 T_k 时，$U_o = 0$，此点常常设在量程间的某处。

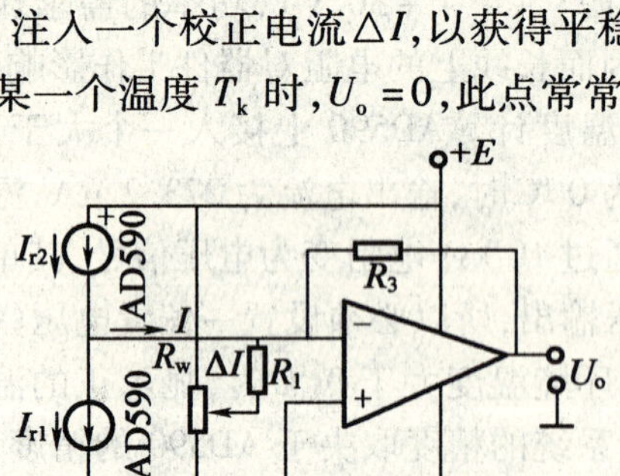

图 7.24　温差电路

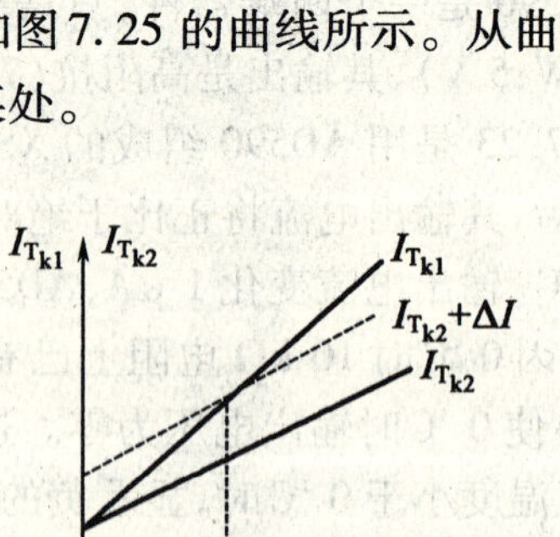

图 7.25　零位调节曲线

将几块 AD590 串联使用，显示的总是几个被测温度中的最低温度；将几块 AD590 并联就可获得被测温度的平均值，如图 7.26(a)，(b)所示。AD590 对热电偶进行冷端补偿已在前面介绍了。

AD590 的用途是相当广泛的，除温度测量外，还可用于分立元件的补偿和校准、正比于绝对温度的偏置、流速测量、流体液位测量及风速测量。

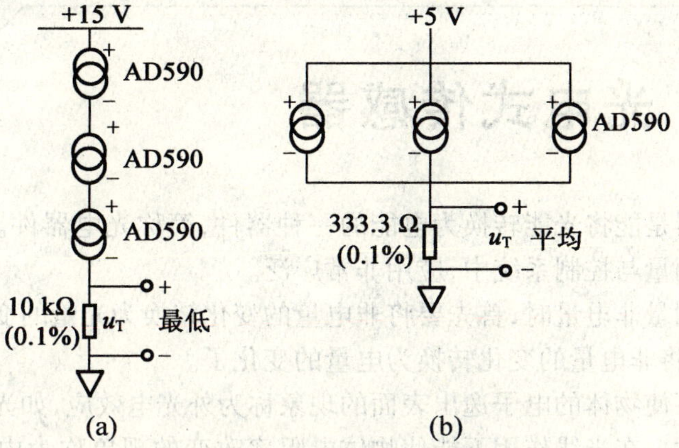

图 7.26　温度平均值、最低值的测量

思考题

1. 简述热电偶与热电阻测温原理。

2. 用热电偶测温时，为什么要进行冷端温度补偿？冷端温度补偿的方法有哪几种？

3. 在 5 ℃时的铜线电阻测得为 100 Ω，30 ℃时其电阻是多少？

4. 试给出三个热电偶共用一台仪表分别测量 T_1, T_2, T_3 的测温电路，若用三个热电偶测量 T_1, T_2, T_3 的平均温度，则电路应怎样连接，请画出测量线路。

5. 已知有 A，B，C 三个热电极，A 为铂铑 30、C 为铂、B 为铂铑 6。今测得 E_{AB}(1 085.5 ℃，0 ℃)为 5.622 mV，已知 E_{AC}(1 084.5 ℃，0 ℃) = 13.937 mV，求 E_{BC}(1 084.5 ℃，0 ℃)为多少？

6. 用镍铬－镍硅热电偶测炉温时，其冷端温度 T_0 = 20 ℃，在直流电位差计上测得的热电势 $E_{AB}(T, 20\ ℃)$ 为 40.099 mV，试求炉温为多少？

第8章

光电式传感器

光电式传感器是能将光能转换为电能的一种器件，简称光电器件。它的物理基础是光电效应。在现代测量与控制系统中，应用非常广泛。

用光电器件测量非电量时，首先要将非电量的变化转换为光量的变化，然后通过光电器件的作用，就可以将非电量的变化转换为电量的变化了。

在光线作用下使物体的电子逸出表面的现象称为外光电效应，如光电管、光电倍增管就属于这类光电器件。在光线作用下能使物体电阻率改变的现象称为内光电效应，如光敏电阻等属于这类光电器件。在光线作用下能使物体产生一定方向的电动势的现象，称为阻挡层光电效应，如光电池、光敏晶体管等属于这类光电器件。阻挡层光电效应即光生伏特效应。

由于光电元件响应快、结构简单，而且有较高的可靠性等优点，在自动测试中得到了广泛的应用。

8.1 光　电　管

光电管的结构如图8.1所示。在一个真空的玻璃泡内装有两个电极：光电的阴极和阳极。光电阴极有的是贴附在玻璃泡内壁，有的是涂在半回筒形的金属片上，阴极对光敏感的一面是向内的，在阴极前装有单根金属丝或环状的阳极。当阴极受到适当波长的光线照射时便发射电子，电子被带正电位的阳极所吸引，这样在光电管内就有电子流，在外电路中便产生了电流。

当光通量一定时，阳极电压与阳极电流的关系，叫作光电管的伏安特性曲线（见图8.2），光电管的工作点应选在光电流与阳极电压无关的区域内。

除真空光电管外，还有一种充气光电管，它的构造和真空光电管基本相同，所不同的仅仅是在玻璃泡内充以少量的惰性气体，如氩或氖。当光电极被光照射而发射电子时，光电子在趋向阳极的途中将撞击惰性气体的原子，使其电离，从而使阳极电流急速增加，提高了光电管的灵敏度。图8.3给出了充气光电管的伏安特性曲线。充气光电管的优点是灵敏度高，但其灵敏度随电压变化的稳定性、频率特性等都比真空光电管差。所以在测试中一般是选择真空光电管。

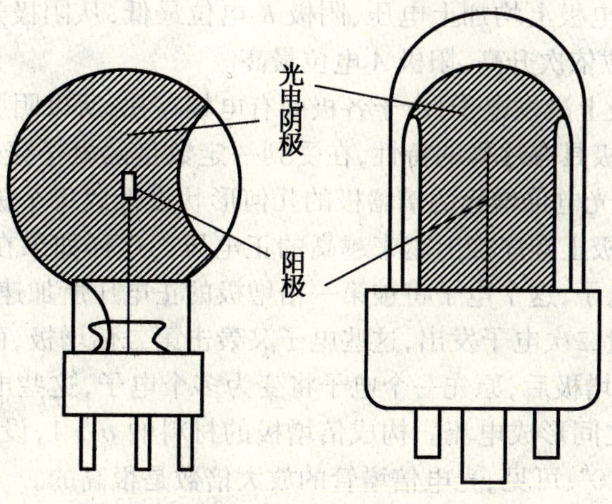

图8.1 光电管的结构

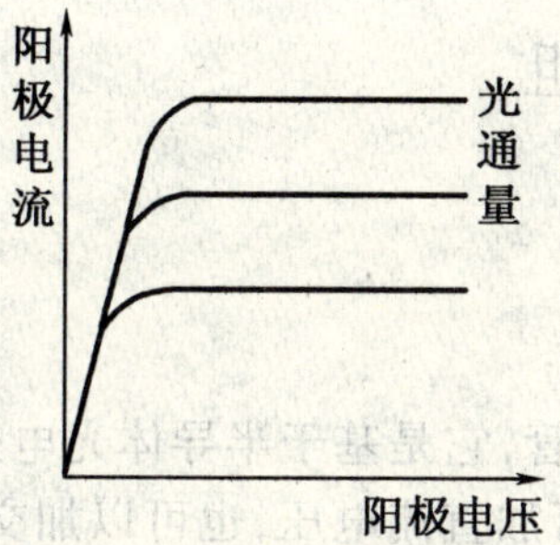

图8.2 真空光电管的伏安特性

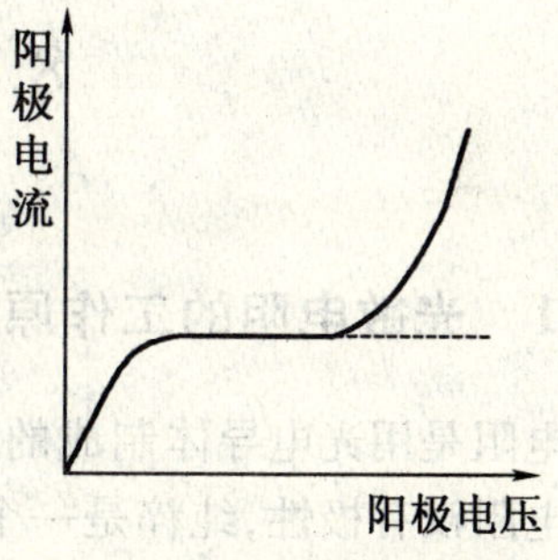

图8.3 充气光电管的伏安特性

8.2 光电倍增管

在入射光极为微弱时,光电管能产生的光电流就很小。在这种情况下,即使光电流能被放大,但信号与噪声同时也被放大了,为了克服这个缺点,就要采用光电倍增管。

图8.4为光电倍增管示意图。它由光电阴极、若干倍增极和阳极三部分组成。光电阴极是由半导体光电材料锑制造的,入射光就在它上面打出光电子。倍增极数目在4~14个不等。在各倍增极上加上一定的电压。阳极收集电子,外电路形成电流输出。

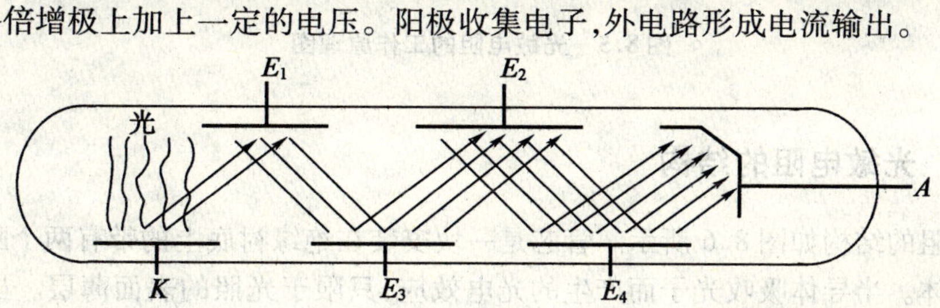

图8.4 光电倍增管示意图

工作时，各个倍增电极上均加上电压，阴极 K 电位最低，从阴极开始的各个倍增极 E_1，E_2，E_3，E_4（或更多）电位依次升高，阳极 A 电位最高。

入射光在光电阴极上激发电子，由于各极间有电场存在，所以阴极激发电子被加速轰击第一倍增极，这些倍增极具有这样的特性，在受到一定数量的电子轰击后，能放出更多的电子，称为“二次电子”。光电倍增管的倍增极的几何形状设计成每个极都能接受前一极的二次电子，而在各个倍增极上顺序加上越来越高的正电压。这样如果在光电阴极上由于入射光的作用发射出一个电子，这个电子将被第一倍增极的正电压所加速而轰击第一倍增极，设这时第一倍增极有少量二次电子发出，这些电子又轰击第二倍增极，而其产生的二次电子又增加 σ 倍，经过 n 个倍增极后，原先一个电子将变为多个电子，这些电子最后被阳极所收集而在光电阴极与阳极之间形成电流。构成倍增极的材料的 $\sigma>1$，设 $\sigma=4$，在 $n=10$ 时，则放大倍数为 $\sigma^n=4^{10}\sim10^6$，可见，光电倍增管的放大倍数是很高的。

光电倍增管的伏安特性曲线的形状与光电管很相似，其他特性也基本相同。

8.3　光敏电阻

8.3.1　光敏电阻的工作原理

光敏电阻是用光电导体制成的光电器件，又称光导管，它是基于半导体光电效应工作的。光敏电阻没有极性，纯粹是一个电阻器件，使用时可加直流电压，也可以加交流电压。图 8.5 为光敏电阻的工作原理图。当无光照时，光敏电阻值（暗电阻）很大，电路中电流很小。当光敏电阻受到一定波长范围的光照时，它的阻值（亮电阻）急剧减少，因此电路中电流迅速增加。

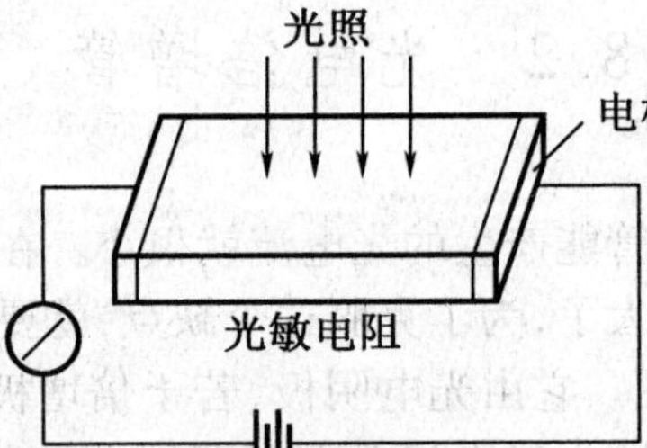

图 8.5　光敏电阻的工作原理图

8.3.2　光敏电阻的结构

光敏电阻的结构如图 8.6 所示。管芯是一块安装在绝缘衬底上的带有两个欧姆接触电极的光电导体。半导体吸收光子而产生的光电效应，只限于光照的表面薄层。虽然产生的载流子也有少数扩散到内部去，但深入厚度有限，因此光电导体一般都做成薄层。为了获得很高的灵敏度，光敏电阻的电极一般采用梳状（见图 8.7）。这种梳状电极，由于在间距很近的电极之间有可能采用大的极板面积,所以提高了光敏电阻的灵敏度。

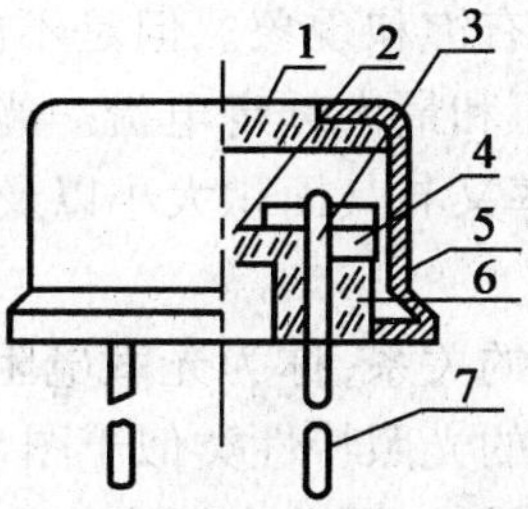

图 8.6 光敏电阻的结构图

1—玻璃;2—光电导层;3—电极;4—绝缘衬底;5—金属壳;6—黑色绝缘玻璃;7—引线

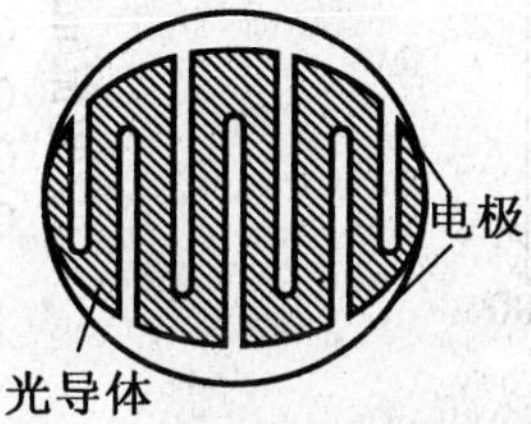

图 8.7 光敏电阻的电极图案

光敏电阻的灵敏度易受潮湿的影响,因此要将光电导体严密封装在带有玻璃的壳体中。

光敏电阻具有很高的灵敏度和很好的光谱特性,光谱响应从紫外区一直到红外区。而且体积小、重量轻、性能稳定。因此在自动化技术中得到了广泛的应用。

8.3.3 光敏电阻的主要参数

1. 暗电阻

光敏电阻在室温条件下,在全暗后经过 定时间测量的电阻值,称为暗电阻。此时流过的电流,称为暗电流。

2. 亮电阻

光敏电阻在某一光照下的阻值,称为该光照下的亮电阻,此时流过的电流称为亮电流。

3. 光电流

亮电流与暗电流之差,称为光电流。光敏电阻的暗电阻越大,亮电阻越小,则其性能越好。也就是说,暗电流要小,光电流要大,这样光敏电阻的灵敏度就高。实际上,大多数光敏电阻的暗电阻往往超过一兆欧,甚至高达 100 MΩ,而亮电阻即使在正常白昼条件下也可降到 1k 以下,可见光敏电阻的灵敏度是相当高的。

8.3.4 光敏电阻的基本特性

1. 伏安特性

在一定照度下,光敏电阻两端所加的电压与光电流之间的关系,称为伏安特性(见图8.8)。

由曲线可知,在给定的电压情况下,光照度越大,光电流也就越大;在一定光照度下,所加的电压越大,光电流越大,而且没有饱和现象。但是不能无限制地提高电压,任何光敏电阻都有最大额定功率、最高工作电压和最大额定电流。光敏电阻的最高工作电压是由耗散功率决定的,而光敏电阻的耗散功率又与其面积大小以及散热条件等因素有关。

2. 光照特性

光敏电阻的光电流与光强之间的关系,称为光敏电阻的光照特性。不同类型的光敏电阻,光照特性不同,但多数光敏电阻的光照特性类似于图 8.9 所示曲线形状。

由于光敏电阻的光照特性呈非线性,因此它不宜作为测量元件,一般在自动控制系统中常用作开关式光电信号传感元件。

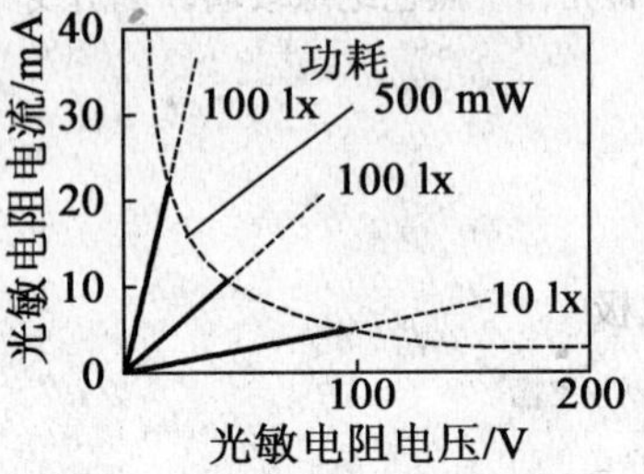

图 8.8　硫化镉光敏电阻的伏安特性曲线

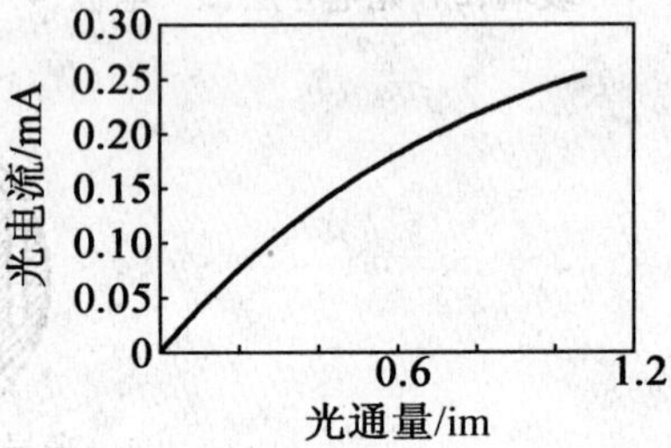

图 8.9　光敏电阻的光照特性曲线

3. 光谱特性

光敏电阻对不同波长的光,其灵敏度是不同的,图 8.10 为硫化镉、硫化铅和硫化铊光敏电阻的光谱特性曲线。从图中可以看出,硫化镉光敏电阻的光谱响应峰值在可见光区域,而硫化铅的峰值在红外区域。因此,在选用光敏电阻时,应该根据光源来考虑,这样才能得到较好的效果。

4. 响应时间和频率特性

实践证明,光敏电阻受到脉冲光照射时,光电流并不立刻上升到最大饱和值,而光照去掉后,光电流也并不立刻下降到零。这说明光电流的变化对于光的变化,在时间上有一个滞后,这就是光电导的弛豫现象,它通常用响应时间 t 表示。响应时间又分为上升时间 t_1 和下降时间 t_2(见图 8.11)。

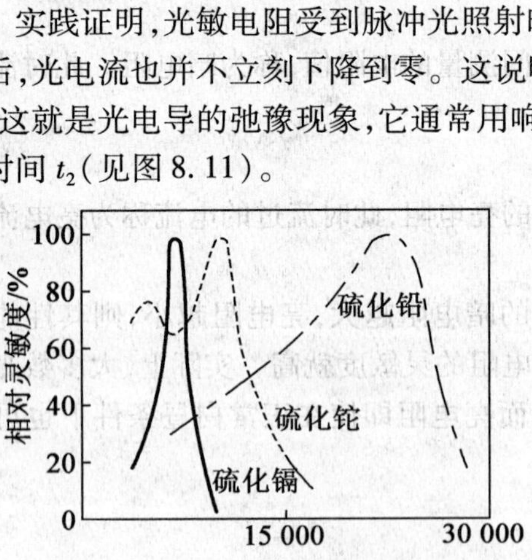

图 8.10　光敏电阻的光谱特性曲线

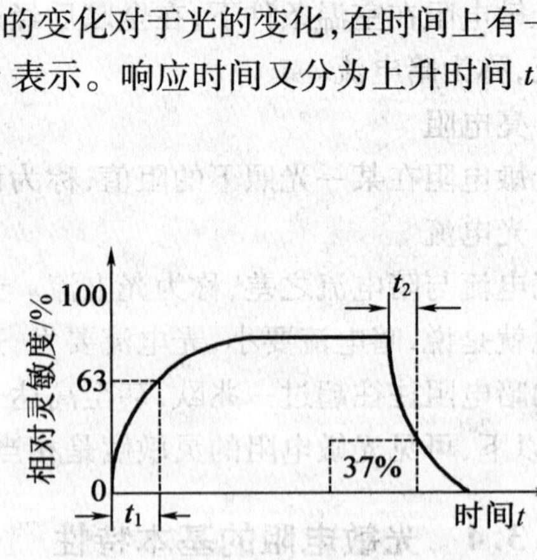

图 8.11　光敏电阻的时间响应曲线

上升和下降时间是表征光敏电阻性能的重要参数之一。上升和下降时间短,表示光敏电阻的惰性小,对光信号响应快。一般光敏电阻的响应时间都较大(约几十 ~ 几百毫秒)。

光敏电阻的响应时间除了与元件的材料有关外，还与光照的强弱有关，光照越强，响应时间越短。

由于不同材料的光敏电阻具有不同的响应时间，所以它们的频率特性也就不尽相同了（见图 8.12）。

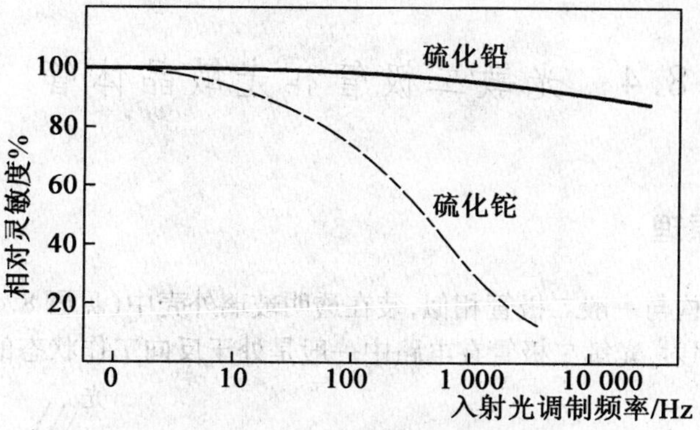

图 8.12　光敏电阻的频率特性曲线

5. 温度特性

光敏电阻也和其他半导体器件一样，受温度的影响较大。当温度升高时，它的暗电阻和灵敏度都下降。图 8.13 为硫化镉光敏电阻在光照一定时的温度特性曲线。

光敏电阻的温度特性一般用温度系数 α 来表示。温度系数定义为：在一定光照下，温度每变化 1 ℃时，光敏电阻阻值的平均变化率，它可用下式计算：

$$\alpha = \frac{R_2 - R_1}{(T_2 - T_1)R_2} \times 100\% \tag{8.1}$$

式中　R_1——在一定光照下，温度为 T_1 时的阻值；

R_2——在一定光照下，温度为 T_2 时的阻值。

显然，光敏电阻的温度系数越小越好，但不同材料的光敏电阻，温度系数是不同的。

温度不仅影响光敏电阻的灵敏度，同时对光谱特性也有很大影响。图 8.14 为硫化铅光敏电阻的光谱温度特性曲线。由图可见，随着温度升高，光谱响应峰值向短波方向移动。因此，采取降温措施，可以提高光敏电阻对长波光的响应。

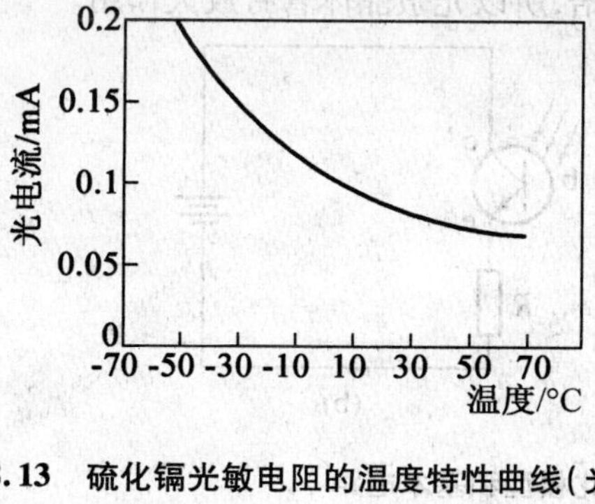

图 8.13　硫化镉光敏电阻的温度特性曲线（光照一定）

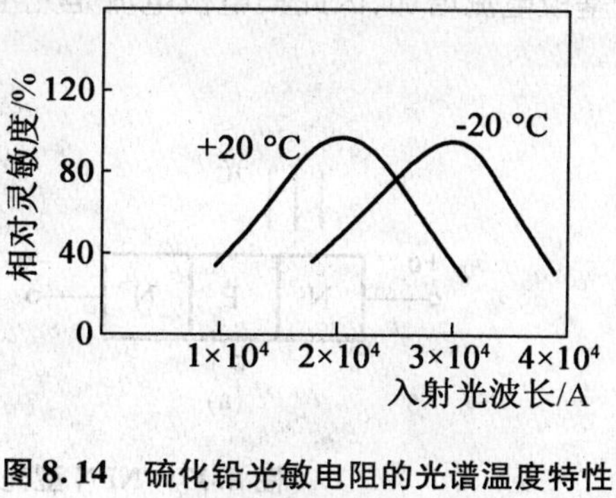

图 8.14　硫化铅光敏电阻的光谱温度特性

6. 稳定性

初制成的光敏电阻,由于其内部组织的不稳定性以及其他原因,光电特性是不稳定的。当受到光照和外接负载后,其灵敏度有明显下降。在人为地加温、光照和加负载情况下,经过一至两个星期的老化,光电性能逐渐趋向稳定以后就基本上不变了。

8.4 光敏二极管和光敏晶体管

8.4.1 工作原理

光敏二极管的结构与一般二极管相似,装在透明玻璃外壳中(见图 8.15),它的 PN 结装在管顶,可直接受到光照射,光敏二极管在电路中一般是处于反向工作状态的,如图8.16所示。

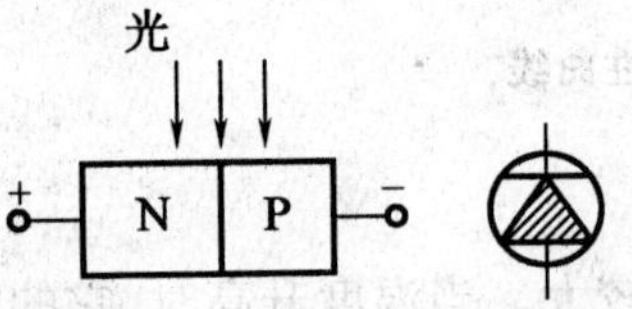

图 8.15　光敏二极管结构简化模型和符号

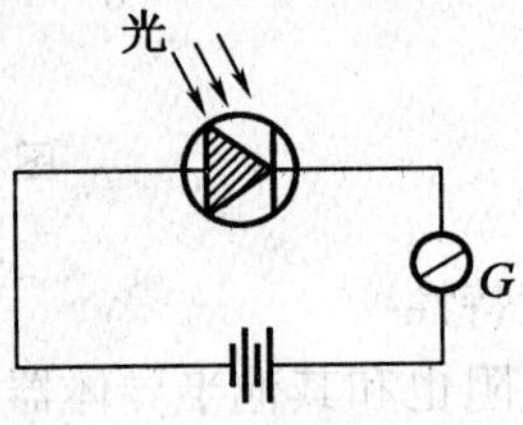

图 8.16　光敏二极管在电路中的接法

光敏二极管在电路处于反向偏置,在没有光照射时,反向电阻很大,反向电流很小,这个反向电流称为暗电流。当光照射在 PN 结上,光子打在 PN 结附近,使 PN 结附近产生光生电子和光生空穴对,使少数载流子的浓度大大增加,因此通过 PN 结的反向电流也随之增加。如果入射光照度变化,光生电子 - 空穴对的浓度也相应变动,通过外电路的光电流强度也随之变动,可见光敏二极管能将光信号转换为电信号输出。

光敏晶体管与一般晶体管很相似,具有两个 PN 结。它在把光信号转换为电信号的同时,又将信号电流加以放大。图 8.17 所示为 NPN 型光敏晶体管的结构简化模型和基本电路。当集电极加上相对于发射极为正的电压而不接基极时,基极 - 集电极结就是反向电压。当光照射在基 - 集结上时,就会在结附近产生电子 - 空穴对,从而形成光电流,输入到晶体管的基极,由于基极电流增加,因此集电极电流是光生电流的 β 倍,所以光敏晶体管有放大作用。

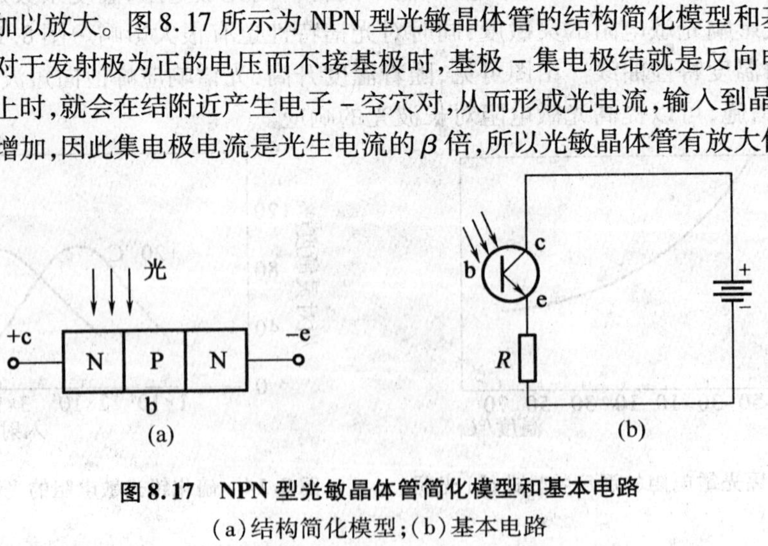

图 8.17　NPN 型光敏晶体管简化模型和基本电路

(a)结构简化模型;(b)基本电路

光敏晶体管的结构与普通晶体管十分相似,不同的是光敏晶体管的基极往往不接引线。实际上许多光敏晶体管仅在集电极和发射极两端有引线,尤其是硅平面光敏晶体管,因为其泄漏电流很小(小于 10^{-9}A),因此一般不具备基极外接点。

8.4.2　基本特性

1. 光谱特性

光敏二极管和晶体管的光谱特性曲线如图 8.18 所示。从曲线可以看出,当入射光的波长增加时,相对灵敏度要下降,这是容易理解的,因为光子能量太小,不足以激发电子空穴对。当入射光的波长缩小时,相对灵敏度也下降,这是由于光子在半导体表面附近就被吸收,透入深度小,在表面激发的电子空穴对不能达到 PN 结,因而灵敏度下降。由图可知,硅光敏管(含二极管和晶体管,以下同)的响应光谱的长波为 1 100 nm,锗为 1 800 nm,而短波分别在 400 和 500 nm 附近。两者的峰值波长约为 900 nm 和 1 500 nm,因为锗管的暗电流较大,因此性能较差,故在可见光或探测赤热状态物体时,一般都用硅管。但在红外光进行探测时,则锗管较为适宜。

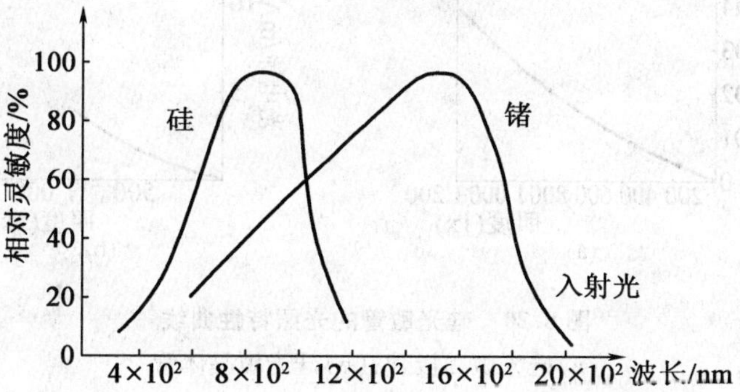

图 8.18　硅和锗光敏二极(晶体)管的光谱特性曲线

2. 伏安特性

图 8.19 为硅光敏晶体管在不同照度下的伏安特性曲线。由图 8.19 可见,光敏晶体管的光电流比相同管型的二极管大上百倍。此外在零偏压时,二极管仍有光电流输出,而晶体管则没有。

3. 光照特性

图 8.20 为硅光敏晶体管的光照特性曲线。从图看出,光敏二极管的光照特性曲线的线性较好,而晶体管在照度较小时,光电流随照度增加较小,而在大电流(光照度为几千勒克斯)时有饱和现象(图中未画出),这是由于晶体管的电流放大倍数在小电流和大电流时都要下降的缘故。

4. 温度特性

光敏晶体管的温度特性是指其暗电流及光电流与温度的关系,见图 8.21 所示。从特性曲线可以看出,温度变化对光电流影响很小,而对暗电流影响很大。

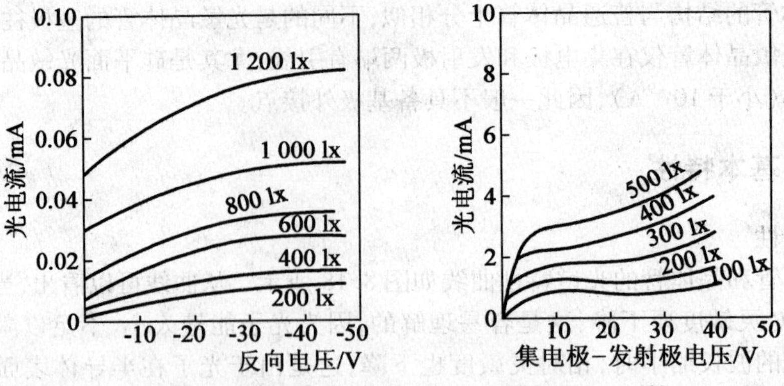

(a)　　(b)

图 8.19　硅光敏管的伏安特性曲线

(a)硅光敏二极管;(b)硅光敏晶体管

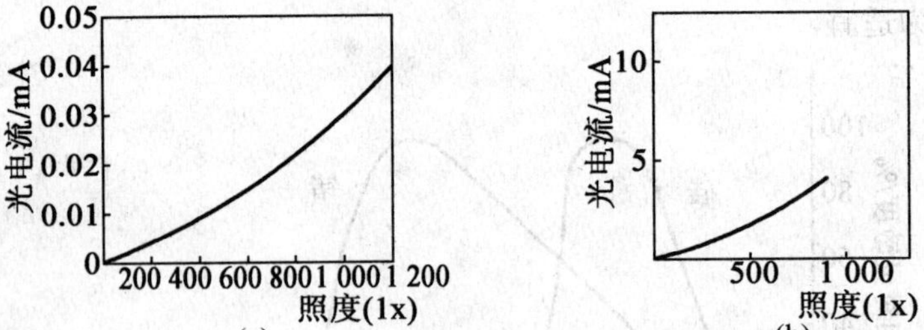

(a)　　(b)

图 8.20　硅光敏管的光照特性曲线

(a)硅光敏二极管;(b)硅光敏晶体管

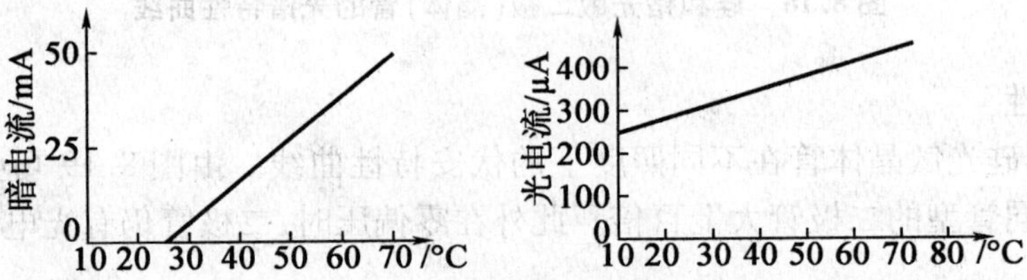

(a)　　(b)

图 8.21　光敏晶体管的温度特性曲线

5. 频率响应

光敏管的频率响应是指具有一定频率的调制光照射时,光敏管输出的光电流(或负载上的电压)随频率的变化关系。光敏管的频率响应与本身的物理结构、工作状态、负载以及入射光波长等因素有关。图 8.22 为硅光敏晶体管的频率响应曲线。对于锗管,入射光的调制频率要求在 5 000 Hz 以下,硅管的频率响应要比锗管好。实验证明,光敏晶体管的截止频率和它的基区厚度成反比关系。要截止频率高,基区就要薄,但这会使光电灵敏度下降。

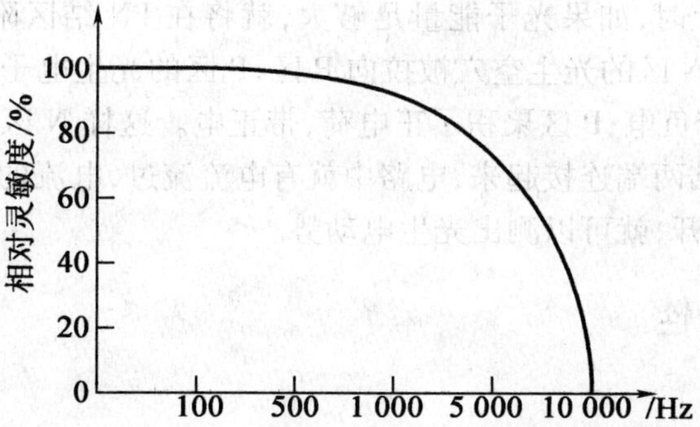

图 8.22　硅光敏晶体管频率响应曲线

8.5　光　电　池

光电池在有光线作用下实质上就是电源,电路中有了这种器件就不再需要外加电源。

光电池的种类很多,有硒光电池、氧化亚铜光电池、锗光电池、硅光电池、砷化镓光电池等。其中最受重视的是硅光电池,因为它有稳定性好、光谱范围宽、频率特性好、换能效率高、耐高温辐射等一系列优点。

8.5.1　工作原理

光电池是一种直接将光能转换为电能的光电器件,它是一个大面积的 PN 结。当光照射到 PN 结上时,便在 PN 结的两端产生电动势(P 区为正,N 区为负)。如果在 P 结两端装上电极,用一只内阻极高的电压表接在两个电极上,就可发现 P 区端和 N 区端之间存在着电势差。如果用导线把 P 区端与 N 区端连接起来,导线中串接一只电流表(见图 8.23),电流表中就有电流流过。为什么 PN 结会产生光生伏特效应呢?我们知道,当 N 型半导体和 P 型半导体结合在一起构成一块晶体时,由于热运动,N 区中的电子就向 P 区扩散。而 P 区中的空穴则向 N 区扩散,结果在 P 区靠近交界处聚集起较多的电子,而在 N 区靠近交界处聚集起较多的空穴,于是在过渡区形成一个电场。电场的方向是由 N 区指向 P 区,这个电场阻止电子进一步由 N 区向 P 区扩散和空穴进一步由 P 区向 N 区扩散,但是却能推动 N 区中的空穴(少数载流子)和 P 区中的电子(也是少数载流子)分别向对方运动。

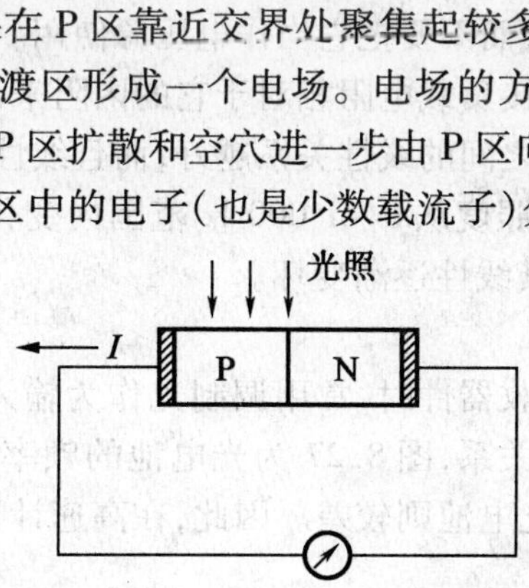

图 8.23　光电池工作原理示意图

当光照到 PN 结上时,如果光子能量足够大,就将在 PN 结区附近激发电子-空穴对。在 PN 结电场作用下,N 区的光生空穴被拉向 P 区,P 区的光生电子被拉向 N 区。结果在 N 区就聚积了负电荷,带负电;P 区聚积了正电荷,带正电。这样 N 区和 P 区之间就出现了电位差。用导线将 PN 结两端连接起来,电路中就有电流流过,电流的方向由 P 区流经外电路至 N 区。若将电路断开,就可以测出光生电动势。

8.5.2 基本特性

1. 光谱特性

光电池对不同波长的光,灵敏度是不同的。图 8.24 为硅光电池和硒光电池的光谱特性曲线。从图中可知,不同材料的光电池,光谱响应峰值所对应的入射光波长是不同的,硅光电池的光谱响应峰值在 800 nm。附近,而硒光电池的光谱响应峰值在 500 nm 附近。硅光电池的光谱响应波长范围从 400 ~ 1 200 nm,而硒光电池只能在 38 ~ 750 nm 范围。可见硅光电池可以在很宽的波长范围内得到应用。

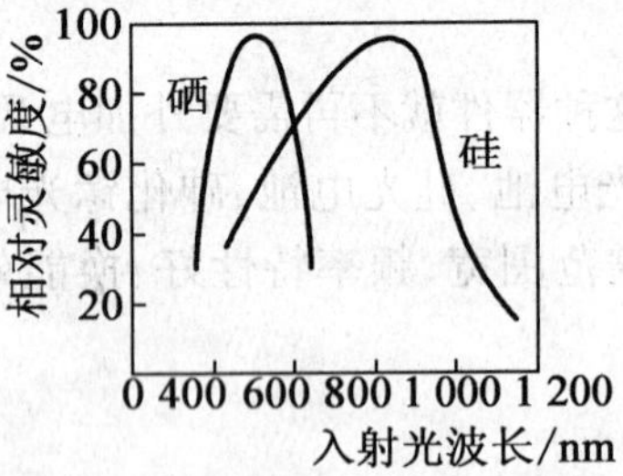

图 8.24 光电池的光谱特性曲线

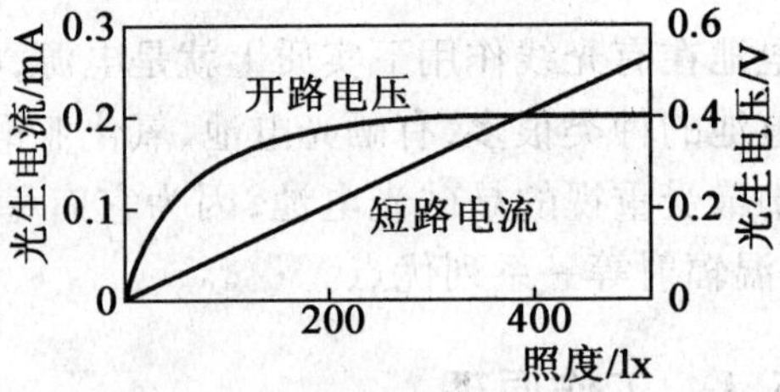

图 8.25 硅光电池的开路电压和短路电流的关系曲线

2. 光照特性

光电池在不同光照度下,光电流和光生电动势是不同的。图 8.25 为硅光电池的开路电压和短路电流与光照的关系曲线。由图可见,短路电流在很大范围内与光照度成线性关系;开路电压(负载电阻 R_L 无限大时)与光照度的关系是非线性的,而且在光照 2 000 lx 时就趋向饱和了。因此光电池作为测量元件使用时,应把它当作电流源的形式来使用,利用短路电流与光照度成线性关系的优点,而不要把它当作电压源使用。

光电池的短路电流是指外接负载电阻相对于它的内阻来说是很小时的电流值。从实验可知,负载越小,光电流与照度之间的线性关系越好,而且线性范围越宽(见图 8.26)。实验证明,当负载电阻为 100 Ω 时,照度从 0 ~ 1 000 lx 范围内变化时,光照特性还是比较好的,而负载电阻超过 200 Ω 以上,其线性逐渐变坏。

3. 频率响应

光电池作为测量、计算、接收器件时,常用调制光作为输入。光电池的频率响应就是指输出电流随调制光频率变化的关系,图 8.27 为光电池的频率响应曲线。由图可知,硅光电池具有较高的频率响应,而硒光电池则较差。因此,在高速计数的光电转换中一般采用硅光电池。

4. 温度特性

光电池的温度特性是指开路电压和短路电流随温度变化的关系。由于它关系到应用光电池的仪器设备的温度漂移,影响到测量精度或控制精度等重要指标。因此,温度特性是光电池的重要特性之一。

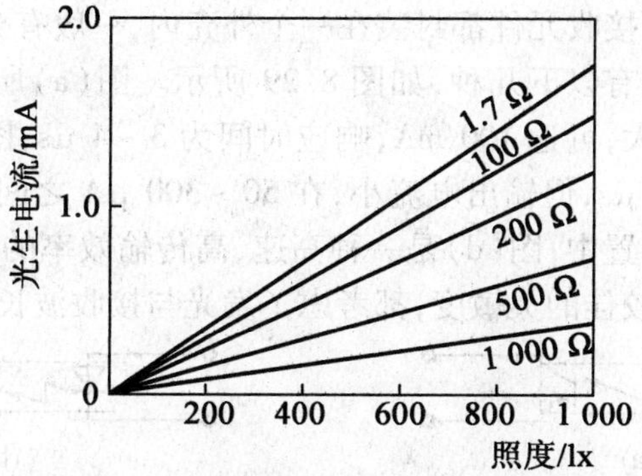

图 8.26　硅光电池在不同负载情况下的光照特性

图 8.28 为硅光电池在 1 000 1x 照度下的温度特性曲线。由图可知,开路电压随温度上升而下降很快,当温度上升 1 ℃时,开路电压约降低了 3 mV,这个变化是比较大的,但短路电流随温度的变化却是缓慢增加的,温度每升高 1 ℃,短路电流只增加 2×10^{6} A。

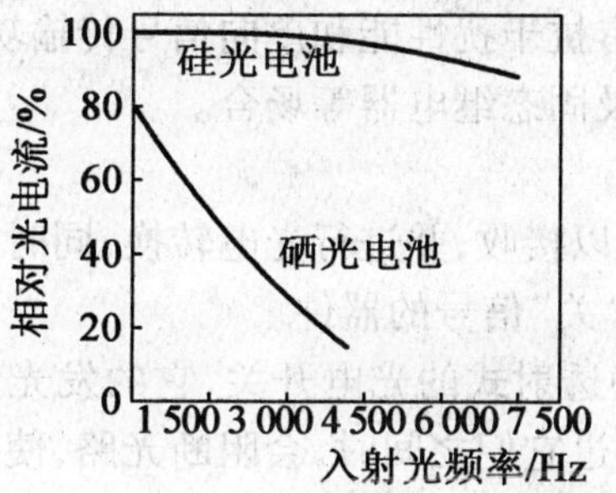

图 8.27　硅光电池的频率特性曲线

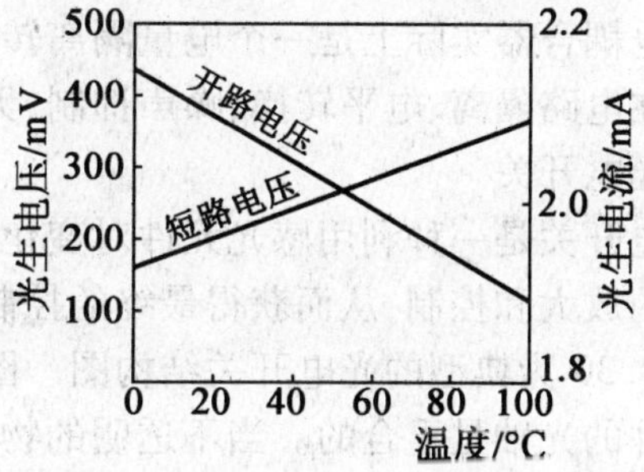

图 8.28　硅光电池的温度特性曲线(照度 1 000 lx)

由于温度对光电池的工作有很大影响,因此当它作为测量器件应用时,最好能保证温度恒定或采取温度补偿措施。

5. 稳定性

当光电池密封良好、电极引线可靠、应用合理时,光电池的性能是相当稳定的,使用寿命很长,而硅光电池的性能比硒光电池更稳定。光电池的性能和寿命除了与光电池的材料及制造工艺有关外,在很大程度上还与使用环境条件有密切的关系。如在高温和强光照射下,会使光电池的性能变坏,而且降低使用寿命,这在使用中要特别注意。

8.6　光电耦合器件

光电耦合器件是由发光元件(如发光二极管)和光电接收元件合并使用,以光作为媒介传递信号的光电器件。光电耦合器中的发光元件通常是半导体的发光二极管,光电接收元件有光敏电阻、光敏二极管、光敏三极管或光可控硅等。根据其结构和用途不同,又可分为用于实现电隔离的光电耦合器和用于检测有无物体的光电开关。

1. 光电耦合器

光电耦合器的发光和接收元件都封装在一个外壳内，一般有金属封装和塑料封装两种。耦合器的组合形式常见的有以下几种，如图 8.29 所示。图(a)所示的组合形式结构简单、成本较低，且输出电流较大，可达 100 mA，响应时间为 3 ~ 4 μs；图(b)形式结构简单，成本较低、响应时间快，约为 1 μs，但输出电流小，在 50 ~ 300 μA 之间；图(c)形式传输效率高，但只适用于较低频率的装置中；图(d)是一种高速、高传输效率的新颖器件。对图中所示无论何种形式，为保证其有较佳的灵敏度，都考虑了发光与接收波长的匹配。

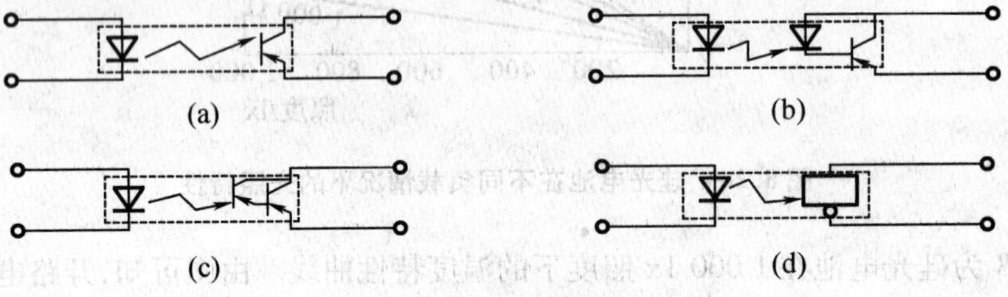

图 8.29 光电耦合器组合形式

光电耦合器实际上是一个电量隔离转换器，它具有抗干扰性能和单向信号传输功能，广泛应用在电路隔离、电平转换、噪声抑制、无触点开关及固态继电器等场合。

2. 光电开关

光电开关是一种利用感光元件对变化的入射光加以接收，并进行光电转换，同时加以某种形式的放大和控制，从而获得最终的控制输出“开”“关”信号的器件。

图 8.30 为典型的光电开关结构图。图(a)是一种透射式的光电开关，它的发光元件和接收元件的光轴是重合的。当不透明的物体位于或经过它们之间时，会阻断光路，使接收元件接收不到来自发光元件的光，这样起到检测作用。图(b)是一种反射式的光电开关，它的发光元件和接收元件的光轴在同一平面且以某一角度相交，交点一般即为待测物所在处。当有物体经过时，接收元件将接收到从物体表面反射的光，没有物体时则接收不到。光电开关的特点是小型、高速、非接触，而且与 TTL，MOS 等电路容易结合。

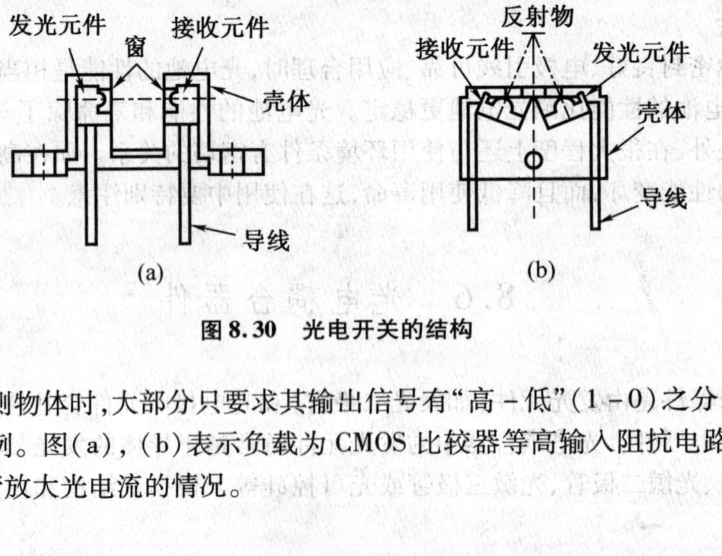

图 8.30 光电开关的结构

光电开关检测物体时，大部分只要求其输出信号有“高 - 低”(1 - 0)之分即可。图8.31 是基本电路的示例。图(a)，(b)表示负载为 CMOS 比较器等高输入阻抗电路时的情况，图(c)表示用晶体管放大光电流的情况。

光电开关广泛应用于工业控制、自动化包装线及安全装置中，作为光控制和光探测装置，可在自控系统中作物体检测、产品计数、料位检测、尺寸控制、安全报警及计算机输入接口等用途。

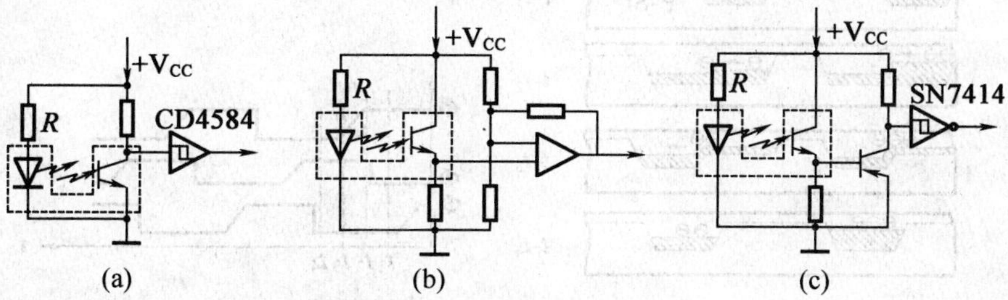

图 8.31　光电开关的基本电路

8.7 电荷耦合器件

电荷耦合器件（Charge Couple Device，简称 CCD）是一种金属氧化物半导体（MOS）集成电路器件。它是以电荷作为信号，基本功能是进行电荷的存储和电荷的转移。CCD 自 1970 年问世以来，由于其独特的性能而发展迅速，广泛应用于自动控制和自动测量，尤其适用于图像识别技术。

1. CCD 原理

构成 CCD 的基本单元是 MOS 电容器，如 8.32(a) 所示。与其他电容器一样，MOS 电容器能够存储电荷。如果 MOS 电容器中的半导体是 P 型硅，当在金属电极上施加一个正电压时，在其电极下形成所谓耗尽层，由于电子在那里势能较低，即形成了电子的势阱，如图 8.32(b) 所示，成为蓄积电荷的场所。CCD 的最基本结构是一系列彼此非常靠近的 MOS 电容器，这些电容器用同一半导体衬底制成，衬底上面覆盖一层氧化层，并在其上制作许多金属电极，各电极按三相（也有二相和四相）配线方式连接。图 8.33 为三相 CCD 时钟电压与电荷转移关系。当电压从 Φ_1 相移到 Φ_2 相时，Φ_1 相电极下势阱消失，Φ_2 相电极下形成势阱。这样储存于 Φ_1 相电极下势阱中的电荷移到邻近的 Φ_2 相电极下势阱中，实现电荷的耦合与转移。

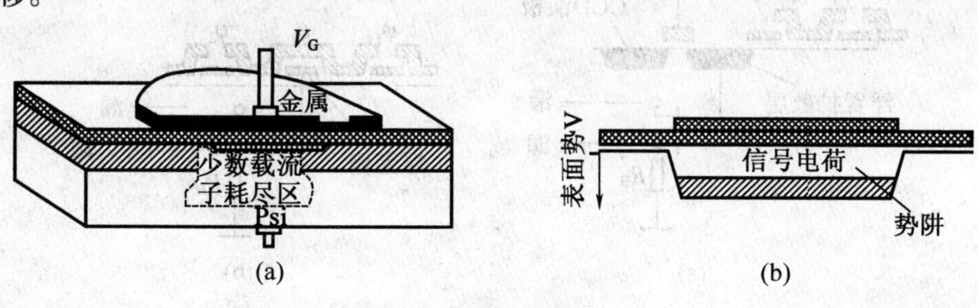

图 8.32　MOS 电容器

(a)单个 MOS 电容器截面；(b)势阱图

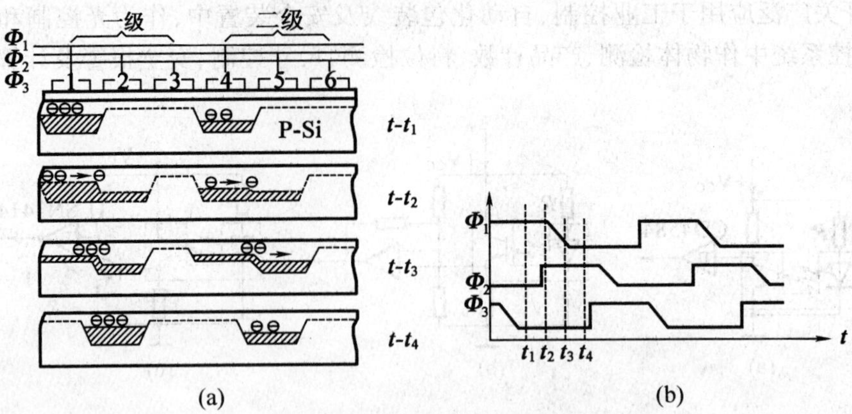

图 8.33　三相 CCD 时钟电压与电荷转移关系

(a)势阱耦合与电荷转移;(b)控制时钟波形

CCD 的信号是电荷,那么信号电荷是怎样产生的呢? CCD 的信号电荷产生有两种方式:光信号注入和电信号注入。CCD 用作固态图像传感器时,接收的是光信号,即光信号注入法。当光信号照射到 CCD 硅片表面时,在栅极附近的半导体体内产生电子－空穴对,其多数载流子(空穴)被排斥进入衬底,而少数载流子(电子)则被收集在势阱中,形成信号电荷,并存储起来。存储电荷的多少正比于照射的光强。所谓电信号注入就是 CCD 通过输入结构对信号电压或电流进行采样,将信号电压或电流转换为信号电荷。

CCD 输出端有浮置扩散输出端和浮置栅极输出端两种形式,如图 8.34 所示。

浮置扩散输出端是信号电荷注入末级浮置扩散的 PN 结之后,所引起的电位改变作用于 MOS · FET 的栅极。这一作用结果必然调制其源－漏极间电流,这个被调制的电流即可作为输出。当信号电荷在浮置栅极下方通过时,浮置栅极输出端电位必然改变,检测出此改变值即为输出信号。

通过上述的 CCD 工作原理可看出,CCD 器件具有存储、转移电荷和逐一读出信号电荷的功能。因此 CCD 器件是固体自扫描半导体摄像器件,有效地应用于图像传感器。

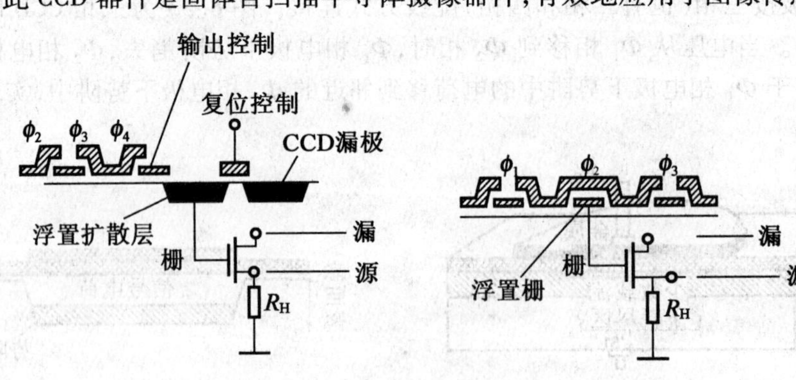

图 8.34　CCD 的输出端形式

(a)浮置扩散式;(b)浮置栅极式

2. CCD 的应用(CCD 固态图像传感器)

电荷耦合器件用于固态图像传感器中,作为摄像或像敏的器件。

CCD 固态图像传感器由感光部分和移位寄存器组成。感光部分是指在同一半导体衬底上布设的若干光敏单元组成的阵列元件,光敏单元简称“像素”。固态图像传感器利用光敏单元的光电转换功能将投射到光敏单元上的光学图像转换成电信号“图像”,即将光强的空间分布转换为与光强成比例的、大小不等的电荷包空间分布,然后利用移位寄存器的移位功能将电信号“图像”转送,经输出放大器输出。

根据光敏元件排列形式的不同,CCD 固态图像传感器可分为线型和面型两种。

(1)线型 CCD 图像传感器

线型 CCD 图像传感器结构如图 8.35 所示。光敏元件作为光敏像素位于传感器中央,两侧设置 CCD 移位寄存器,在它们之间设有转移控制栅。在每一个光敏元件上都有一个梳状公共电极,在光积分周期里,光敏电极电压为高电平,光电荷与光照强度和光积分时间成正比,光电荷存储于光敏像敏单元的势阱中。当转移脉冲到来时,光敏单元按其所处位置的奇偶性,分别把信号电荷向两侧移位寄存器转送。同时,在 CCD 移位寄存器上加上时钟脉冲,将信号电荷从 CCD 中转移,由输出端一行行地输出。

线型 CCD 图像传感器可以直接接收一维光信息,不能直接将二维图像转变为视频信号输出,为了得到整个二维图像的视频信号,就必须用扫描的方法来实现。

线型 CCD 图像传感器主要用于测试、传真和光学文字识别技术等方面。

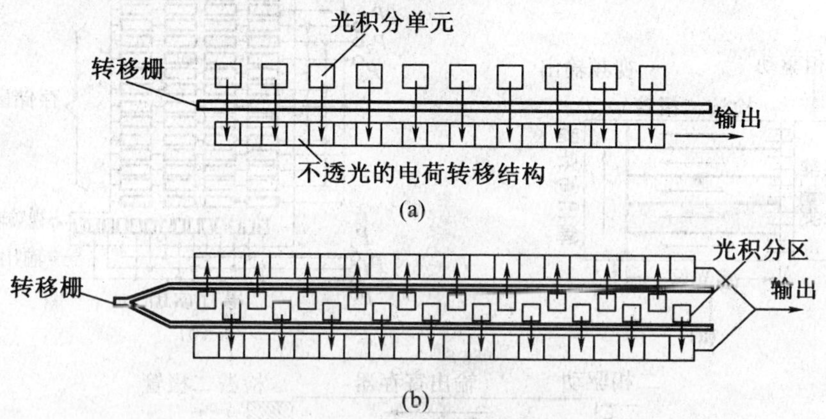

图 8.35　线型 CCD 图像传感器

(2)面型 CCD 图像传感器

按一定的方式将一维线型光敏单元及移位寄存器排列成二维阵列,即可以构成面型 CCD 图像传感器。面型 CCD 图像传感器有三种基本类型:线转移、帧转移和隔列转移,如图 8.36 所示。

图 8.36(a)为线转移面型 CCD 的结构图。它由行扫描电路、输出寄存器、感光区和输出寄存器组成。行扫描电路将光敏元件内的信息转移到水平(行)方向上,驱动脉冲将信号电荷一位位地按箭头方向转移,并移入输出寄存器,输出寄存器亦在驱动脉冲的作用下使信号电荷经输出端输出。这种转移方式具有有效光敏面积大、转移速度快、转移效率高等特点,但电路比较复杂,易引起图像模糊。

图 8.36(b)为帧转移面型 CCD 的结构图。它由光敏区(感光区)、信息存储区和水平读出寄存器三部分构成。图像成像到光敏区,当光敏区的某一相电极(如 P)加有适当的偏压时,光生电荷将被收集到这些光敏单元的势阱里,光学图像变成电荷包图像。当光积分周期结束时,信号电荷迅速转移到存储区中,经输出端输出一帧信息。当整帧视频信号自存储区移出后,就开始下一帧信号的形成。这种面型 CCD 的特点是结构简单,光敏单元密度高,但增加了存储区。

图 8.36(c)所示结构是用得最多的一种结构形式。它将一列光敏单元与一列存储单元交替排列。在光积分期间,光生电荷存储在感光区光敏单元的势阱里;当光积分时间结束,转移栅的电位由低变高,电荷信号进入存储区。随后,在每个水平回扫周期内,存储区中整个电荷图像一行一行地向上移到水平读出移位寄存器中,然后移位到输出器件,在输出端得到与光学图像对应的一行行的视频信号。这种结构感光单元面积减小,图像清晰,但单元设计复杂。

面型 CCD 图像传感器主要用于摄像机及测试技术。

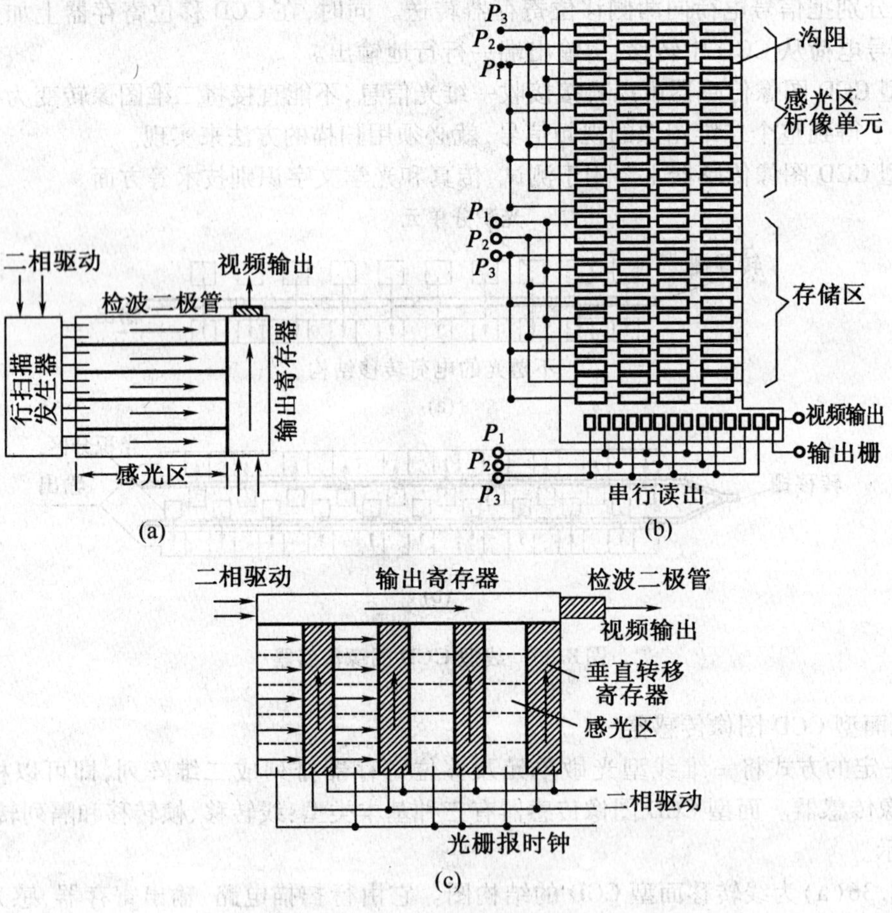

图 8.36　面型 CCD 图像传感器结构

(a)线转移型;(b)帧转移型;(c)隔离转移型

8.8 光纤传感器

8.8.1 概述

光纤传感器是20世纪70年代中期发展起来的一门新技术。它是伴随着光纤及光通信技术的发展而逐步形成的。

光纤传感器与传统的各类传感器相比有一系列优点,如不受电磁干扰,体积小,重量轻,可挠曲,灵敏度高,耐腐蚀,电绝缘、防爆性好,易与微机连接,便于遥测等。它能用于温度、压力、应变、位移、速度、加速度、磁、电、声和pH值等各种物理量的测量,具有极为广泛的应用前景。

光纤传感器可以分为两大类:一类是功能型(传感型)传感器;另一类是非功能型(传光型)传感器。功能型传感器是利用光纤本身的特性把光纤作为敏感元件,被测量对光纤内传输的光进行调制,使传输的光的强度、相位、频率或偏振态等特性发生变化,再通过对被调制过的信号进行解调,从而得出被测信号。非功能型传感器是利用其他敏感元件感受被测量的变化,光纤仅作为信息的传输介质。

光纤传感器所用光纤有单模光纤和多模光纤。单模光纤的纤芯直径通常为2~12 μm,很细的纤芯半径接近于光源波长的长度,仅能维持一种模式传播,一般相位调制型和偏振调制型的光纤传感器采用单模光纤;光强度调制型或传光型光纤传感器多采用多模光纤。为了满足特殊要求,出现了保偏光纤、低双折射光纤、高双折射光纤等。所以采用新材料研制特殊结构的专用光纤是光纤传感技术发展的方向。

8.8.2 光纤的结构和传输原理

1. 光纤的结构

光导纤维简称为光纤,目前基本上还是采用石英玻璃,其结构如图8.37所示。中心的圆柱体叫纤芯,围绕着纤芯的圆形外层叫作包层,纤芯和包层主要由不同掺杂的石英玻璃制成,纤芯的折射率略大于包层的折射率,在包层外面还常有一层保护套,多为尼龙材料,光纤的导光能力取决于纤芯和包层的性质,而光纤的机械强度由保护套维持。

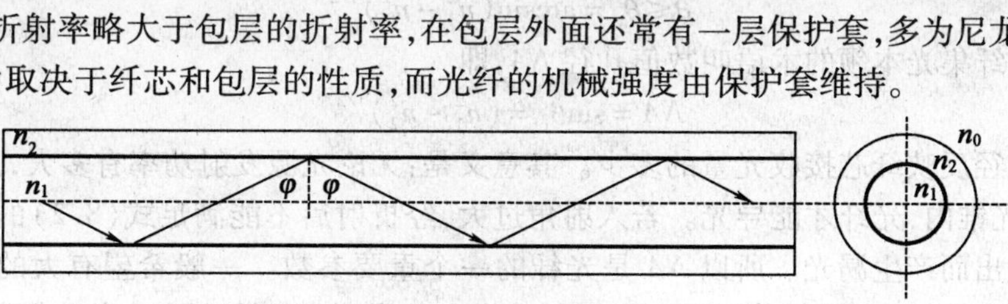

图8.37 光纤的结构

2. 光纤的传播原理

众所周知,光在空间是沿直线传播的。在光纤中,光的传输限制在光纤中,并随光纤能传送到很远的距离,光纤的传输是基于光的全内反射。

当光纤的直径比光的波长大很多时,可以用几何光学的方法来说明光在光纤内的传播。设有一段圆柱形光纤,如图8.38所示,它的两个端面均为光滑的平面。当光线射入一个端面并与圆柱的轴线成 θ 角时,根据斯涅耳光的折射定律,在光纤内折射成 θ,然后以 φ 角入射至纤芯与包层的界面。若要在界面上发生全反射,则纤芯与界面的光线入射角应大于临界角,即

$$\varphi \geqslant \varphi_c = \arcsin \frac{n_2}{n_1} \tag{8.2}$$

并在光纤内部以同样的角度反复逐次反射,直至传播到另一端面。

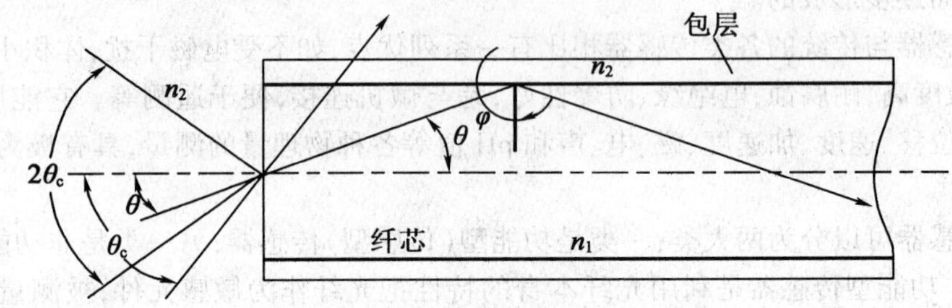

图8.38 光纤的传光原理

为满足光在光纤内的全内反射,光入射到光纤端面的临界入射角 θ_c 应满足下式:

$$n_0 \sin\theta_c = n_1 \sin\theta \tag{8.3}$$

而

$$n_1 \sin\theta = n_1 \sin\left(\frac{\pi}{2} - \varphi\right) = n_1 \cos\varphi = n_1 (1 - \sin^2\varphi)^{1/2} = (n_1^2 - n_2^2)^{1/2}$$

所以

$$n_0 \sin\theta_c = (n_1^2 - n_2^2)^{1/2} \tag{8.4}$$

实际工作时需要光纤弯曲,但只要满足全反射条件,光线仍继续前进。可见这里的光线"转弯"实际上是由光的全反射所形成的。

一般光纤所处环境为空气,则 $n_0 = 1$。这样在界面上产生全反射,在光纤端面上的光线入射角为

$$\theta \leqslant \theta_c = \arcsin(n_1^2 - n_2^2)^{1/2}$$

说明光纤集光本领的术语叫数值孔径 NA,即

$$NA = \sin\theta_c = (n_1^2 - n_2^2)^{1/2} \tag{8.5}$$

数值孔径反映纤芯接收光量的多少。其意义是:无论光源发射功率有多大,只有入射光处于 2θ 的光锥内,光纤才能导光。若入射角过大,经折射后不能满足式(8.2)的要求,光线便从包层逸出而产生漏光。所以 NA 是光纤的一个重要参数。一般希望有大的数值孔径,这有利于效率的提高,但数值孔径过大,会造成光信号畸变,所以要适当选择数值孔径的数值。

8.8.3 光纤传感器

光纤传感器由于其独特的性能而受到广泛重视,它的应用正在迅速地发展。下面我们

介绍几种主要的光纤传感器。

1. 光纤加速度传感器

光纤加速度传感器的组成结构如图 8.39 所示。它是一种简谐振子的结构形式。激光束通过分光板后分为两束光，透射光作为参考光束，反射光作为测量光束。当传感器感受加速度时，由于质量块 M 对光纤的作用，从而使光纤被拉伸，引起光程差的改变。相位改变的激光束由单模光纤射出后与参考光束会合产生干涉效应。激光干涉仪的干涉条纹的移动可由光电接收装置转换为电信号，经过处理电路处理后便可正确地测出加速度值。

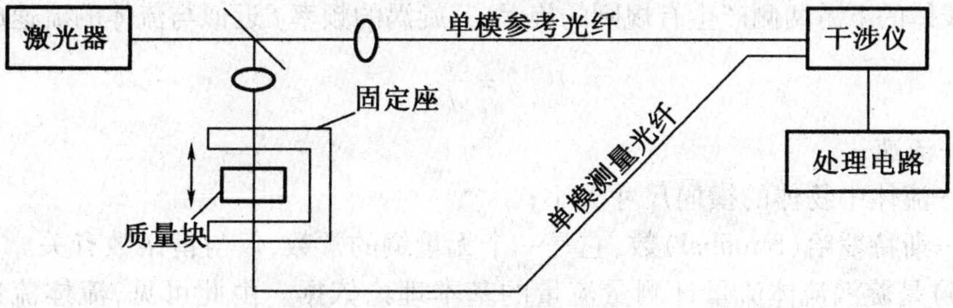

图 8.39　光纤加速度传感器结构简图

2. 光纤温度传感器

光纤温度传感器是目前仅次于加速度、压力传感器而广泛使用的光纤传感器。根据工作原理可分为相位调制型、光强调制型和偏振光型等。这里仅介绍一种光强调制型的半导体光吸收型光纤温度传感器，图 8.40 为这种传感器的结构原理图，它的敏感元件是一个半导体光吸收器，光纤用来传输信号。传感器是由半导体光吸收器、光纤、发射光源和包括光控制器在内的信号处理系统等组成。它体积小、灵敏度高、工作可靠，广泛应用于高压电力装置中的温度测量等特殊场合。

这种传感器的基本原理是利用大多数半导体的能带随温度的升高而减小的特性，如图 8.41 所示，材料的吸收光波长将随温度增加而向长波方向移动，如果适当地选定一种波长在该材料工作范围内的光源，那么就可以使透射过半导体材料的光强随温度而变化，从而达到测量温度的目的。

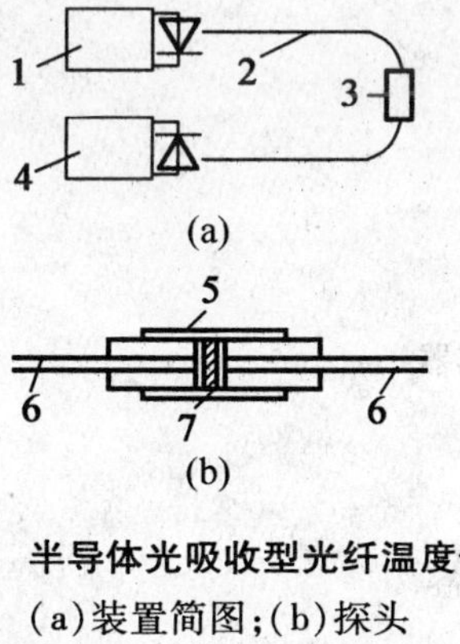

图 8.40　半导体光吸收型光纤温度传感器
(a)装置简图；(b)探头
1—光源；2—光纤；3—探头；4—光探测器；
5—不锈钢套；6—光纤；7—半导体吸收元件

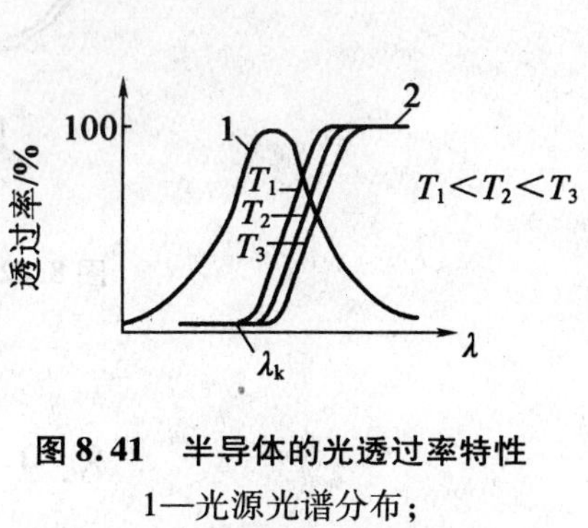

图 8.41　半导体的光透过率特性
1—光源光谱分布；
2—吸收边沿透射率 $f(\lambda, T)$

这种光纤温度传感器结构简单、制造容易、成本低、便于推广应用，可在 −10 ~ 300 ℃的温度范围内进行测 t，响应时间约为 2 s。

3. 光纤旋涡流量传感器

光纤旋涡流量传感器是将一根多模光纤垂直地装入流管，当液体或气体流经与其垂直的光纤时，光纤受到流体涡流的作用而振动，振动的频率与流速有关系，测出频率便可知流速。这种流量传感器结构示意图如图 8.42 所示。

当流体流动受到一个垂直于流动方向的非流线体阻碍时，根据流体力学原理，在某些条件下，在非流线体的下游两侧产生有规则的旋涡，其旋涡的频率 f 近似与流体的流速成正比，即

$$f=\frac{Sv}{d} \tag{8.6}$$

式中　v——流速；

d——流体中物体的横向尺寸大小；

S——斯特罗哈(Strouhal)数，它是一个无量纲的常数，仅与雷诺数有关。

式(8.6)是旋涡流体流量计测量流量的基本理论依据。由此可见，流体流速与涡流频率呈线性关系。

在多模光纤中，光以多种模式进行传输，在光纤的输出端，各模式的光就形成了干涉图样，这就是光斑。一根没有外界扰动的光纤所产生的干涉图样是稳定的，当光纤受到外界扰动时，干涉图样的明暗相间的斑纹或斑点发生移动。如果外界扰动是由于流体的涡流而引起时，干涉图样的斑纹或斑点就会随着振动的周期变化来回移动，那么测出斑纹或斑点移动，即可获得对应于振动频率 f 的信号，根据式(8.6)推算流体的流速。

这种流量传感器可测量液体和气体的流量，因为传感器没有活动部件，测量可靠，而且对流体流动不产生阻碍作用，所以压力损耗非常小。这些特点是孔板、涡轮等许多传统流量计所无法比拟的。

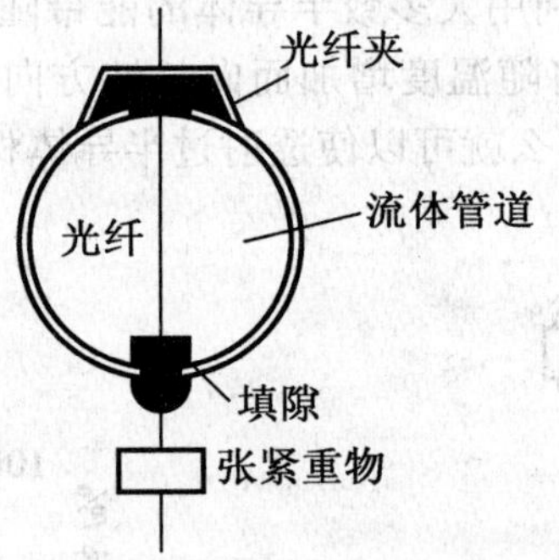

图 8.42　光纤旋涡流量传感器

8.9　红外传感器

红外技术是在最近几十年中发展起来的一门新兴技术。它已在科技、国防和工农业生产等领域获得了广泛的应用。红外传感器按其应用可分为以下几方面：①红外辐射计，用于

辐射和光谱辐射测量;②搜索和跟踪系统,用于搜索和跟踪红外目标,确定其空间位置并对它的运动进行跟踪;③热成像系统,可产生整个目标红外辐射的分布图像,如红外图像仪、多光谱扫描仪等;④红外测距和通信系统;⑤混合系统,是指以上各类系统中的两个或多个的组合。

8.9.1 红外辐射

红外辐射俗称红外线,它是一种不可见光,由于是位于可见光中红色光以外的光线,故称红外线。它的波长范围大致在 0.76 ~ 1 000 μm,红外线在电磁波谱中的位置如图 8.43 所示。工程上又把红外线所占据的波段分为四部分,即近红外、中红外、远红外和极远红外。

红外辐射的物理本质是热辐射。一个炽热物体向外辐射的能量大部分是通过红外线辐射出来的。物体的温度越高,辐射出来的红外线越多,辐射的能量就越强。而且,红外线被物体吸收时,可以显著地转变为热能。

红外辐射和所有电磁波一样,是以波的形式在空间直线传播的。它在大气中传播时,大气层对不同波长的红外线存在不同的吸收带,红外线气体分析器就是利用该特性工作的,空气中对称的双原子气体,如 N_2,O_2,H_2 等不吸收红外线。而红外线在通过大气层时,有三个波段透过率高,它们是 2 ~ 2.6 μm,3 ~ 5 μm 和 8 ~ 14 μm,统称它们为“大气窗口”。这三个波段对红外探测技术特别重要,因为红外探测器一般都工作在这三个波段(大气窗口)之内。

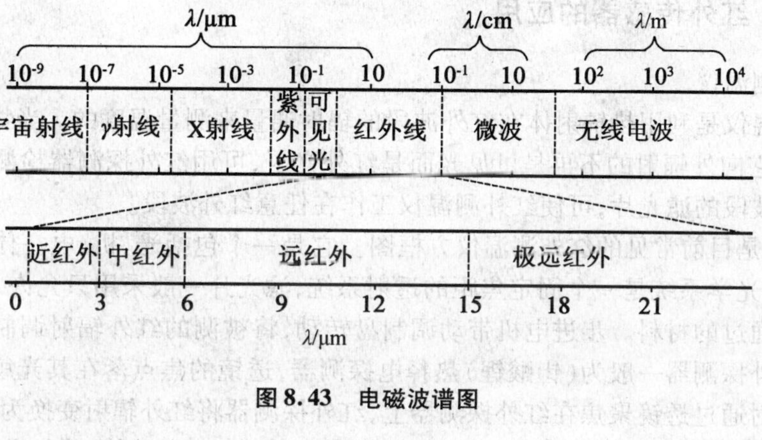

图 8.43　电磁波谱图

8.9.2 红外探测器

红外传感器一般由光学系统、探测器、信号调理电路及显示系统等组成。红外探测器是红外传感器的核心,红外探测器种类很多,常见的有两大类:热探测器和光子探测器。

1. 热探测器

热探测器是利用红外辐射的热效应,探测器的敏感元件吸收辐射能后引起温度升高,进而使有关物理参数发生相应变化,通过测量物理参数的变化,便可确定探测器所吸收的红外辐射。

与光子探测器相比,热探测器的探测率比光子探测器的峰值探测率低,响应时间长,但热探测器主要优点是响应波段宽，响应范围可扩展到整个红外区域，可以在室温下工作，使用方便，应用仍相当广泛。

热探测器的主要类型有热释电型、热敏电阻型、热电偶型和气体型探测器。而热释电探测器在热探测器中探测率最高，频率响应最宽，所以这种探测器备受重视，发展很快。这里主要介绍热释电探测器。

热释电红外探测器是由具有极化现象的热晶体或被称为"铁电体"的材料制作的。"铁电体"的极化强度（单位面积上的电荷）与温度有关。当红外辐射照射到已经极化的铁电体薄片表面上时，引起薄片温度升高，使其极化强度降低，表面电荷减少，这相当于释放一部分电荷，所以叫作热释电型传感器。如果将负载电阻与铁电体薄片相连，则负载电阻上便产生一个电信号输出。输出信号的强弱取决于薄片温度变化的快慢，从而反映出入射的红外辐射的强弱，热释电型红外传感器的电压响应率正比于入射光辐射率变化的速率。

2. 光子探测器

光子探测器是利用入射红外辐射的光子流与探测器材料中的电子相互作用，从而改变电子的能量状态，引起各种电学现象，称光子效应。通过测量材料电子性质的变化，可以知道红外辐射的强弱。利用光子效应制成的红外探测器，统称光子探测器。光子探测器有内光电和外光电探测器两种，后者又分为光电导、光生伏特和光磁电探测器三种。光子探测器的主要特点是灵敏度高，响应速度快，具有较高的响应频率，但探测波段较窄，一般需在低温下工作。

8.9.3　红外传感器的应用

1. 红外测温仪

红外测温仪是利用热辐射体在红外波段的辐射通量来测量温度的。当物体的温度低于 1 000 ℃时，它向外辐射的不再是可见光而是红外光了，可用红外探测器检测温度。如采用分离出所需波段的滤光片，可使红外测温仪工作在任意红外波段。

图 8.44 是目前常见的红外测温仪方框图。它是一个包括光、机、电一体化的红外测温系统，图中的光学系统是一个固定焦距的透射系统，滤光片一般采用只允许 80 ~ 140 μm 的红外辐射能通过的材料。步进电机带动调制盘转动，将被测的红外辐射调制成交变的红外辐射线。红外探测器一般为（钽酸锂）热释电探测器，透镜的焦点落在其光敏面上。被测目标的红外辐射通过透镜聚焦在红外探测器上，红外探测器将红外辐射变换为电信号输出。

红外测温仪电路比较复杂，包括前置放大、选频放大、温度补偿、线性化、发射率（ε）调节等。目前已有一种带单片机的智能红外测温仪，利用单片机与软件的功能，大大简化了硬件电路，提高了仪表的稳定性、可靠性和准确性。

红外测温仪的光学系统可以是透射式，也可以是反射式。反射式光学系统多采用凹面玻璃反射镜，并在镜的表面镀金、铝、镍或铬等对红外辐射反射率很高的金属材料。

2. 红外线气体分析仪

红外线气体分析仪是根据气体对红外线具有选择性吸收的特性来对气体成分进行分析。不同气体的吸收波段（吸收带）不同，图 8.45 给出了几种气体对红外线的透射光谱。从图中可以看出，CO 气体对波长为 4.65 μm 附近的红外线具有很强的吸收能力，CO_2 气体则发生在 2.78 μm 和 4.26 μm 附近以及波长大于 13 μm 的范围对红外线有较强的吸收能力。如分析 CO 气体,则可以利用 4.26 μm 附近的吸收波段进行分析。

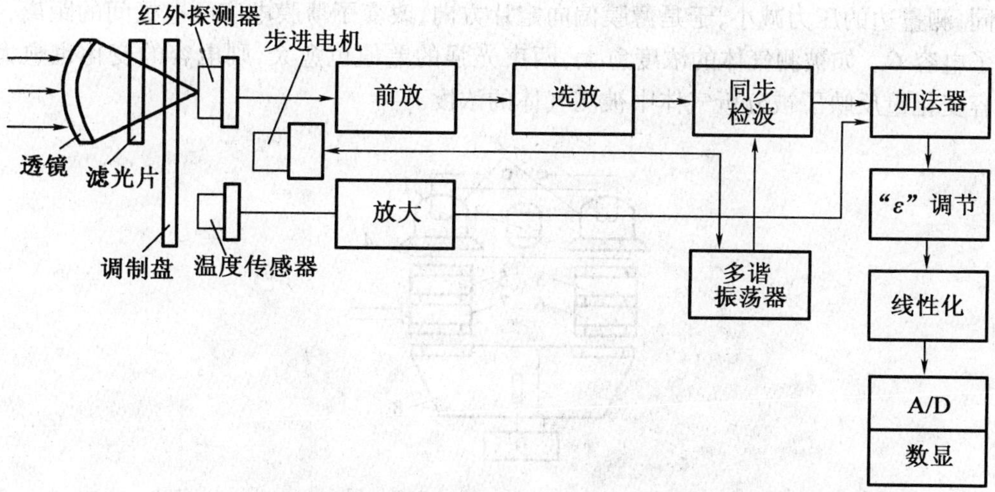

图 8.44　红外测温仪方框图

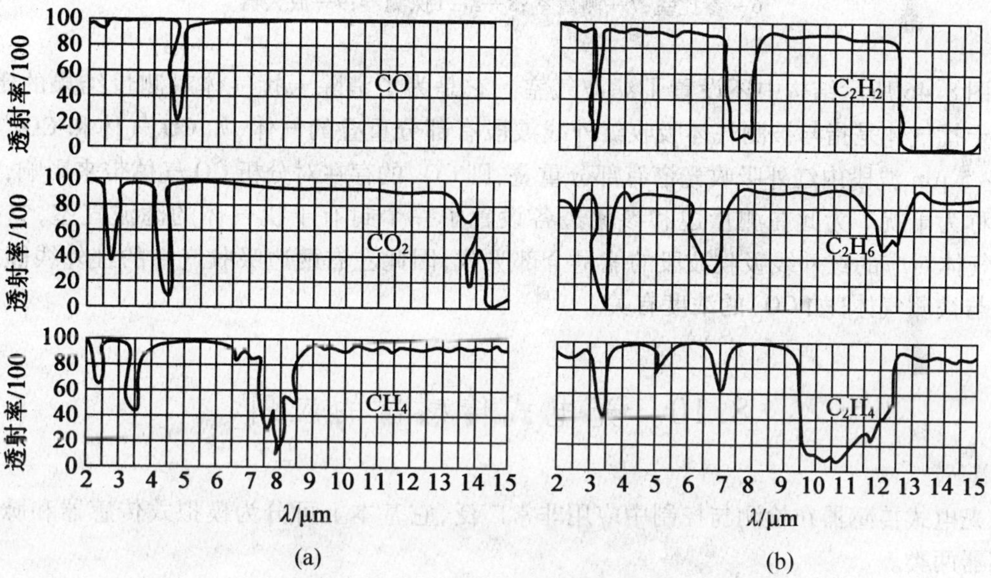

图 8.45　几种气体对红外线的透射光谱

图 8.46 是工业用红外线气体分析仪的结构原理图。它由红外线辐射光源、气室、红外检测器及电路等部分组成。

光源由镍铬丝通电加热发出 3～10 μm 的红外线,切光片将连续的红外线调制成脉冲状的红外线,以便于红外线检测器信号的检测。测量气室中通入被分析气体,参比气室中封入不吸收红外线的气体(如 N_2 等)。红外检测器是薄膜电容型,它有两个吸收气室,充以被测气体,当它吸收了红外辐射能量后,气体温度升高,导致室内压力增大。测量时(如分析 CO 气体的含量),两束红外线经反射、切光后射入测量气室和参比气室,由于测量气室中含有一定量的 CO 气体,该气体对 4.65 μm 的红外线有较强的吸收能力,而参比气室中气体不吸收红外线，这样射入红外探测器两个吸收气室的红外线光造成能量差异，使两吸收室压力不同，测量边的压力减小，于是薄膜偏向定片方向，改变了薄膜电容两电极间的距离，也就改变了电容 C。如被测气体的浓度愈大，两束光强的差值也愈大，则电容的变化也愈大，因此电容变化量反映了被分析气体中被测气体的浓度。

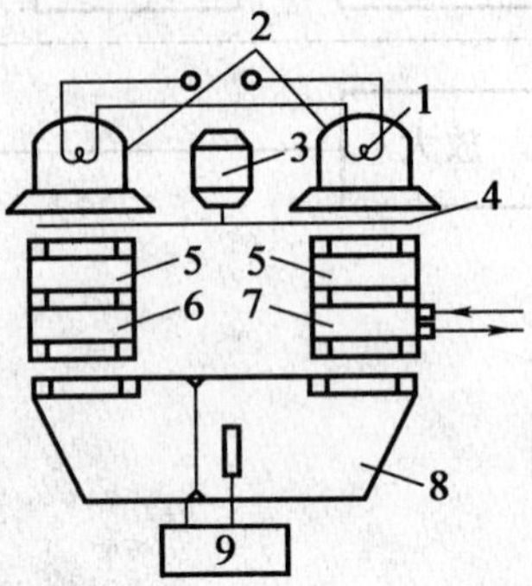

图 8.46　红外线气体分析仪结构原理图

1—光源；2—抛物体反射镜；3—同步电动机；4—切光片；5—滤波气室；6—参比室；7—测量室；8—红外探测器；9—放大器

图 8.46 所示结构中还设置了滤波气室。它是为了消除干扰气体对测量结果的影响。所谓干扰气体是指与被测气体吸收红外线波段有部分重叠的气体，如 CO 气体和 CO_2 气体在 4 ~ 5 μm 波段内红外吸收光谱有部分重叠，则 CO_2 的存在对分析 CO 气体带来影响，这种影响称为干扰。为此在测量边和参比边各设置了一个封有干扰气体的滤波气室，它能将 CO_2 气体对应的红外线吸收波段的能量全部吸收，因此左右两边吸收气室的红外线能量之差只与被测气体（如 CO）的浓度有关。

8.10　光电式传感器的应用

光电式传感器在检测与控制中应用非常广泛，它基本上可分为模拟式传感器和脉冲式传感器两类。

模拟式光电传感器的作用原理是基于光电器件的光电流随光通量而发生变化，是光通量的函数。也就是说，对于光通量的任意一个选定值，对应的光电流就有一个确定的值，而光通量又随被测非电量的变化而变化，这样光电流就成为被测非电量的函数，这类传感器大都用于测量位移、表面光洁度和振动等参数。

脉冲式光电传感器的作用原理是光电器件的输出仅有两个稳定状态，也就是“通”与“断”的开关状态，即光电器件受光照时，有电信号输出；光电器件不受光照时，无电信号输出。属于这一类的大多是作继电器和脉冲发生器应用的光电传感器，如测量线位移、线速度、角位移、角速度（转速）的光电脉冲传感器等。

下面分别以光电式带材跑偏仪和光电式脉冲传感器为例，介绍两种类型的光电传感器在非电量测量中的应用。

8.10.1　模拟式光电传感器的应用

光电式带材跑偏仪由光电式模拟传感器和晶体管放大器两部分组成。

光电式边缘位置传感器由白炽灯光源、光学系统和光电器件(硅光敏晶体管)组成,其结构原理如图 8.47 所示。

白炽灯 1 所发出的光线经过双凸透镜 2 会聚,然后由半透反镜射 3 反射使光路折转 90°,经平凸透镜 4 会聚后成平行光束。这光束由带材遮挡一部分,另一部分射到角矩阵反射镜 6 后被反射又经透镜 4、半透反射镜 3 和双凸透镜 7 会聚于光敏晶体管 S 上。

光敏晶体管接在输入桥路的一臂上,电桥的参数如图 8.48 所示。图中 10 kΩ 的电位器为放大倍数调整电位器,2.2 kΩ 和 220 kΩ 电位器分别为零点平衡位置粗调和细调电位器。

当带材处于平行光束的中间位置时,电桥处于平衡状态,其输出信号为“0”,如图 8.49 所示。当带材向左偏移时,遮光面积减少,角矩阵反射回去的光通量增加,输出电流信号为 $+\Delta I$;当带材向右偏移时,光通量减少,输出信号电流为 $-\Delta I$,这个电流变化信号由晶体放大器放大后,作为控制电流信号通过执行机构纠正带材的偏移。

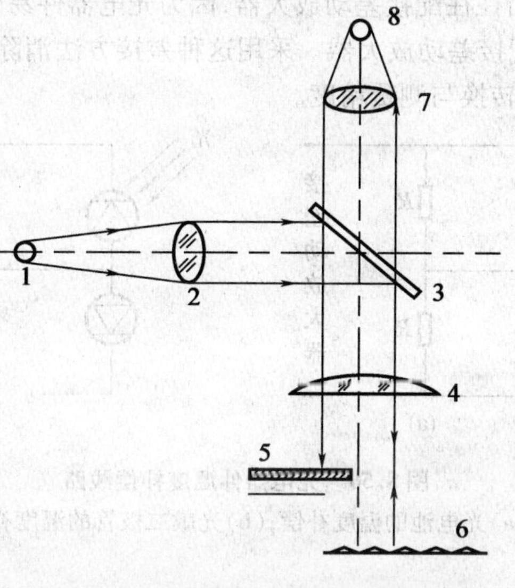

图 8.47　光电式边缘位置传感器原理

1—白炽灯;2,7—双凸透镜;3—半透反射镜;4—平凸透镜;5—带环;6—角矩阵反射镜;8—光敏晶体管

对于角矩阵反射镜说明如下:它是利用直角棱镜的全反射原理,将许多个小的直角棱镜拼成矩阵。采用这种反射器的一个很大特点是能满足在安装精度不太高,使用环境有振动的场合使用,这种场合如果采用平面反射镜是不能满足要求的,因为平面反射镜的入射光与反射光线对称,所以只有当入射角严格地成 90°时,反射才能沿入射光线方向返回,这样就要有很高的安装精度,调试比较困难。而角矩阵反射器就克服了平面反射镜的缺点,由于它是采用直角棱镜的反射原理,入射光和反射光线能保持平行。以单个直角棱镜加以说明,光线是与直角棱镜的平面垂直入射的,反射光线 a 仍然与 a 平行,光线 b 与其平面不成垂直入射,反射光线 b 亦仍然与 b 平行,这样对一束平行投射光束来说,在其投射的原位置,仍然可以接收到反射光。所以即使在安装有一定的倾角,还是能接收到反射光线。这种反射镜广

泛地用于测距仪中。

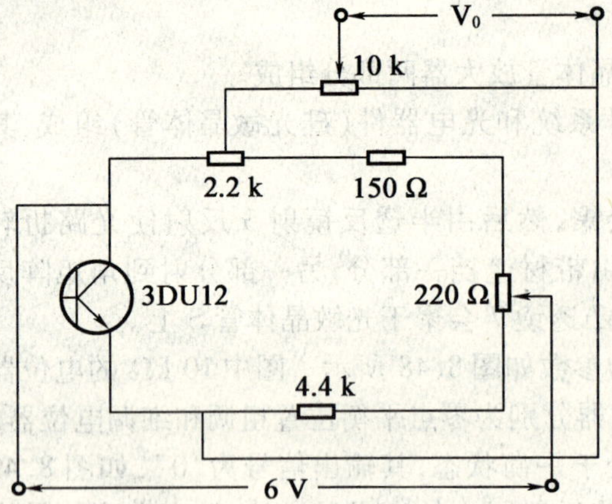

图 8.48 测量电桥

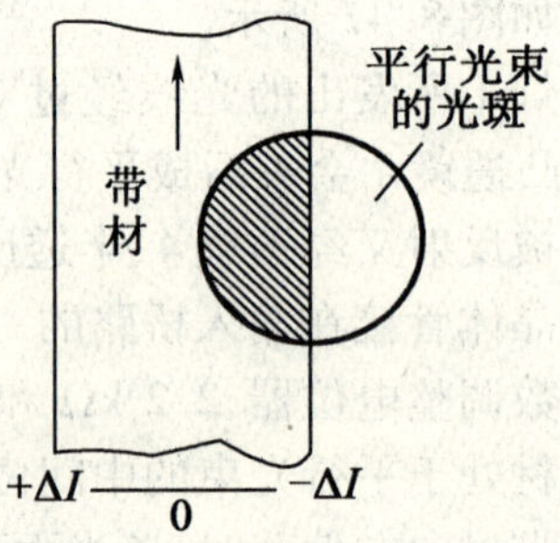

图 8.49 带材跑偏引起光通量的变化

在光电式传感器后面往往配接差动放大器,因为光电器件易受温度影响,采取温度补偿之后(见图 8.50),要求配接差动放大器。采用这种差接方法消除了由于温度和其他因素引起的暗电流影响,提高了转换与测量精度。

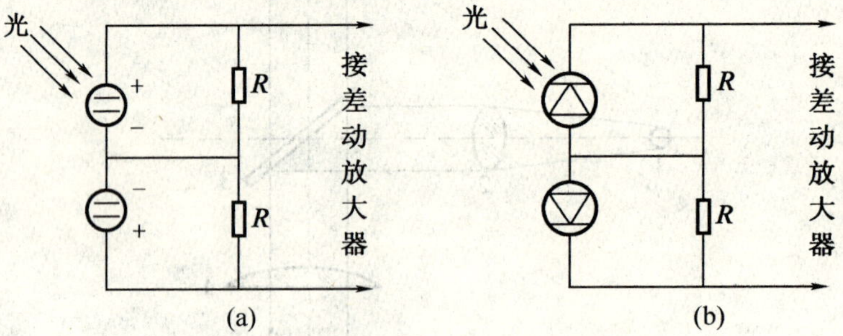

图 8.50 光电器件温度补偿线路

(a)光电池的温度补偿;(b)光敏二极管的温度补偿

8.10.2 脉冲式光电传感器的应用

1. 光电式数字转速表

脉冲式光电传感器是将光脉冲转换为电脉冲的装置,图 8.51 给出光电式数字转速表工作原理图。在被测转速的电机上固定一个调制盘,将光源发出的恒定光调制成随时间变化的调制光。光线每照射到光电器件上一次,光电器件就产生一个电信号脉冲,经放大器整形后记录。

如果调制盘上开 Z 个缺口,测量电路计数时间为 T 秒,被测转速为 N(转/分),则此时得到的计数值 C 为

$$C = ZNT/60 \tag{8.7}$$

为了使读数 C 能直接读转速 N 值,一般取 $ZT = 60 \times 10^n$($n = 0,1,2\cdots$)。

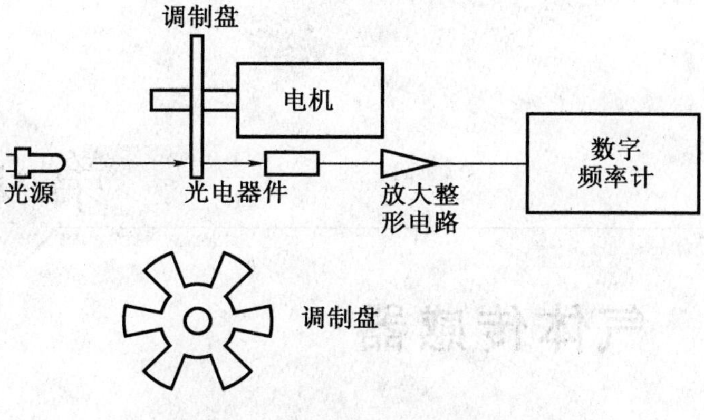

图 8.51　光电式数字转速表原理图

2. 燃气热水器中脉冲点火控制器

由于煤气是易燃、易爆气体，所以对燃气器具中的点火控制器的要求是安全、稳定、可靠。为此电路中有这样一个功能，即打火针确认产生火花，才可打开燃气阀门；否则燃气阀门关闭。这样就保证了使用燃气器具的安全性。

图 8.52 为燃气热水器中的高压打火确认电路原理图。在高压打火时，火花电压可达一万多伏，这个脉冲高电压对电路工作影响极大，为了使电路正常工作，采用光电耦合器 VB 进行电平隔离，大大增强了电路抗干扰能力。当高压打火针对打火确认针放电时，光电耦合器中的发光二极管发光，耦合器中的光敏三极管导通，经 V_1，V_2，V_3 放大，驱动强吸电磁阀，将气路打开，燃气碰到火花即燃烧。若打火针与确认针之间不放电，则光电耦合器不工作，V_1 等不导通，燃气阀门关闭。

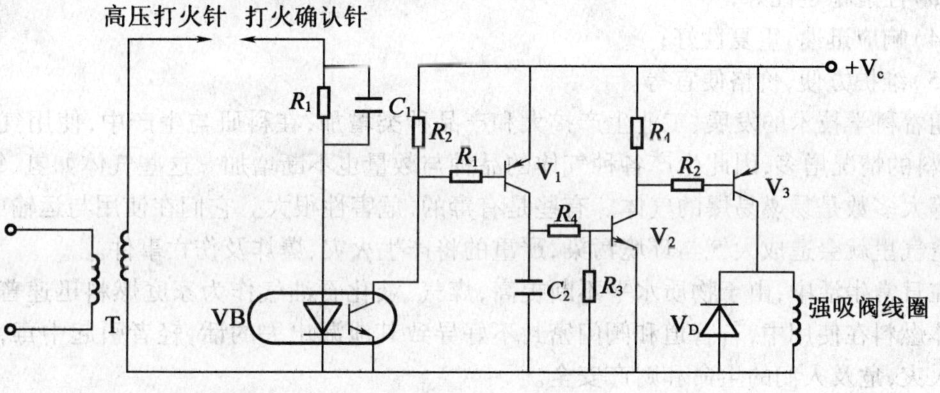

图 8.52　燃气热水器的高压打火确认电路原理图

思考题

1. 光电器件有哪几种类型？各有何特点？

2. 论述光敏电阻、光敏二极管、光敏三极管、光电倍增管和光电池的工作原理，如何正确选用这些器件？

3. 举几个实例说明光电式传感器的实际应用，并进行工作原理分析。

第9章

气体传感器

9.1 概　述

气体传感器是指能将被测气体浓度转换为与其成一定关系的电量输出的装置或器件。气体传感器必须满足下列条件：

(1)能够检测爆炸气体的允许浓度、有害气体的允许浓度和其他基准设定浓度，并能及时给出报警、显示和控制信号；

(2)对被测气体以外的共存气体或物质不敏感；

(3)性能稳定性好；

(4)响应迅速，重复性好；

(5)维护方便，价格便宜等。

随着科学技术的发展、工业生产扩大和产品种类增加，在科研与生产中，使用气体作原料、燃料的情况增多，因此生产各种气体的品种与数量也不断增加。这些气体如氢、氧、液化石油等大多数是易燃易爆的气体。有些是有毒的，危害性很大。它们在使用与运输中，若泄漏到空气里就会造成大气与环境污染，严重的将产生火灾、爆炸及伤亡事件。

在日常生活中，由于物质水平不断提高，煤气、液化石油气作为家庭燃料迅速普及。这些气体燃料在使用中，若管道和阀门密封不好导致其泄漏出去的话，轻者引起中毒，重者会造成火灾，危及人们的生命和财产安全。

由于上述原因，对于气体的检测与控制就显得尤为重要，研究各种气体的检测方法及气体传感器就成为了重要的课题。

气体传感器从结构上区别可分为两大类，即干式与湿式气体传感器。凡构成气体传感器的材料为固体者均称为干式气体传感器；凡利用水溶液或电解液感知待测气体的称为湿式气体传感器。图9.1为气体传感器的分类情况。

气体传感器通常在监测大气情况中使用，而且被测气体分子一般要附着于气体传感器的功能材料表面且与之起化学反应，因而气体传感器也可归于化学传感器之内。由于这个原因，气体传感器必须具备较强的抗环境影响的能力。

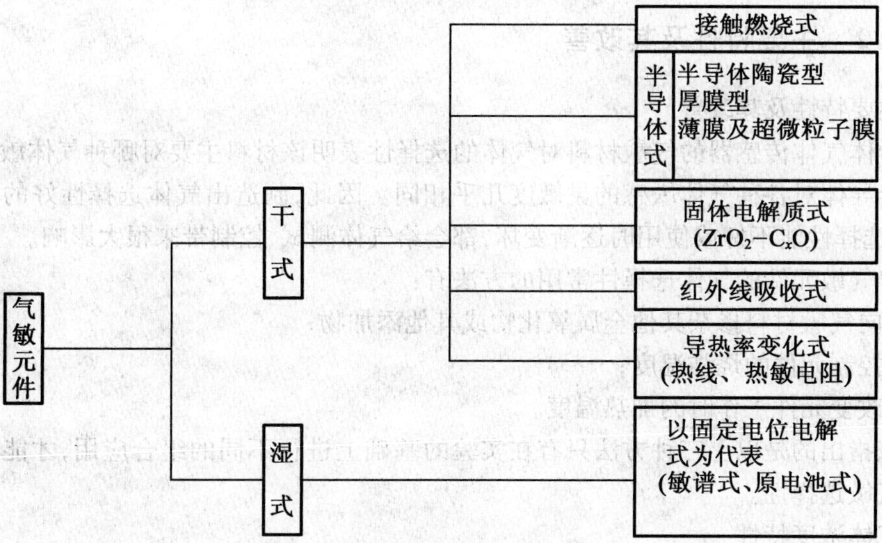

图 9.1　气体传感器的分类

9.2　半导体气体传感器

9.2.1　半导体气体传感器及其分类

半导体气体传感器，是利用半导体气敏元件同气体接触，造成半导体性质发生变化，借此检测特定气体的成分及其浓度。

半导体气体传感器的分类如表 9.1 所列，大体上分为电阻式和非电阻式两种，电阻式半导体气体传感器是用氧化锡、氧化锌等金属氧化物材料制作的敏感元件，利用其阻值的变化来检测气体的浓度。气敏元件是多孔质烧结体、厚膜以及目前正在研制的薄膜等几种非电阻式半导体传感器。根据气体的吸附和反应，利用半导体的功函数，对气体进行直接或间接检测。目前，正在积极开发的有金属/半导体结型二极管和金属栅的 MOS 场效应晶体管的敏感元件，主要是利用它们与气体接触后整流特性以及晶体管作用的变化，制成对表面单位直接测定的传感器。

表 9.1　半导体气体传感器的分类

	主要的物理特性	传感器举例	工作温度	代表性被测气体
电阻式	表面控制型	氧化锡、氧化锌	室温～450 ℃	可燃性气体
	体控制型	$La_{1-x}Sr_xC_0O_3$，$\gamma-Fe_2O_3$ 氧化钛、氧化钴、氧化镁、氧化锡	300～450 ℃ 700 ℃以上	酒精、可燃性气体、氧气
非电阻式	表面电位	氧化银	室温	硫醇
	二极管整流特性	铂/硫化镉、铂/氧化钛	室温～200 ℃	氢气、一氧化碳、酒精
	晶体管特性	铂栅 MOS 场效应管	150 ℃	氢气、硫化氢

9.2.2　主要特性及其改善

1. 主要特性及其改善

半导体气体传感器的气敏材料对气体的选择性表明该材料主要对哪种气体敏感。金属氧化物半导体对各种气体敏感的灵敏度几乎相同。因此，制造出气体选择性好的元件很不容易，其选择性能不好或使用时逐渐变坏，都会给气体测试、控制带来很大影响。

改善气敏元件的气体选择性常用的方法有：

(1)向气敏材料掺杂其他金属氧化物或其他添加物；

(2)控制元件的烧结温度；

(3)改变元件工作时的加热温度。

应该指出的是以上三种方法只有在实验的基础上进行不同的组合应用，才能获得较为理想的气敏选择性。

2. 气体浓度特性

传感器的气体浓度特性表示被测气体浓度与传感器输出之间的确定关系。

3. 初始稳定、气敏响应和复原特性

无论哪种类型（薄膜、厚膜、集成片或陶瓷）的气敏元件，其内部均有加热电阻丝，一方面用作烧灼元件表面油垢或污物，另一方面可起加速被测气体的吸、脱过程的作用。加热温度一般为 200～400 ℃，图 9.2 是加热电路与工作电路的典型原理图。

气敏传感器按设计规定的电压值使加热丝通电加热之后，敏感元件电阻值首先是急剧地下降，一般约经 2～10 min 过渡过程后达到稳定的电阻值输出状态，称这一状态为“初始稳定状态”。达到初始稳定状态的时间及输出电阻值，除与元件材料有关外，还与元件所处大气环境条件有关。达到初始稳定状态以后的敏感元件才能用于气体检测。

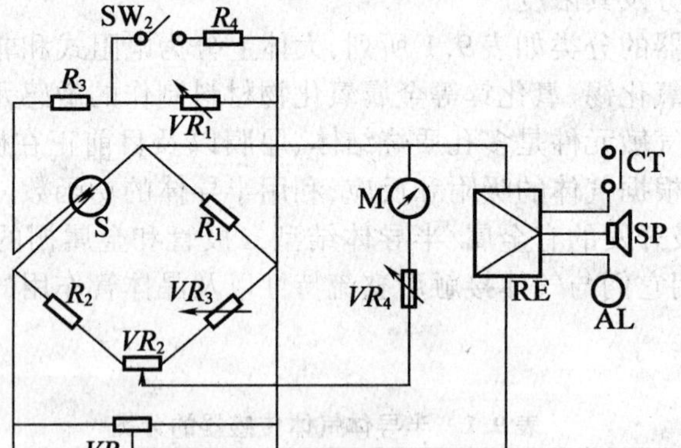

图 9.2　检测电路实例

S—半导体传感器；RE—继电器电路；VR_1—报警的点选定；R—固定电阻；CT—电极接点；VR_2—零点微调；VR_3—可变电阻；SP—报警喇叭；AL—报警灯；VR_4—灵敏度调整；B—电池；SW_1—电源开关；VR_5—传感器电压调整；M—指示；SW_2—开关；VR_3—零点粗调

当加热的气敏元件表面接触并吸附被测气体时，首先是被吸附的分子在表面自由扩散（称为物理性吸附）而失去动能。在这期间，一部分分子被蒸发掉，剩下的一部分则因热分解而固定在吸附位置上（称为化学性吸附）。若元件材料的功函数比被吸气体分子的电子亲和力小，则被吸气体分子就会从元件表面夺取电子而以阴离子形式吸附。具有阴离子吸附性质的气体称为氧化性气体，如 O_2，NO_x 等。若气敏元件材料的功函数大于被吸附气体的离子化能量，被吸气体将把电子给元件而以阳离子形式吸附。

氧化性气体吸附于 N 型半导体或还原性气体吸附于 P 型半导体敏感材料，都会使载流子数目减少而表现出元件电阻值增加的特性；相反，还原性气体吸附于 N 型氧化性气体或吸附于 P 型半导体气敏材料，都会使载流子数目增加而表现出元件电阻值减少的特性，如图9.3所示。

达到初始稳定状态的元件，迅速置入被测气体之后，其电阻值减少（或增加）的速度称为气敏响应速度特性。各种元件响应特性不同，一般情况是元件通电 20 秒之后才能出现阻值变化后的稳定状态。

测试完毕，把传感器置于大气环境中，其阻值复原到保存状态数值的速度称为元件的复原特性。它与敏感元件的材料及结构有关，当然也与大气环境条件有关。一般约 1 分钟左右便可复原到不用时保存电阻值的 90%。

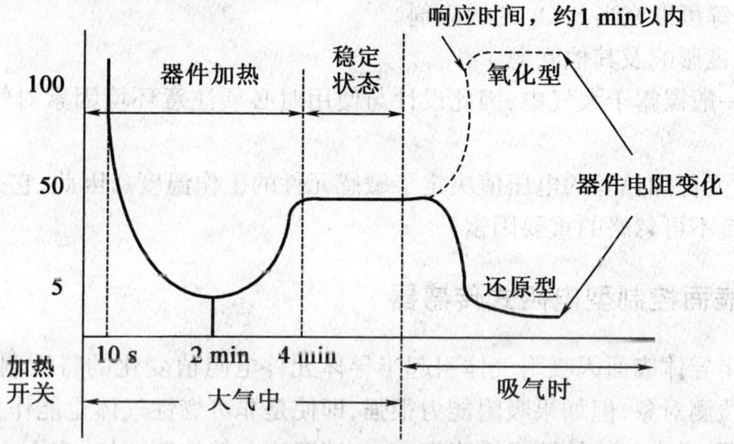

图 9.3　N 型半导体吸附气体时的器件阻值变化

4. 灵敏度的提高与稳定改善

气体传感器（或气敏元件）对被测气体敏感程度的特性称为传感器的灵敏度。

目前，一般利用金属或金属氧化物元件材料的催化作用来提高传感器的灵敏度。最有代表性的催化剂有 Pd，Pr 等白金系催化物。此外，Cr 能够促进乙醇分解；MoW 等能促进 H_2，Co，N_2，O_2 的吸附与反应速度；MgO，PbO，CdO 等掺加物也能加速被测气体的吸附或解吸的反应速度。

SnO_2，ZnO 是典型气敏半导体材料，它们兼有吸附和催化的双重功能。例如，丙烷气体在 SnO_2 表面燃烧的过程大至可认为按如图 9.4 所示的两条途径之一进行的：①→②→③或者④→⑤→⑥。因此，N 型半导体气敏材料 SnO_2 的电阻值减小。

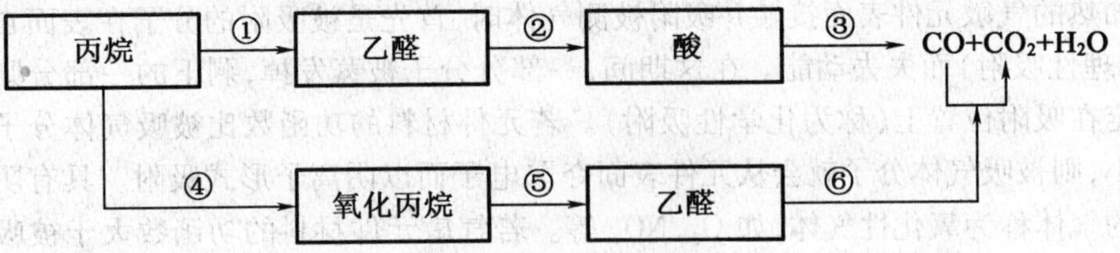

图 9.4　丙烷的燃烧过程

Sb_2O_3 对于原子价控制的 SnO_2 具有减小电阻与催化的双重作用,若将其掺于 SnO_2 母材,则燃烧过程按①→④→⑤的途径进行,最后生成乙醛。⑥的反应只能进行 50%,其活气体 CO 的生成量减少。于是灵敏度比充分燃烧(①→③)时大大降低。向 SnO_2 掺加金属 Pb 可以促进①→③的反应过程而使元件的灵敏度提高。由此可看出增加气敏元件灵敏度的方法很多,而绝非是单一性的,研制新型元件时应充分注意到这一点。

此外元件的烧制过程对于其长期稳定性有较大影响。向母材掺添加物不但可以改变元件的灵敏度,还可以控制和改变烧结过程,添加物大体可分为两类:一类是促进烧结过程的"融剂",另一类是阻止烧结进程的"缓融剂"。SnO_2 的融剂有 MnO,CuO,ZnO,Bi_2O_3 等。与此相反,"缓融剂"可使烧结有充分的时间与过程,从而使元件有较好的长期稳定特性。CdO,PbO,CaO 等可以充当 SnO_2 的缓融剂。

5. 温度、湿度影响及其他问题

气敏元件一般裸露于大气中,因此设计与使用时必须注意环境因素对气敏元件特性的影响。

另外,气敏元件加热丝的电压值决定了敏感元件的工作温度。因此,它是影响气敏元件各种特性的一个不可忽略的重要因素。

9.2.3　表面控制型电阻式传感器

它是利用半导体表面因吸附气体引起半导体元件电阻值变化的特性制成的,多数是以可燃性气体为检测对象,但如果吸附能力很强,即使是非可燃性气体也能作为检测对象。这种类型的传感器,具有气体检测灵敏度高、响应速度比一般传感器快、实用价值大等优点,其开发研究工作很早就已着手进行。传感器的材料多数采用氧化锡和氧化锌等较难还原的氧化物,也有研究用有机半导体材料的。这类传感器一般均掺有少量的贵重金属(如 Pt 等)作为激活剂。

图 9.5 所示,列举了四种敏感元件。多孔质烧结体敏感元件是在传感器的氧化物材料中添加激活剂以及黏结剂(Al_2O_3,SiO_2)混合成形后烧结而成的。因组分和烧结条件不同,所以传感器的性能亦各异。一般说来,空隙率越大的敏感元件,其响应速度越快。薄膜敏感元件是采用淀积、溅射等工艺方法,在绝缘的衬底上涂一层半导体薄膜(厚度在几微米以下)而构成的。根据成膜的工艺条件,膜的物理、化学状态有所变化,对传感器的性能也有所影响。厚膜敏感元件,一般是在将传感器的氧化物材料粉末调制好之后,加入适量的添加剂、黏结剂以及载体配成浆料,然后再将这种浆料印刷在基片上(厚度在数微米至数十微米)而制成的。不论哪种敏感元件,均必须采用电热器。

阻值的测定，采用敏感元件与基准电阻器串联，加一外加电压，再根据基准电阻器上的电压值求出的方法进行。气体报警器就是利用测得的阻值变化作为供给报警蜂鸣器的信号。

敏感元件的阻值 R 与空气中被测气体的浓度 C 成对数关系变化（图 9.6）：

$$\log R = m\log C + n\ (m,n \text{ 为常数}) \tag{9.1}$$

n 与气体检测灵敏度有关，除了随传感器材料和气体种类不同而变化外，还会由于测量温度和激活剂的不同而发生大幅度的变化；m 表示随气体浓度而变化的传感器的灵敏度（也称之为气体分离率）。对于可燃性气体来说，m 值多数介于 1/3 至 1/2 之间。

1. 各种传感器

（1）氧化锡类传感器

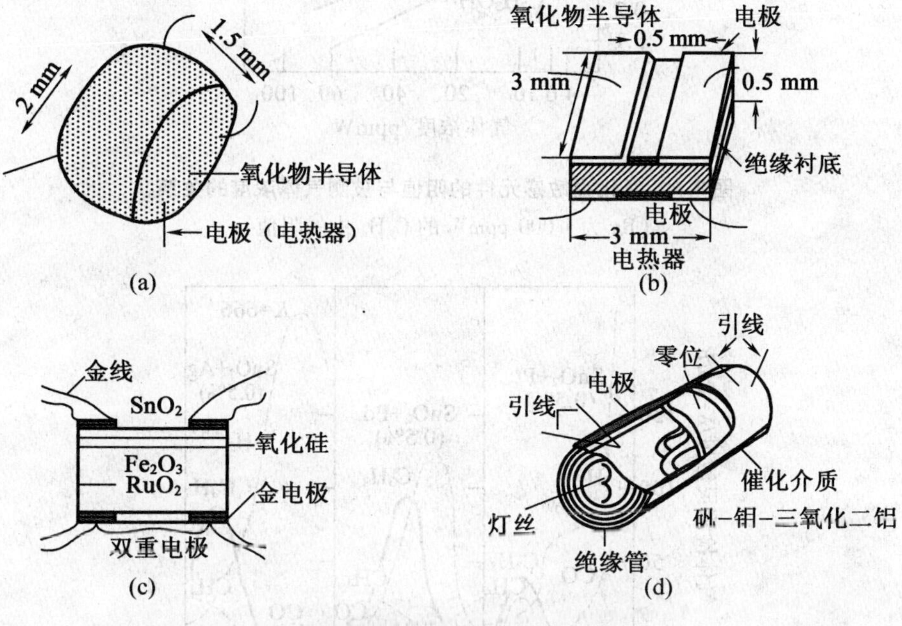

图 9.5　各种各样的半导体敏感元件

（a）烧结体元件；（b）薄膜元件；（c）厚膜元件；（d）多层结构元件

氧化锡是典型的 N 型半导体，是气敏传感器的最佳材料。其检测对象为 CH_4，C_3H_8，CO，H_2，C_2H_5OH，H_2S 等可燃性气体和呼出气体中的酒精及 NO_2 等。气体检测灵敏度如图 9.7所示，随气体的种类、工作温度、激活剂等的不同而差异很大，添加铂的敏感元件的最佳工作温度也随气体种类的不同而不一样，对一氧化碳为 200 ℃以下，对丙烷约为 300 ℃，对甲烷约为 400 ℃以上。

氧化锡类传感器中，研究得较多的是烧结体、薄膜、厚膜等型式的敏感元件。将氯化锡和金属的锡经过处理后获得的氧化锡粉末作原料，经烧结后制成烧结体敏感元件（烧结温度为 700 ~ 900 ℃），氧化锡以直径 0.01 ~ 0.05 μm 的晶粒组成的约 1 μm 以下砂粒状颗粒的形式存在于其中。晶粒的大小对气体检测灵敏度则无甚影响。

表 9.2 列出了各种添加剂的添加效果。加了添加剂后，气体检测灵敏度的最高值和气体检测灵敏度达到最高值时的温度均发生很大变化，所以对添加效果必须从两个方面统筹

兼顾。

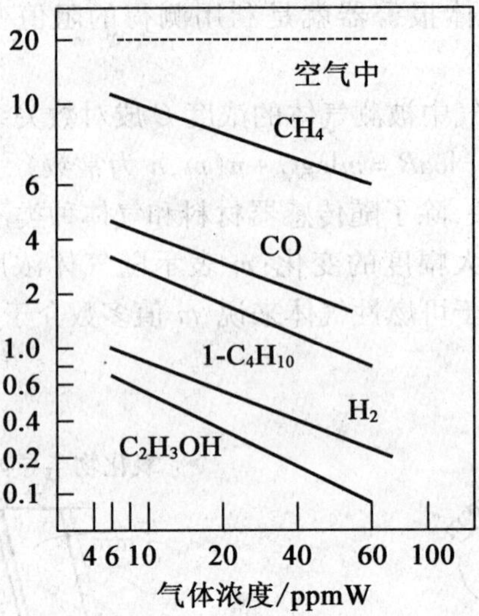

图 9.6　氧化锡敏感元件的阻值与被测气体浓度的关系

（Rg 为 1 000 ppmW 的 C_2H_4 中的阻值）

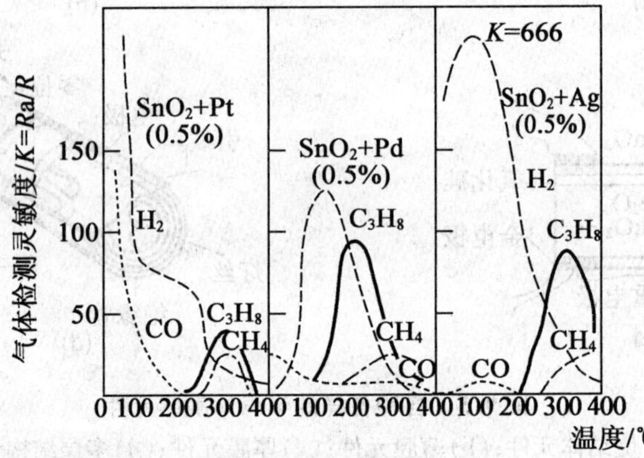

图 9.7　添加铂、铅或银的氧化锡敏感元件气体的检测灵敏度与温度的关系，*Rd* 及 *Rg* 分别是敏感元件在空气中的被测气体中的阻值，被测气体浓度：一氧化碳为 0.02%、氢为 0.8%、丙烷为 0.2%、甲烷为 0.5%（用空气稀释过）

表 9.2　添加贵金属的氧化锡敏感元件的气体检测灵敏度最高值及其温度

	0.02%一氧化碳	0.8%氢	0.2%丙烷	0.5%甲烷
氧化锡	4(350 ℃)	37(200 ℃)	49(350 ℃)	20(450 ℃)
铂	136(室温)	3 600(室温)	38(275 ℃)	19(300 ℃)
铅	12(室温)	119(150 ℃)	75(250 ℃)	20(325 ℃)
银	8(100 ℃)	666(100 ℃)	89(350 ℃)	24(400 ℃)
铜	7(200 ℃)	98(300 ℃)	48(325 ℃)	20(350 ℃)
镍	7(200 ℃)	169(250 ℃)	67(300 ℃)	9(350 ℃)

(2)氧化锌及其他类传感器

氧化锌类传感器与氧化锡类传感器相比,最佳工作温度范围要高出100 ℃。金属氧化物中,还有不少可用作传感器的材料,如氧化钨、氧化矾、氧化锡、氧化铟、氧化钦、氧化铬等。用这些金属氧化物制作传感器的工作正在研究之中。

此外,也有不少人对用有机半导体作传感器的材料怀有浓厚的兴趣,但研究成功的例子甚少。

(3)结构

气敏元件工作时需要本身的温度比环境温度高很多。因此,气敏元件结构上要有电阻丝加热器,结构如图9.9所示,1和2是加热电极,3和4是气敏电阻的一对电极。

气敏元件的基本测量电路,如图9.8所示。图中 E_H 为加热电源,E_c 为测量电源,电阻中气敏电阻值的变化引起电路中电流的变化,输出电压(信号电压)在电阻 R_o 上取出。特别在低浓度下,其灵敏度高,而高浓度下趋于稳定值。因此,常用来检查可燃性气体泄漏并报警等。

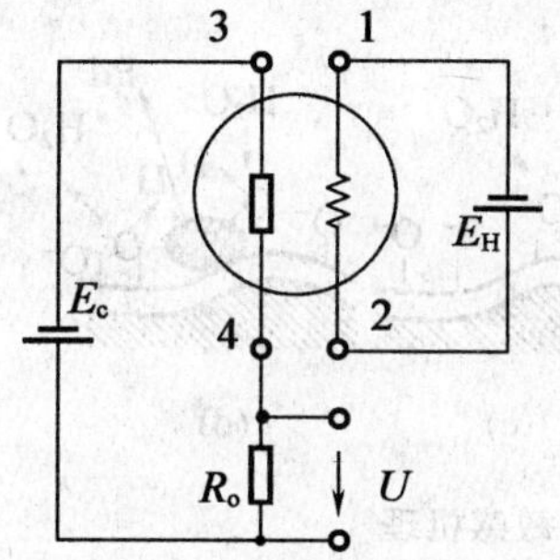

图9.8　输出电压与温度关系

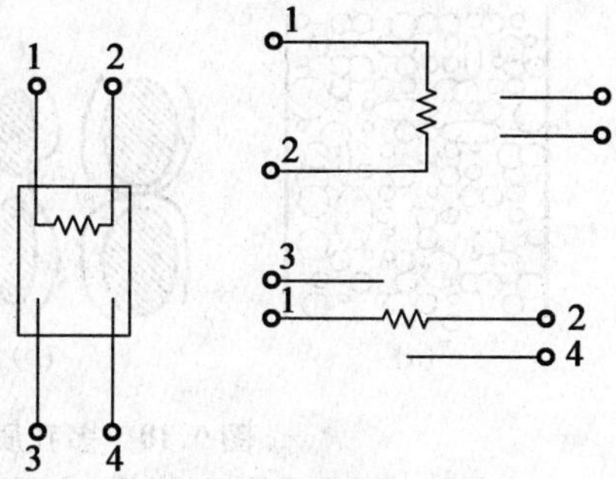

图9.9　气敏元件结构

2. 工作原理

对表面控制型传感器来说,半导体表面气体的吸附和反应同敏感元件的阻值有着密切的关系。一般说来,如果半导体表面吸附有气体,则半导体和吸附的气体之间会有电子的施受发生,造成电子迁移,从而形成表面电荷层。例如,吸附了像氧气这类电子复合量大的气体后,半导体表面就会丢失电子,被吸附的氧气所俘获(负电荷吸附)。

$$\frac{1}{2}O_2(g)+ne\rightarrow O_{(ad)}^{n-1} \tag{9.2}$$

式中　$O_{(ad)}^{n-1}$——表示吸附的氧气。

其结果是,氧化锡、氧化锌之类的N型半导体的阻值减小。正电荷吸附的气体与之相反。这只是一般的规律。在具体应用于半导体气体传感器时,有必要注意以下两点:第一,吸附在半导体表面与半导体进行电子施受的气体是何种气体;第二,多晶半导体敏感元件的显微结构与电阻和传感器特性之间存在什么关系。

当半导体气体传感器置于空气中时,其表面吸附的氧气是 O_2^-,O^-,O^{2-} 之类的负电荷,当与被测气体进行反应时,其结果如下:

$$O_{(ad)}^{n-}+H_2\rightarrow H_2O+ne \tag{9.3}$$

$$O_{(ad)}^{n-}+CO\rightarrow CO_2+ne \tag{9.4}$$

如式(9.3),(9.4)所示,被氧气俘获的电子释放出来,半导体的电阻就减小。如果将式(9.2)和式(9.3)或者式(9.2)和式(9.4)组合,不外乎是将传感器的表面作为一种催化剂,使氢气和一氧化碳触媒燃烧。支配传感器阻值增减的是氧气吸附,可理解为可燃性气体能起到改变其浓度的作用。这种半导体表面触媒燃烧存在着气体检测灵敏度与气体的易燃性成正比的倾向。此外,如果改变传感器的工作温度,会产生如图9.7所示的两者峰值非常一致。

多孔质烧结体敏感元件与厚膜敏感元件都是多晶体结构,如图9.10(a)所示的晶粒的集合体。各晶粒之间如图9.10(b)所示的那样,与其他的晶粒相互接触乃至成颈状结合。重要的是,这样的结合部位在敏感元件中是阻值最大之处,是它支配着整个敏感元件的阻值高低。由此可见,结合部位的形状对传感器的性能影响很大。因气体吸附而引起的电子浓度的变化是在表面空间电荷层内发生的,所以在颈状结合的情况下,颈部的宽度与空间电荷层的深度一致时,敏感元件的阻值变化最大。在晶粒接触的情况下,接触部分形成一个对电子迁移起阻碍作用的势垒层。这种势垒层的高度随氧的吸附和与被测气体的接触而变化,可认为会引起阻值的变化。在没有激活剂的场合,如图9.10(c)所示,吸附的氧气与被测气体之间必须直接反应,激活剂(如图9.10(d)所示)通过吸附被测气体,或者通过激活,来促进表面反应。在晶粒的结合部分存有适量的激活剂,对于传感器来说是很重要的。

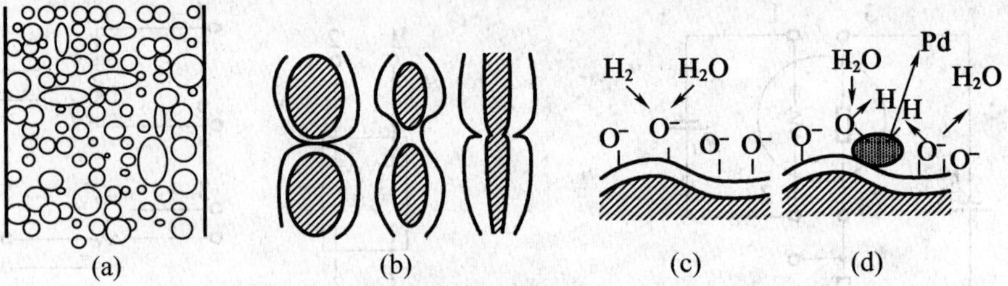

图9.10　多孔质烧结体敏感元件的敏感机理

(a)多晶体元件;(b)离子的结合方式(白的部分表示空间电荷);
(c)可燃气体吸附的氧气;(d)激活剂的作用

9.2.4　半导体气体传感器的应用

半导体气体传感器的应用多种多样,如表9.3所示。半导体气体传感器由于具有灵敏度高、响应时间快、使用寿命长和成本低等优点,因此得到广泛的应用。

表9.3　气体传感器的各种检测对象气体

分类	检测对象气体	应用场所
爆炸性气体	液化石油气、城市用煤气(发生煤气、天然型煤气)	家庭
	甲烷	煤矿
	可燃性气体	办事处
有毒气体	一氧化碳(不完全燃烧的煤气)	煤气灶等
	硫化氢、含硫的有机化合物	(特殊场所)
	卤素、卤化物、氨气等	办事处
环境气体	氧气(防止缺氧)	家庭、办公室
	二氧化碳(防止缺氧)	家庭、办公室
	水蒸气(调节温度、防止结露)	电子设备、汽车
	大气污染(SO_x,NO_x 等)	温度

表9.3(续)

分类	检测对象气体	应用场所
工业气体	氧气(控制燃烧、调节空气燃烧比)	发动机、锅炉
	一氧化碳(防止不完全燃烧)	发动机、锅炉
	水蒸气(食品加工)	电炊灶
其他	呼出气体中的酒精、烟等	

1. 气体报警器

这种报警器可根据使用气体种类,安放于易检测气体泄漏的地方,这样就可随时监测气体是否泄漏。一旦泄漏,气体达到危险浓度,便自动发出报警信号。

在简单的家用气体报警器电路中,气体传感器采用直热式气敏器件 TGS109。当室内可燃气体增加时,由于气敏器件接触到可燃性气体使其阻值降低,这样流经测试回路的电流增加,可直接驱动蜂鸣器报警。

设计报警器时,重要的是如何确定开始报警的浓度。一般情况下,对于丙烷、丁烷、甲烷等气体,都选定在其爆炸下限的十分之一。

2. 煤气报警器

用于城市的煤气报警器,其可靠性要求较高。因此在电路设计上要采取一些措施。图9.11是加有温湿度补偿和防止通电初期误报的"两阶段"式煤气报警器电路图。气敏器件采用的是直热式气敏器件,其特点是采用分段报警方法。随着气体中煤气浓度增加,气敏器件阻值变化,第一阶段开关电路动作,绿色发光二极管 LED1 和红色发光二极管 LED2 交替闪光。当气体浓度进一步增加时,达到危险限值,第二阶段开关电路动作,红色发光二极管 LED2 发光,压电蜂鸣器 PB 间歇鸣响,进行报警。

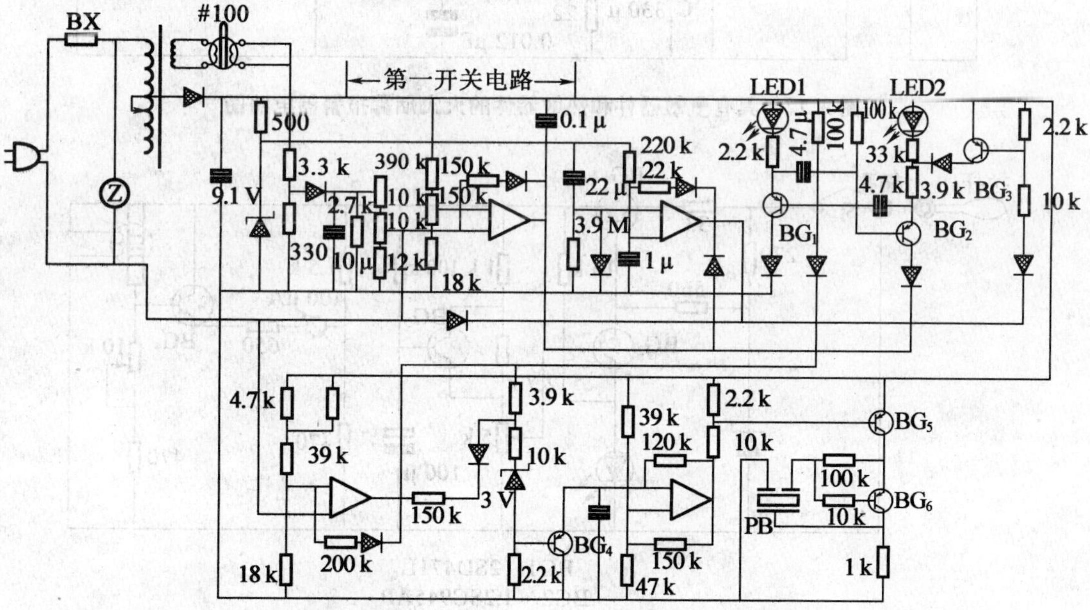

图9.11　分阶段报警的城市煤气报警电路图

3. 火灾烟雾报警器

烧结型 SnO_2 气敏器件对烟雾也很敏感，利用这一特性，可以设计火灾烟雾报警器。在火灾初期，总要产生可燃性气体和烟雾，因此可以利用 SnO_2 气敏器件作成烟雾报警器，在火灾酿成之前进行预报。

图 9.12 是组合式火灾报警器原理图。它具有双重报警机构：当火灾发生时，温度升高，达到一定温度时热传感器动作，蜂鸣器鸣响报警；当烟雾或可燃气体达到预定报警浓度时，气敏器件发生作用使报警电路动作，蜂鸣器亦鸣响报警。

4. 酒精探测器

利用 SnO_2 气敏器件可设计酒精探测器，图 9.13 为携带式酒精探测仪原理电路。插杆是用来接通 12 V 直流电源，经稳压后供给气敏器件作加热电压和回路电压。当酒精气体被探测到时，气敏器件电阻值降低，测量回路有信号输出，在 400 μA 表上有相应的示值，确定酒精气体的存在。

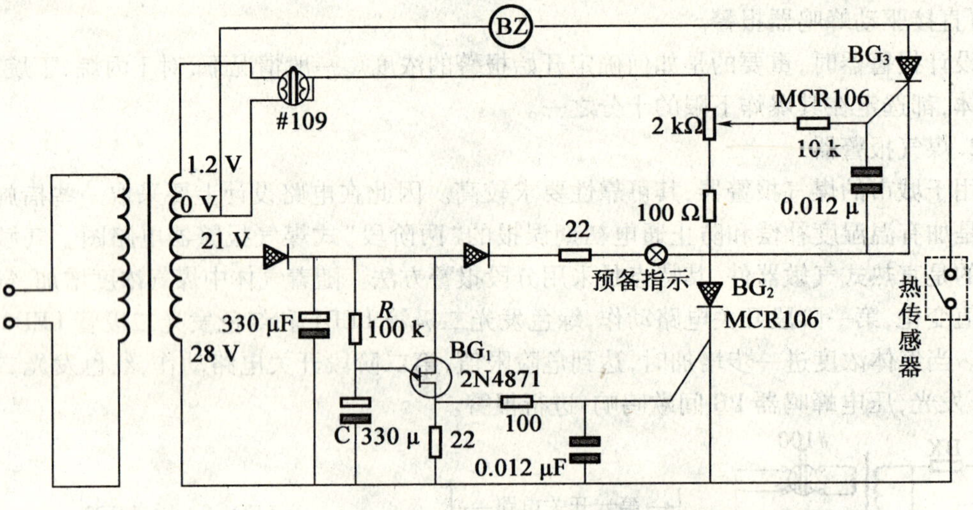

图 9.12　具有气敏器件和热敏器件的火灾烟雾报警器电路图

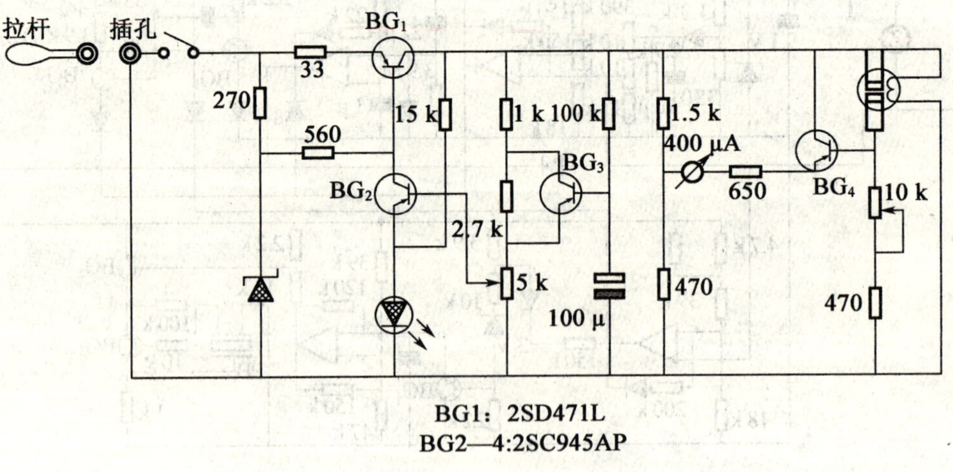

图 9.13　携带式酒精探测仪电路图

5. 空气净化换气扇

利用 SnO_2 气敏器件，可以设计用于空气净化自动换气扇。图 9.14 是自动换气扇的电路原理图。当室内空气污浊时，烟雾或其他污染气体使气敏器件阻值下降，晶体管 BG 导通，继电器动作，接通风扇电源，可实现电扇自动启动，排放污浊气体，换进新鲜空气。当室内污浊气体浓度下降到希望的数值时，气敏器件阻值上升，BG 截止，继电器断开，风扇电源切断，风扇停止工作。

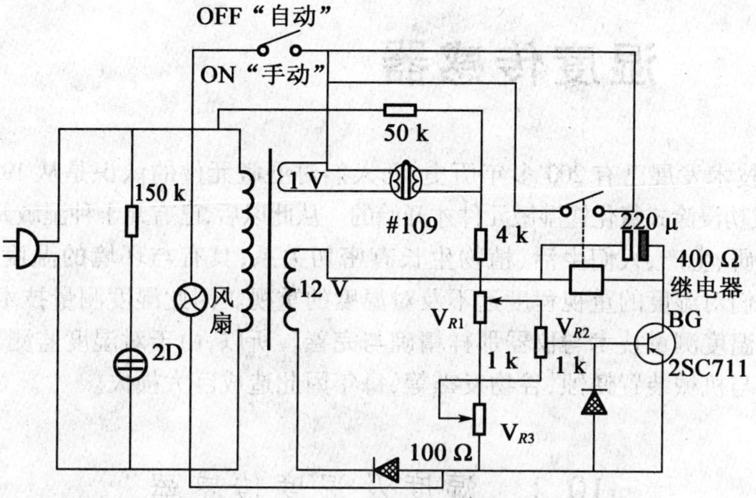

图 9.14　自动换气扇电路图

思考题

1. 简述气敏元件的工作原理。
2. 为什么多数气敏元件都附有加热器？
3. 气敏传感器一般分成几类？各有何优缺点？

第10章

湿度传感器

湿度测量技术发展已有200多年历史,而人们对湿敏元件的认识是从1938年美国F W Dummor研制成功浸涂式氯化锂湿敏元件才开始的。从此以后,已有几十种湿敏元件应运而生。

湿度与科研、生产、人们生活、植物生长有密切关系,具有与环境的温度同等重要的意义。但目前人们对湿度的重视程度远不及对温度的重视。因此湿度测量技术的研究及其测量仪器远不如温度测量技术与仪器那样精确与完善。所以,由于对湿度监测不够精确,至使大批精密仪器与机械装置锈蚀,谷物发霉等,每年因此造成巨大损失。

10.1 湿度及湿度传感器

10.1.1 湿度及其表示方法

在自然界中,凡是有水和生物的地方,在其周围的大气里总是含有或多或少的水汽。

大气中含有水汽的多少,表示大气的干、湿程度,用湿度来表示,也就是说,湿度是表示大气干湿程度的物理量。

大气湿度有两种表示方法:绝对湿度与相对湿度。

1. 绝对湿度

绝对湿度表示单位体积空气里所含水汽的质量,其表达式为

$$\rho_v = \frac{M_v}{V} \tag{10.1}$$

式中 ρ_v——被测空气的绝对湿度,g/m^3 或 mg/m^3;

M_v——被测空气中水汽的质量,g 或 mg;

V——被测空气的体积,m^3。

2. 相对湿度

相对湿度是气体的绝对湿度(ρ_v),与在同一温度下水蒸气已达到饱和的气体的绝对湿度(ρ_w)之比,常表示为%RH,其表达式为

$$相对湿度 = \left(\frac{\rho_v}{\rho_w}\right)_T \cdot 100\%\mathrm{RH} \tag{10.2}$$

根据道尔顿分压定律和理想状态方程,空气中压强 $P = P_a + P_v$(P_a 为干空气分压,P_v 为

空气中水汽分压），通过变换，又可将相对湿度用分压表示为

$$相对湿度 = \left(\frac{P_v}{P_w}\right)_T \cdot 100\%\,RH \tag{10.3}$$

式中　P_v——待测气体的水汽分压；

P_w——同一温度下水蒸气的饱和水气压。

10.1.2　湿度传感器及其特性参数

湿度传感器是指能将湿度转换为与其成一定比例关系的电量输出的器件或装置。湿度传感器的特性参数如下：

1. 湿度量程

保证一个湿敏器件能够正常工作所允许环境相对湿度可以变化的最大范围，称为湿敏元件的湿度量程。湿度量程越大，其实际使用价值越大。理想的湿敏元件的使用范围应当是 0～100% RH 的全量程。

2. 感湿特征量－相对湿度特性曲线

每一种湿敏元件都有其感湿特征量，如电阻、电容、电压、频率等。湿敏元件的感湿特征量随环境相对湿度变化的关系曲线，称为该元件的感湿特征量－相对湿度特性曲线，简称感湿特性曲线。人们希望特性曲线应当在全量程上是连续的，曲线各处斜率相等，即特性曲线呈直线。斜率应适当，因为斜率过小，灵敏度降低；斜率过大，稳定性降低，这些都会给测量带来困难。

3. 灵敏度

湿敏元件的灵敏度，就其物理含义而言，应当反映相对于环境湿度的变化、元件感湿特征的变化程度。因此，它应当是湿敏元件的感湿特性曲线斜率。在感湿特性曲线是直线的情况下，用直线的斜率来表示湿敏元件的灵敏度是恰当而可行的。

然而，大多数湿敏元件的感湿特性曲线是非线性的，在不同的相对湿度范围内曲线具有不同的斜率。因此，这就造成用湿敏元件感湿特性曲线的斜率来表示灵敏度的困难。

目前，虽然关于湿敏元件灵敏度的表示方法尚未得到统一，但较为普遍采用的方法是用元件在不同环境湿度下的感湿特征量之比来表示灵敏度。例如，日本生产的 $MgCr_2O_4-TiO_2$ 湿敏元件的灵敏度，用一组电阻比 $R_{1\%}/R_{20\%}$，$R_{1\%}/R_{40\%}$，$R_{1\%}/R_{60\%}$，$R_{1\%}/R_{80\%}$ 及 $R_{1\%}/R_{100\%}$ 表示，其中 $R_{1\%}$，$R_{20\%}$，$R_{40\%}$，$R_{60\%}$，$R_{80\%}$ 及 $R_{100\%}$ 分别为相对湿度在 1%，20%，40%，60%，80% 及 100% 时湿敏元件的电阻值。

4. 湿度温度系数

湿敏元件的温度系数是表示感湿特性曲线随环境温度而变化的特性参数，在不同的环境温度下，湿敏元件的感湿特性曲线是不相同的，它直接给测量带来误差。

湿敏元件的湿度温度系数定义为：在湿敏元件感湿特征量恒定的条件下，该感湿特征量值所表示的环境相对湿度随环境温度的变化率。

$$\alpha = \left.\frac{\mathrm{d}(RH)}{\mathrm{d}T}\right|_{k=常数} \tag{10.4}$$

式中　T——绝对温度；

k——元件特征量；

α——湿度温度系数，其单位为% RH/℃。

由湿敏元件的湿度温度系数 α 值,即可得知湿敏元件由于环境温度的变化所引起的测湿误差。例如,湿敏元件的 $\alpha = 0.3\%$ RH/℃时,如果环境的温度变化 20 ℃,那么就将引起 6% RH 的测湿误差。

5. 响应时间

响应时间反映湿敏元件在相对湿度变化时输出特征量随相对湿度变化的快慢程度。一般规定为响应相对湿度变化量的 63% 时所需要的时间。在标记时,应写明湿度变化区的起始与终止状态。人们希望响应时间快一些为好。

6. 湿滞回线和湿滞回差

各种湿敏元件吸湿和脱湿的响应时间各不相同,而且吸湿和脱湿的特性曲线也不相同。一般总是脱湿比吸湿迟后,我们称这一特性为湿滞现象。湿滞现象可以用吸湿和脱湿特性曲线所构成的回线来表示,我们称这一回线为湿滞回线。在湿滞回线上所表示的最大量差值为湿滞回差。人们希望湿敏元件的湿滞回差越小越好。

综上所述,作为理想的湿度传感器希望能满足下列要求:

(1)在各种气体环境下特性稳定,不受尘埃附着的影响,使用寿命长;

(2)受温度的影响小;

(3)线性重复性好,灵敏度高,迟滞回差小,响应速度快;

(4)小型,易于制作和安装,且互换性好。

10.1.3　湿度传感器的分类

湿度传感器的种类很多,据不完全统计,湿度传感器的系列、类型如表 10.1 所示。

本章将分别介绍电解质系、半导体及陶瓷系、有机物及高分子聚合物系三大系列的湿度传感器。

表 10.1　湿度传感器的分类

<table>
<tr><th>类型</th><th colspan="3">湿度传感器元件</th></tr>
<tr><td rowspan="7">物性型</td><td>电解质系</td><td colspan="2">氯化铝 - 聚乙烯醇光硬化树脂电解质、氯化锂植物纤维含浸系、聚苯乙烯硫磺及其盐类、氟化钡</td></tr>
<tr><td rowspan="5">半导体及陶瓷系</td><td>涂覆膜型</td><td>四氧化三铁涂覆膜、氧化铝陶瓷</td></tr>
<tr><td>烧结体型</td><td>二氧化钛 - 氧化物非加热式、锌 - 锂 - 钒系,$N_{i1-x}F_{e2+x}O_4$ 系、铁 - 钾 - 铝系、羟基磷灰石系、$MgC_{r2}O_4 - TiO_2$ 系、$ZnCrO_4$ 系、氧化铝 - 氧化镁陶瓷、$B_{r1-x}S_{rx}TiO_3$ 系</td></tr>
<tr><td>厚膜型</td><td>钨酸锆系、钨酸镍系、$LiNbO_3 - PbO$ 系非加热式、钛酸钡 - 氧化镧 - 氧化铝系</td></tr>
<tr><td>薄膜型</td><td>三氧化二铝绝对湿度、$Tg - MnO_2$ 电容式</td></tr>
<tr><td>MOS 型</td><td>MOS 型电容式薄膜湿度传感器</td></tr>
<tr><td>有机物及高分子聚合物系</td><td colspan="2">亲水性高分子 - 碳黑系、聚酰亚胺薄膜式、等离子聚苯乙烯薄膜电容式、聚丙酸系</td></tr>
<tr><td>结构性</td><td colspan="3">毛发湿度传感器、肠膜湿度传感器、尼龙湿度传感器</td></tr>
<tr><td>其他形式</td><td colspan="3">干湿球式、钛酸镁微吸收式、五氧化二磷电解式、石英晶体振子式、氯化镍露点式、红外线式、中子法式</td></tr>
</table>

10.2　电解质系湿度传感器

这类湿敏元件中主要包括潮解性盐的元件、非溶性盐薄膜元件和采用离子交换树脂型元件，亦即包括无机电解质和高分子电解质湿敏元件两大类。

10.2.1　无机电解质湿度传感器

典型的是氯化锂湿敏元件。其感湿原理为：不挥发性盐（加氯化锂）溶解于水，结果降低了水的蒸气压，同时盐的浓度降低，电阻率增加。利用这个特性，在绝缘基板上制作一对金属电极，其上面再涂覆一层电解质溶液，即可形成一层感湿膜。感湿膜可随空气中湿度的变化而吸湿或脱湿，同时引起感湿膜电阻的改变。那么通过对感湿膜电阻的测试和标定，即可知环境的湿度。

氯化锂湿敏元件灵敏、准确、可靠，其主要缺点是在高湿的环境中，潮解性盐的浓度会被稀释。因此，其使用寿命短，当灰尘附着时，潮解性盐的吸湿功能降低，重复性变坏。

目前，氯化锂湿敏元件有以下三类典型产品。

1. 登莫（Dunmore）式

登莫式传感器是在聚苯乙烯圆管上做出两条相互平行的钯引线作为电极，在该聚苯乙烯管上涂敷一层经过适当碱化处理的聚乙烯醋酸盐和氯化锂水溶液的混合液，以形成均匀薄膜。若只采用一个传感器件，则其检测范围狭窄。因此，设法将氯化锂含量不同的几种传感器组合使用，使其检测范围能达到20%～90%的相对湿度。图10.1示出了登莫式传感器的结构。图中，A为用聚苯乙烯包封的铝管；B为用聚乙烯醋酸盐覆盖在A上的钯丝，这种聚乙烯醋酸盐中加有氯化锂。图10.2为上述传感器的电阻－湿度特性。

2. 浸渍式

浸渍式传感器是在基片材料上直接浸渍氯化锂溶液构成的。这类传感器的浸渍基片材料为天然树皮，在基片上浸渍氯化锂溶液。这种方式与登莫式不同，它部分地避免了高湿度下所产生的湿敏膜的误差。并且，由于采用了表面积大的基片材料，并直接在基片上浸渍氯化锂溶液，因此这种传感器具有小型化的特点。它适应于微小空间的湿度检测。但是，与登莫式传感器一样，若仅使用一个这种传感器，则所能检测的湿度范围狭窄。因此，为了能够对传感器材料所能检测的整个湿度范围（20%～90%的相对湿度）都能进行检测，就必须使用几个特性不同（改变氯化锂溶液浓度的器件）的传感器。

在这种方式的传感器中，还有在玻璃带上浸有氯化锂溶液的另一类浸渍式湿度传感器。这种传感器的优点是：采用两种不同氯化锂溶液浓度的传感器，就能够检测出20%～80%的相对湿度。图10.3为结构示意图以及成品实例。图10.4为该湿度传感器的电阻－湿度特性。如图10.4所示，阻值的对数与相对湿度50%～85%成线性关系。同样，若仅采用一个传感器，则所能检测的湿度范围也较窄。应设法用1%～1.5%的不同浓度的氯化锂来检测40%～80%范围的湿度。这样就能完成整个20%～80%湿度范围的检测。

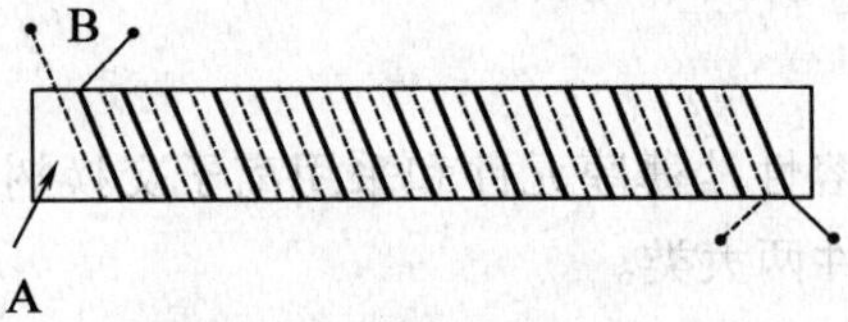

图 10.1 登莫式传感器结构

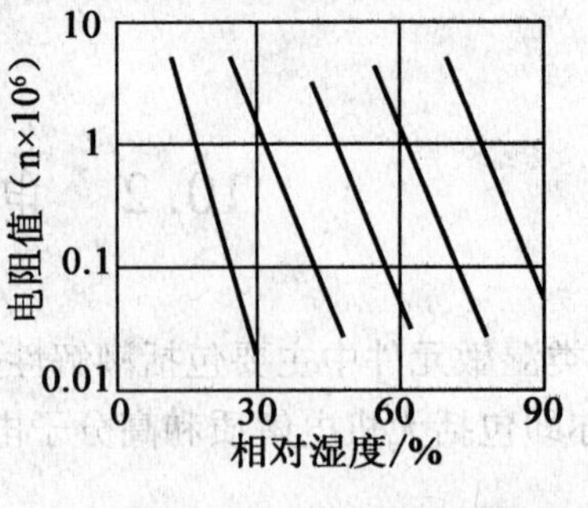

图 10.2 登莫式传感器的电阻－湿度特性曲线

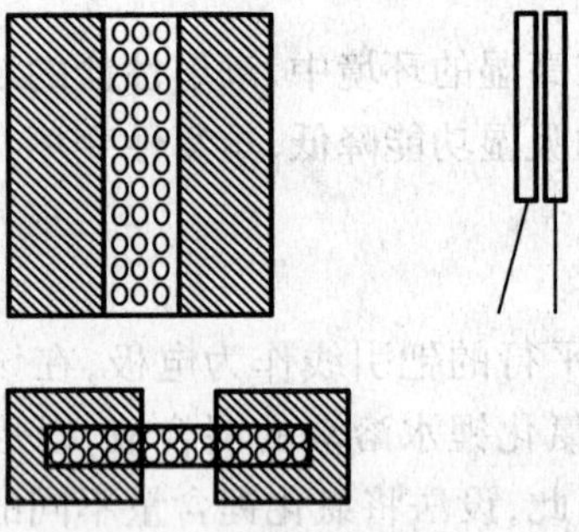

图 10.3 玻璃带上浸 LiCl 的湿度传感器的结构

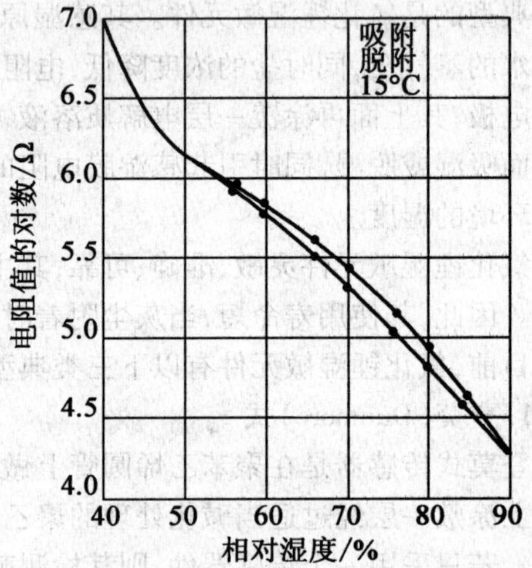

图 10.4 玻璃带上浸 LiCl 的湿度传感器的感湿特性

3. 光硬化树脂电解质湿敏元件

登莫元件中的胶合剂——聚乙烯醇（PVA）不耐高温高湿的性质限制了元件的使用范围。采用光硬化树脂代替 PVA，即将树脂、氯化锂、感光剂、助膜剂和水按一定比例配成胶体溶液，浸涂在蒸镀有电极的塑料基片上，干燥后放置在紫外线下曝光并热处理，即可形成耐温、耐湿的感湿膜。它可在 80 ℃温度下使用，并且有较好的耐水性，不怕“冲蚀”，从而提高了元件的性能。典型氯化锂湿敏元件主要特性如表 10.2 所示。

表 10.2 典型氯化锂湿敏元件主要技术特性

名称	型号	精度/%RH	测湿范围/%RH	工作温度/℃	响应时间/℃
氯化锂湿敏元件	MSK－1	2～3	20～95	－5～＋40	<60
	MSK－1A	5	30～90	－10～＋40	
氯化锂湿敏电阻器	MS	2～4	40～90	0～40	
光硬化树脂电解质湿度传感器		1～2	15～100	－10～＋80	10～40

表 10.2(续)

名称	型号	精度/%RH	测湿范围/%RH	工作温度/℃	响应时间/℃
氯化锂湿敏元件	PL-1	5	20~100	-10~+40	
氯化锂湿敏元件	SL-2 SL-3	2	10~95 40~90	5~50 10~40	
氯化锂湿敏元件	PSB-1 PSB-2 PSB-3 PSB-4	2~3	45~65 55~75 30~70 40~80 30~90 15~90	5~50	

10.2.2　高分子电解质湿度传感器

这是离子交换树脂型的湿敏元件。这类元件的感湿膜虽然是高分子聚合物,但是起吸湿导电作用的部分仍然是电解质。

1. 聚苯乙烯磺酸锂湿敏元件

此类元件是用聚苯乙烯作为基片,其表面用硫酸进行磺化处理,引入磺酸基团(—SO_3—H^+),形成具有共价键结合的磺化聚苯乙烯亲水层,为了提高湿敏元件的感湿特性,再放入氯化锂溶液中,通过 Li^+离子交换置换出磺酸基团中的氢离子 H^+,形成磺酸锂感湿层,最后,在感湿层表面再印刷上多孔性电极。

图 10.5 示出了聚苯乙烯磺酸锂湿敏元件在吸湿和脱湿两种情况下的电阻-湿度特性。在整个相对湿度范围内元件均在感湿特性,并且其阻值与相对湿度的关系在半对数坐标上基本为一直线。实验证明,元件的感湿特性与基片表面的磺化时间密切相关,亦即与亲水性的离子交换树脂的性能有关。由图 10.5 也可看到,元件的湿滞回差亦较理想,在阻值相同的情况下,吸湿和脱湿时湿度指示的最大差值为(3~4)%RH。此外,对湿敏元件进行抗水浸性能的试验(水浸两小时),结果如图 10.6 所示,水浸后元件阻值略有提高,在低湿段较为明显。

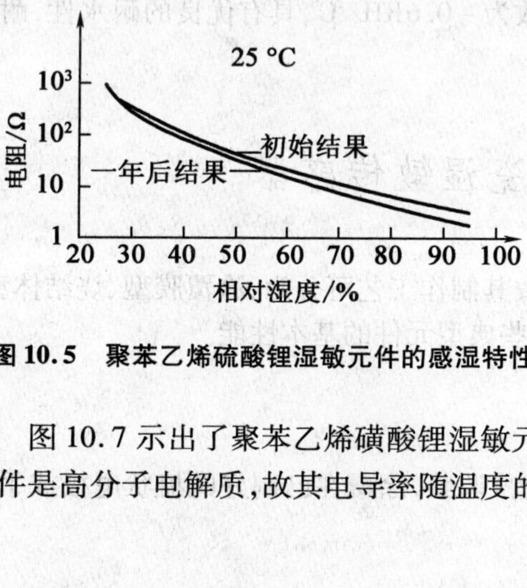

图 10.5　聚苯乙烯硫酸锂湿敏元件的感湿特性

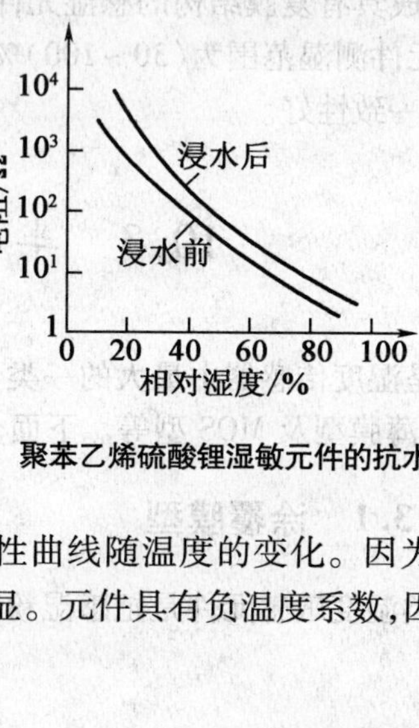

图 10.6　聚苯乙烯硫酸锂湿敏元件的抗水浸性能

图 10.7 示出了聚苯乙烯磺酸锂湿敏元件的感湿特性曲线随温度的变化。因为该湿敏元件是高分子电解质,故其电导率随温度的变化较为明显。元件具有负温度系数,因而在应

用该类湿敏元件时,应进行温度补偿。

图 10.8 示出了聚苯乙烯磺酸锂湿敏元件存储一年后,对其感湿特性曲线重新测试的结果。该元件具有较好的稳定性,其最大变化不超过 2% RH/年,完全满足器件稳定性要求,典型产品是 SP－1 及 SP－2 两种元件。

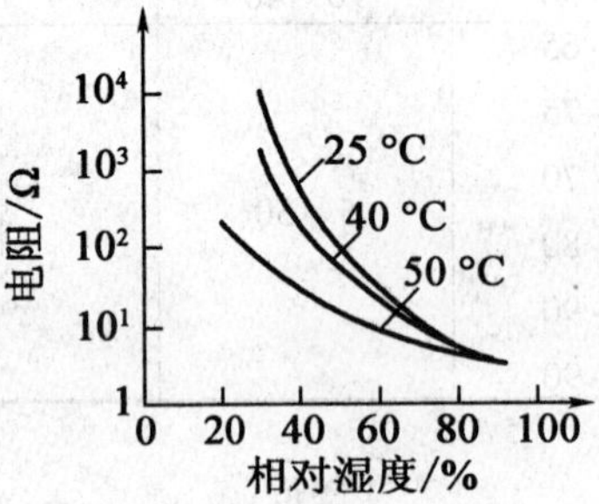

图 10.7　聚苯乙烯硫酸锂湿敏元件的温度特性曲线

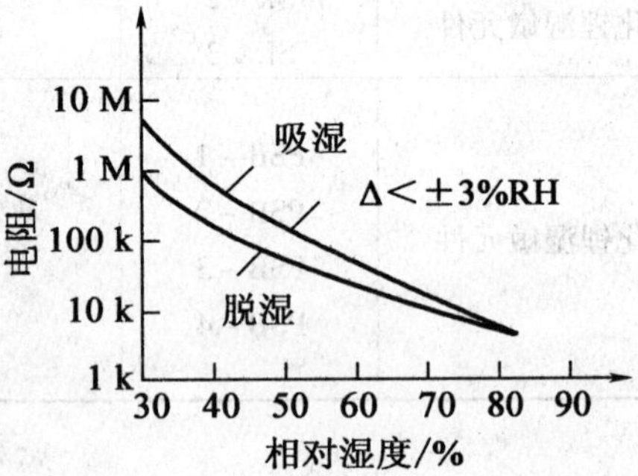

图 10.8　聚苯乙烯硫酸锂湿敏元件稳定性实验结果

国产聚苯乙烯磺酸锂湿敏元件的优点是使用的温湿度范围宽,并且具有良好的耐水性,其缺点是湿滞略大,此外长期稳定性在实际应用中有待进一步考核。

2. 有机季铵盐高分子电解质湿敏元件

该类高分子湿度传感器的感湿材料即是含有氯化季铵盐的高分子聚合物——丙烯酸酯,该材料是一种离子导电的高分子材料。其感湿原理为:大气中增加的湿度越大,则感湿膜被电离的程度就越大,电极间的电阻值也就越小,电阻值的变化与相对湿度的变化成指数关系。

该元件在高温高湿条件下,有极好的稳定性,湿度检测范围宽,湿滞较小,响应速度快,并且具有较强的耐油性,耐有机溶剂及耐烟草等特性。

3. 聚苯乙烯磺酸氨湿敏元件

聚苯乙烯磺酸氨元件是在氧化铝基片上印刷梳状金电极,然后涂敷加有交联剂的苯乙烯磺酸氨溶液。之后,用紫外线光照射,苯乙烯磺酸氨交联、聚合,形成体形高分子,再加保护膜,形成具有复膜结构的感湿元件。

该元件测湿范围为(30～100)% RH,温度系数为－0.6RH/℃,具有优良的耐水性,耐烟草性,且一致性好。

10.3　半导体及陶瓷湿敏传感器

这是湿度传感器中最大的一类,品种繁多。按其制作工艺可分为:涂覆膜型、烧结体型、厚膜型、薄膜型及 MOS 型等。下面介绍其中的一些典型元件的基本性能。

10.3.1　涂覆膜型

此类湿度敏感元件是把感湿粉料(金属氧化物)调浆,涂覆在已制好的梳状电极或平行电极的滑石瓷、氧化铝或玻璃等基板上。四氧化三铁、五氧化二钒及三氧化二铝等湿敏元件均属此类。其中比较典型且性能较好的是四氧化三铁(Fe_3O_4)湿敏元件。

涂覆膜型 Fe_3O_4 湿敏元件，一般采用滑石瓷作为元件的基片。在基片上用丝网印刷工艺印刷梳状金电极。将纯净的黑色 Fe_3O_4 胶粒，用水调制成适当黏度的浆料，然后用笔涂或喷雾在已有金电极的基片上，经低温烘干后，引出电极即可使用。元件构造如图 10.9 所示。

图 10.10 示出了涂覆膜型 Fe_3O_4 湿敏元件的湿滞曲线。元件的湿滞现象在高湿较为明显，最大湿滞回差约为 ±4% RH，可以满足民用的要求。

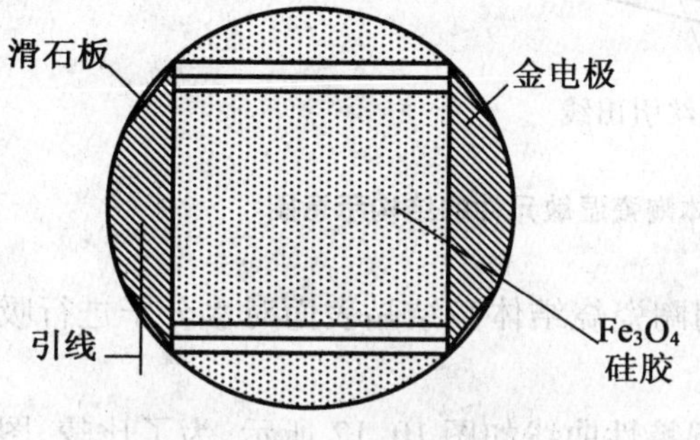

图 10.9　Fe_3O_4 湿敏元件构造

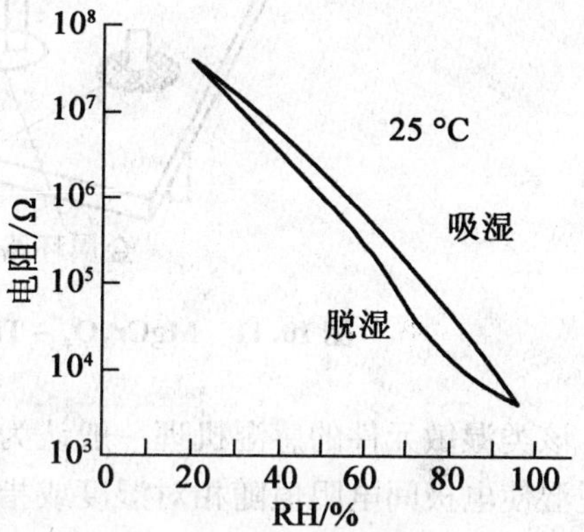

图 10.10　Fe_3O_4 湿敏元件湿度迟滞曲线

元件的稳定性较好，实验证明，器件在常温下自然存放一年后感湿特性几乎不发生变化。

Fe_3O_4 湿敏元件是能在温湿度范围内进行测量的元件，并且具有一定的抗污染能力，体积小。但主要的缺点是响应时间长，吸湿过程(60% →98% RH)需要两分钟，脱湿过程(98%→12% RH)需 5 ~7 分钟，同时在工程应用中长期稳定性不够理想。

10.3.2　烧结体型

这类元件的感湿体是通过典型的陶瓷工艺制成的。即将颗粒大小处于一定范围的陶瓷粉料外加利于成型的结合剂和增塑剂等，用压力轧膜，流延或注浆等方法成型，然后在适合的烧成条件下，于规定的温度和气氛下烧成，待冷却清洗，检选合格产品送去被测电极，装好引线后，就可得到满意的陶瓷湿敏元件。这类元件的可靠性、重现性等均比涂覆元件好，而且是体积导电，不存在表面漏电流，元件结构也简单。这是一类十分有发展前途的湿敏元件，其中较为成熟，且具有代表性的是铬酸镁 - 二氧化铁($MgCr_2O_4 - TiO_2$)陶瓷湿敏元件、五氧化二钒 - 二氧化钛($V_2O_5 - TiO_2$)陶瓷湿敏元件、羟基磷灰石($Ca_{10}(PO_4)_6(OH)_2$)陶瓷湿敏元件及氧化锌 - 三氧化二铬($ZnO - Cr_2O_3$)陶瓷湿敏元件等。

1. 铬酸镁 - 二氧化钛陶瓷湿敏元件(MCT 型)

该湿敏元件的结构如图 10.11 所示。在 $MgCr_2O_4 - TiO_2$ 陶瓷片的两面，设置高孔金电极，并用掺金玻璃粉将引出线与金电极烧结在一起。在半导体陶瓷片的外面，安放一个由镍铬丝烧制而成的加热清洗圈(又称 Kathal 加热器)，以便对元件进行经常加热清洗，排除有害气体对元件的污染。元件安放在一种高度致密的、疏水性的陶瓷底片上。为消除底座上测量电极 2 和 3 之间由于吸湿和沾污而引起的漏电，在电极 2 和 3 的四周设置了金短路环。

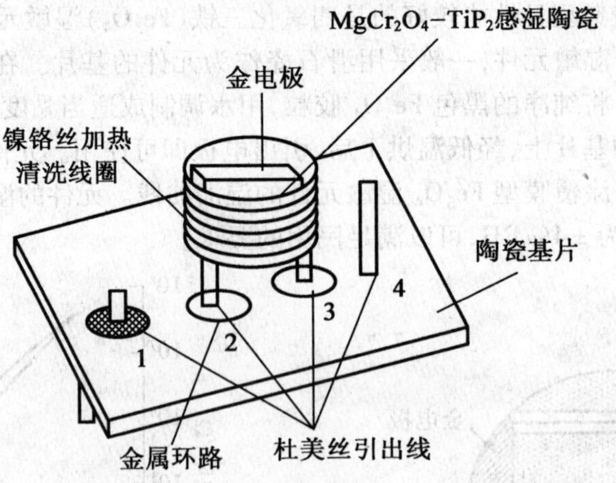

图 10.11　$MgCr_2O_4-TiO_2$ 半导体陶瓷湿敏元件的结构示意图

该类湿敏元件的感湿机理一般认为是：利用陶瓷烧结体微结晶表面对水分子进行吸湿或脱湿使电极间电阻值随相对湿度或指数变化。

$MgCr_2O_4-TiO_2$ 半导体陶瓷湿敏元件的感湿特性曲线如图 10.12 所示，为了比较，图中给出了国产 SM－1 型和日本的松下－Ⅰ型、松下－Ⅱ型的感湿特性曲线。

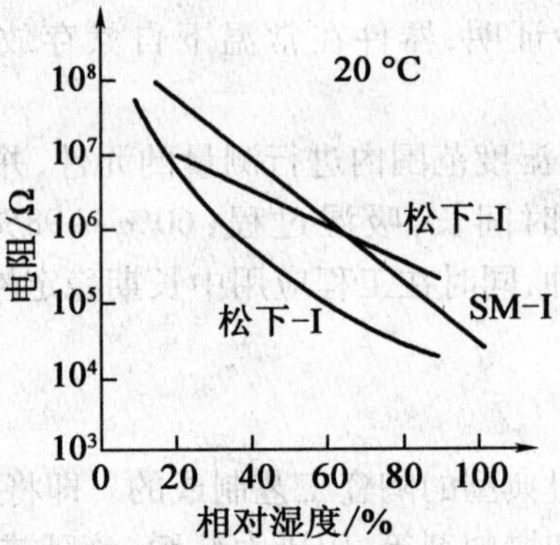

图 10.12　$MgCr_2O_4-TiO_2$ 湿敏元件的感湿特性曲线

该类湿敏元件的特点是体积小，测湿范围宽，一片即可测（1～100）% RH，可用于高湿（150 ℃），最高承受温度可达 600 ℃；能用电热反复进行清洗，除掉吸附在陶瓷上的油污、灰尘、盐、酸、气溶胶或其他污染物，以保持精度不变，响应速度快（一般不超过 20 s），长期稳定性好。

2. 五氧化二矾－二氧化铁陶瓷湿敏元件

$V_2O_5-TiO_2$ 陶瓷湿敏元件系陶瓷多孔质烧结体，是利用体积吸附水汽现象的湿敏元件，元件内部的两根白金丝电极包埋在线卷内，通过测定电极间的电阻检测湿度。这类元件的特点是：测湿范围宽，能够耐高温，响应时间短；缺点是这类元件容易发生漂移，漂移量与相对湿度成比例。

3. 羟基磷灰石陶瓷湿敏元件

羟基磷灰石陶瓷湿敏元件是目前国外研究得比较多的磷灰石系陶瓷湿敏元件。羟基的存在有利于提高元件的长期稳定性，当在54% RH 和100% RH 湿度下，以每5 min 加热30 s（450 ℃）的周期进行4 000 次热循环试验后，其误差仅为±3.5% RH。

4. 氧化锌－三氧化二铬陶瓷湿敏元件

上面介绍的几种烧结型陶瓷湿敏元件均需要加热清洗去污。这样在通电加热及加热后，延时冷却这段时间内元件不能使用。因此，测湿是断续的，这在某些场合下是不允许的。为此，国外已研制出不用电热清洗的陶瓷湿敏元件，$ZnO-Cr_2O_3$ 陶瓷湿敏元件就是其中的一种。

该湿敏元件的电阻率几乎不随温度改变，老化现象很小，长期使用后电阻率变化只有百分之几。元件的响应速度快，(0～100) % RH 时，约10 s，湿度变化为±20% 时，响应时间仅2 s；吸湿和脱湿时几乎没有湿滞现象。

10.3.3 薄膜型

1. 氧化铝薄膜湿敏元件

该湿敏元件测湿的原理主要是多孔的三氧化二铝薄膜易于吸收空气中的水蒸气，从而改变了其本身的介电常数，这样由三氧化二铝作电介质构成的电容器的电容值，将随空气中水蒸气分压而变化。测量电容值，即可得出空气的相对湿度。

多孔三氧化二铝电容式湿敏元件的优点是体积小，温度范围宽（从－111～＋20 ℃及从＋20～60 ℃），元件响应快，在低湿下灵敏度高，没有“冲蚀”；缺点是对污染敏感而影响精度，高湿时精度较差，工艺复杂，老化严重，稳定性较差。采用等离子法制作的元件，稳定性有所提高，但尚需进一步在应用中考核。

2. 钽电容湿敏元件

目前，以铝为基础的湿敏元件在有腐蚀剂和氧化剂的环境中使用时，都不能保证长期稳定性。但以钽作为基片，利用阳极氧化法形成的氧化钽多孔薄膜是一种介电常数高、电特性和化学特性较稳定的薄膜。以此薄膜制成的电容式湿敏元件可大大提高元件的长期稳定性。

电容式湿敏元件采用氧化钽作为感湿材料。它是在钽丝上的阳极氧化一层氧化钽薄膜；膜上还有一层含防水剂的二氧化锰层，作为一对电极的导电层；考虑到对油烟、灰尘等应用环境的适应性，还装有活性炭纸过滤器，使之适于测量腐蚀性气体的湿度。

10.4 湿度传感器的应用及发展动向

湿度传感器广泛应用于各种场合的湿度监测、控制与报警。可用在军事、气象、农业、工业（特别是纺织、电子、食品工业）、医疗、建筑以及家用电器等方面。

举例来说，湿度传感器广泛用于自动气象站的遥测装置上，采用耗电量很小的湿度传感器可以由蓄电瓶供电长期自动工作，几乎不需要维护。用于无线电遥测自动气象站的湿度测报原理方框图如图10.13所示。图中的 $R-f$ 变换器将传感器送来的电阻阻值变为相应的频率 f，再经自校器控制使频率数 t 与相对湿度一一对应，最后经门电路记录在自动记录仪上，如需要远距离数据传输,则还需要将得到的数字量编码,调制到无线电载波上发射出去。

湿度传感器还广泛用于仓库管理。为防止库中的食品、被服、武器弹药、金属材料以及仪器仪表等物品霉烂、生锈,必须设有自动去湿装置。有些物品如水果、种子、肉类等又需保证在一定湿度的环境中。这些都需要自动湿度控制。

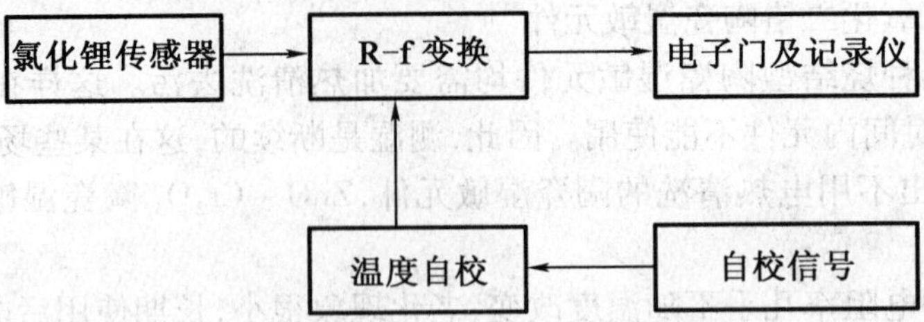

图 10.13　自动气象站湿度测报原理图

图 10.14 为一自动去湿装置。H 为湿敏传感器,R 为加热电阻丝,BG_1 和 BG_2 接成施密特触发器,BG_2 的集电极负载 J 为继电器线圈。BG_1 的基极回路电阻是 R_1,R_2 和 H 的等效电阻 R_p。在常温常湿情况下调好各电阻值,使 BG_1 导通,BG_2 截止。当阴雨等使环境湿度增大而导致 H 的阻值下降达到某值时,R_2 与 R_p 并联的阻值小到不足以维持 BG_1 导通,由于 BG_1 截止而使 BG_2 导通,其负载继电器 J 通电,J 的常开触点Ⅱ闭合,加热电阻丝 R_1 通电加热,驱散湿气。当湿度减小到一定程度时,施密特电路又翻转到初始状态,BG_1 导通 BG_2 截止,常开触点Ⅱ断开,断电停止加热从而实现了防湿自动控制。

以上讨论了典型湿度传感器的工作原理、结构、性能以及传感器的应用情况。目前湿度传感器在长期稳定性方面还存在一些问题,为此各方面迫切希望研制出有长期可靠性的传感器,而宁可在测量精度、湿度和温度特性、响应性、形状和尺寸等方面作出一些牺牲。

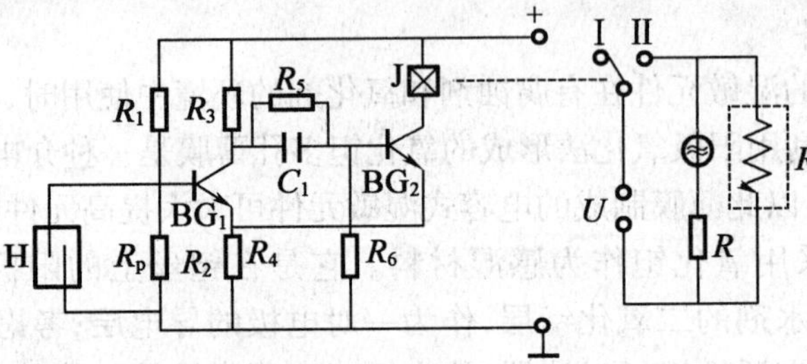

图 10.14　自动去湿装置

根据大工业自动化微机控制的需要,提出了湿度传感器微型化、集成化、廉价的发展方向。国内外正在开展新一代湿度传感器的研制与开发以适合各种情况下的测湿和达到人们所希望的各种要求。

思考题

1. 什么叫湿敏电阻?湿敏电阻有哪些类型?各有什么特点?
2. 什么是绝对湿度和相对湿度?
3. 总结本章介绍的各种湿度传感器的工作原理。

第11章

超声波传感器

超声技术是一门以物理、电子、机械及材料学为基础的,各行各业都要使用的通用技术,它是通过超声波的产生、传播及接收的物理过程完成的。目前,超声波技术广泛应用于冶金、船舶、机械、医疗等各个工业部门的超声探测、超声清洗、超声焊接、超声检测和超声医疗等方面。

11.1 超声波及其物理性质

振动在弹性介质内的传播称为波动,简称波。频率在 $16 \sim 2 \times 10^4$ Hz 之间,能为人耳所闻的机械波,称为声波;低于 16 Hz 的机械波,称为次声波;高于 2×10^4 Hz 的机械波,称为超声波,如图 11.1 所示。

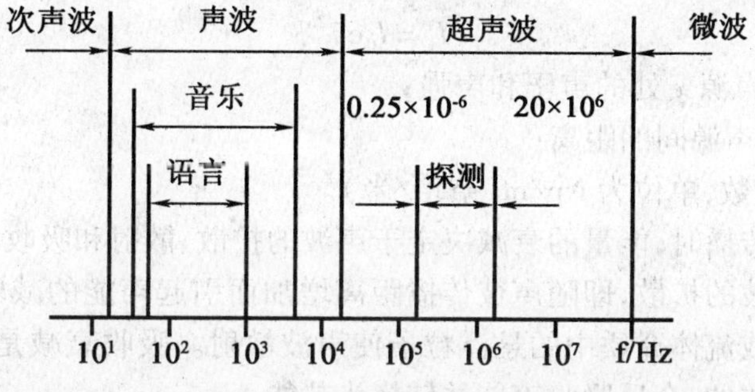

图 11.1　声波的频率界限图

当超声波由一种介质入射到另一种介质时,由于在两种介质中传播速度不同,在介质面上会产生反射、折射和波形转换等现象。

1. 超声波的波形及其转换

由于声源在介质中施力方向与波在介质中传播方向的不同,声波的波形也不同。通常有:

①纵波——质点振动方向与波的传播方向一致的波;

②横波——质点振动方向垂直于传播方向的波;

③表面波——质点的振动介于横波与纵波之间,沿着表面传播的波。

横波只能在固体中传播,纵波能在固体、液体和气体中传播,表面波随深度增加衰减很快,为了测量各种状态下的物理量,多采用纵波。

纵波、横波及其表面波的传播速度取决于介质的弹性常数及介质密度，气体中声速为344 m/s，液体中声速为900 ~ 1 900 m/s。

当纵波以某一角度入射到第二介质(固体)的界面上时，除有纵波的反射、折射外，还发生横波的反射和折射。在某种情况下，还能产生表面波。

2. 超声波的反射和折射

声波从一种介质传播到另一种介质，在两个介质的分界面上一部分声波被反射，另一部分透射过界面，在另一种介质内部继续传播。这样的两种情况称之为声波的反射和折射，如图11.2所示。

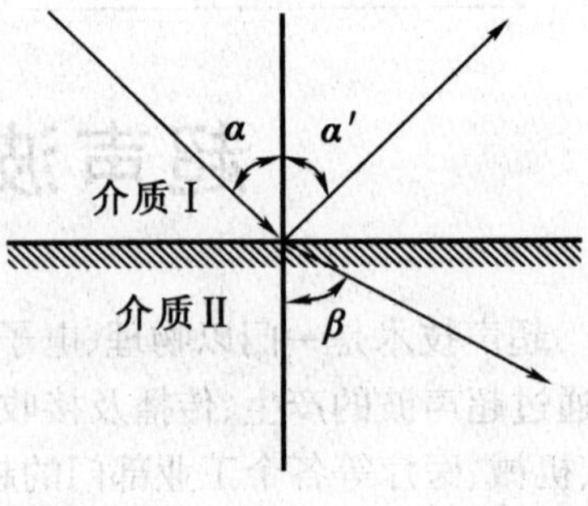

图11.2 超声波的反射和折射

由物理学知，当波在界面上产生反射时，入射角 α 的正弦与反射角 β 的正弦之比等于波速之比。当波在界面处产生折射时，入射角 α 的正弦与折射角的正弦之比，等于入射波在第一介质中的波速 C_1 与折射波在第二介质中的波速 C_2 之比，即

$$\frac{\sin\alpha}{\sin\beta}=\frac{C_1}{C_2} \tag{11.1}$$

3. 超声波的衰减

声波在介质中传播时，随着传播距离的增加，能量逐渐衰减，其衰减的程度与声波的扩散、散射及吸收等因素有关。其声压和声强的衰减规律为

$$P_x = P_0 e^{-\alpha\tau} \tag{11.2}$$

$$I_x = I_0 e^{-2\alpha\tau} \tag{11.3}$$

式中 P_x, I_x——距声源 x 处的声压和声强；

x——声波与声源间的距离；

α——衰减系数，单位为Np/m(奈培/米)。

声波在介质中传播时，能量的衰减决定于声波的扩散、散射和吸收，在理想介质中，声波的衰减仅来自于声波的扩散，即随声彼传播距离增加而引起声能的减弱。散射衰减是固体介质中的颗粒界面或流体介质中的悬浮粒子使声波散射。吸收衰减是由介质的导热性、黏滞性及弹性滞后造成的，介质吸收声能并转换为热能。

11.2 超声波传感器

利用超声波在超声场中的物理特性和各种效应而研制的装置可称为超声波换能器、探测器或传感器。

超声波探头按其工作原理可分为压电式、磁致伸缩式、电磁式等，而以压电式最为常用。

压电式超声波探头常用的材料是压电晶体和压电陶瓷，这种传感器统称为压电式超声波探头。它是利用压电材料的压电效应来工作的：逆压电效应将高频电振动转换成高频机械振动，从而产生超声波，可作为发射探头；而利用正压电效应，将超声振动波转换成电信号，可作为接收探头。

超声波探头结构如图 11.3 所示，主要由压电晶片、吸收块(阻尼块)和保护膜组成。压电晶片多为圆板形，厚度为 δ。超声波频率 f 与其厚度 δ 成反比。压电晶片的两面镀有银层，作为导电的极板。阻尼块的作用是降低晶片的机械品质，吸收声能量。如果没有阻尼块，当激励的电脉冲信号停止时，晶片将会继续振荡，加长超声波的脉冲宽度，使分辨率变差。

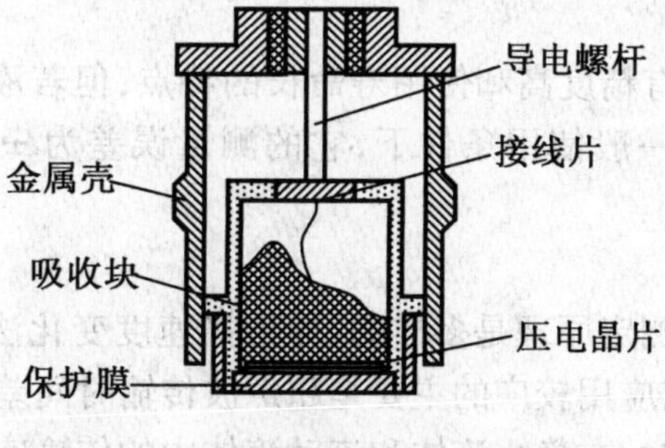

图 11.3　压电式超声波传感器结构

11.3　超声波传感器的应用

1. 超声波物位传感器

超声波物位传感器是利用超声波在两种介质分界面上的反射特性而制成。如果从发射超声脉冲开始，到接收换能器接收到反射波为止的这个时间间隔为已知，就可以求出分界面的位置，利用这种方法可以对物位进行测量。根据发射和接收换能器的功能，传感器又可分为单换能器和双换能器。单换能器的传感器发射和接收超声波均使用一个换能器，而双换能器的传感器发射和接收各由　个换能器担任。

超声波物位传感器包括超声波发射和接收器。超声波发射和接收换能器可设置于水中，让超声波在液体中传播。由于超声波在液体中衰减比较小，所以即使发生的超声脉冲幅度较小也可以传播。超声波发射和接收换能器也可以安装在液面的上方，让超声波在空气中传播，这种方式便于安装和维修，但超声波在空气中的衰减比较厉害。对于单换能器来说，超声波从发射到液面，又从液面反射到换能器的时间为

$$t = \frac{2h}{v} \tag{11.4}$$

$$h = \frac{vt}{2} \tag{11.5}$$

式中　h——换能器距液面的距离；

v——超声波在介质中传播的速度。

对于双换能器来说，超声波从发射到被接收经过的路程为 $2s$，而

$$s = \frac{vt}{2} \tag{11.6}$$

因此，液位高度为

$$h = (s^2 - a^2)^{\frac{1}{2}} \tag{11.7}$$

式中　s——超声波反射点到换能器的距离；

a——两换能器间距的一半；

v——超声波在介质中的传播速度。

从以上公式中可以看出，只要测得超声波脉冲从发射到接收的间隔时间，便可以求得待测的物位。

超声波物位传感器具有精度高和使用寿命长的特点，但若液体中有气泡或液面发生波动时会有较大的误差。在一般使用条件下，它的测量误差为 $\pm 0.1\%$，检测物位的范围为 $10^{-2} \sim 10^{4}$ m。

2. 超声波流量传感器

超声波流量传感器的测定原理是多样的，如传播速度变化法、波速移动法、多卜勒效应法、流动听声法等。但目前应用较广的主要是超声波传输时间差法。

超声波在流体中传输时，在静止流体和流动流体中的传输速度是不同的，利用这一特点可以求出流体的速度，再根据管道流体的截面积，便可知道流体的流量。

如果在流体中设置两个超声波传感器，它们既可以发射超声波又可以接收超声波，一个装在上游，另一个装在下游，其距离为 L，如图 11.4 所示。如设顺流方向的传输时间为 t_1，逆流方向的传输时间为 t_2，流体静止时的超声波传输速度为 c，流体流动速度为 v，则

$$t_1 = \frac{L}{c + v} \tag{11.8}$$

$$t_2 = \frac{L}{c - v} \tag{11.9}$$

一般来说，流体的流速远小于超声波在流体中的传播速度，那么超声波传播时间差为

$$\Delta t = t_2 - t_1 = \frac{2Lv}{c^2 - v^2} \tag{11.10}$$

从上式便可得到流体的流速，即

$$v = \frac{c^2}{2L} \cdot \Delta t \tag{11.11}$$

在实际应用中，超声波传感器安装在管道的外部，从管道的外面透过管壁发射和接收超声波不会给管道内流动的流体带来影响，如图 11.5 所示。

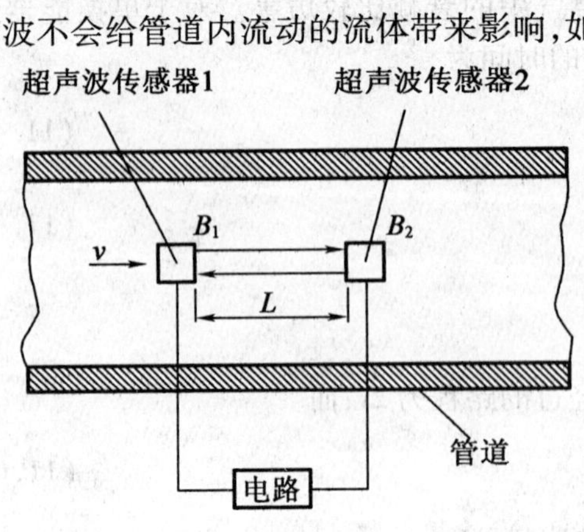

图 11.4　超声波测流量原理图

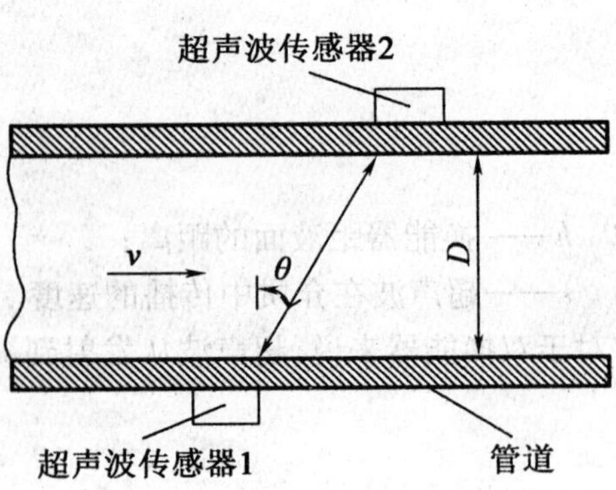

图 11.5　超声波传感器安装位置

此时超声波的传输时间,将由下式确定,即

$$t_1 = \frac{\dfrac{D}{\cos\theta}}{c + v\sin\theta} \tag{11.12}$$

$$t_2 = \frac{\dfrac{D}{\cos\theta}}{c - v\sin\theta} \tag{11.13}$$

超声波流量传感器具有不阻碍流体流动的特点,可测的流体种类很多,不论是非导电的流体,还是高黏度的流体、浆状流体,只要能传输超声波的流体都可以进行测量。超声波流量计可用来对自来水、工业用水、农业用水等进行测量,还可用于下水道、农业灌溉、河流等流速的测量。

思考题

1. 超声波在介质中传播具有哪些特性?
2. 图 11.3 中超声波传感器中吸收块的作用是什么?
3. 超声波物位测量有几种方式,各有什么特点?
4. 简述超声波测量流量的工作原理,并推导出数学表达式。
5. 在脉冲回波法测量物位时,用何种方法测量时间间隔 t? 若已知超声波传感器垂直安装在被测介质底部,超声波在被测介质中的传播速度为 1 460 m/s,测得时间间隔为 28 μs,试求出物位高度。

第 12 章

智能式传感器

12.1 概　述

近年来,微型计算机得到迅猛发展和广泛应用。它在传感器技术中的应用,促使传感器技术产生了一个飞跃。智能式传感器的产生,就是微型计算机与传感器相结合的成果。国外已经出现了商品化的智能式传感器。国内一些高等院校和科研院所也正在加速智能式传感器的研究工作,争取早日开发出我国自产的智能式传感器。

所谓智能式传感器就是一种带有微处理机的,兼有信息检测、信息处理、信息记忆、逻辑思维与判断功能的传感器。它具有人工智能,它使传感器技术提高到一个新的水准,使传感器技术发展到一个崭新阶段。

智能式传感器与传统的传感器相比,具有很多特点:

(1)它具有逻辑思维与判断、信息处理功能,可对检测数值进行分析、修正和误差补偿,因此提高了测量准确度;

(2)它具有自诊断、自校准功能,提高了可靠性;

(3)它可以实现多传感器、多参数复合测量,扩大了检测与使用范围;

(4)检测数据可以存取,使用方便;

(5)具有数字通信接口,能与计算机直接联机,相互交换信息。

12.2 智能式传感器的构成及各部分功能

智能式传感器的构成一般分为三大部分:主传感器、辅助传感器和微机硬件系统。图12.1为典型智能式压力传感器。其中,主传感器为压力传感器,它的作用是用来测量被测压力参数的。辅助传感器为温度传感器和环境压力传感器。温度传感器的作用是用来监测主传感器工作时,由于环境温度变化或被测介质温度变化而使其压力敏感元件温度变化,以便根据其温度变化修正与补偿由于温度变化对测量带来的误差。而环境压力传感器的作用是测量工作环境大气压变化，以便修正大气压变化对测量的影响。由此可见，智能式传感器具有较强的自适应能力。它可以判断工作环境因素的变化，进行必要的修正，保证测量的准确性。一个智能式传感器中设置哪些辅助传感器需根据工作条件和对传感器性能指标的要求而定。例如工作环境比较潮湿时，就应设置湿度传感器，以便修正或补偿潮湿对测量的影响。

微机硬件系统，用于对传感器输出的微弱信号进行放大、处理、存储和与计算通信。系统构成情况由其应具备的功能而定。DTP 就有一个串行输出口，以 RS232 指令格式传输数据。

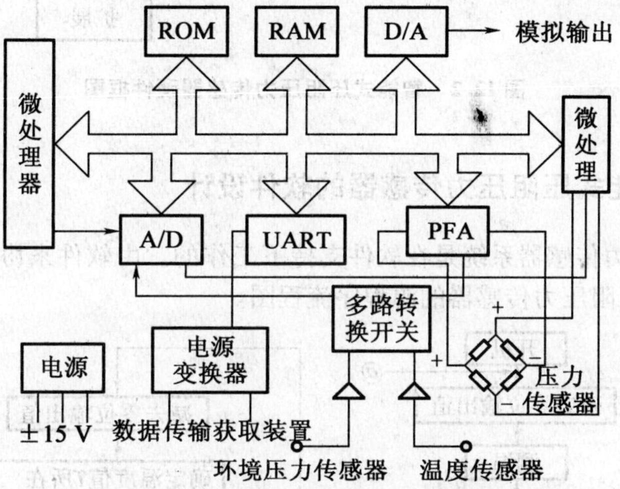

图 12.1　DTP 型智能式压力传感器

UART—异步发送/接收器；PFA—程控放大器

12.3　压阻式压力传感器智能化

压阻式压力传感器已经得到广泛应用，但是它的测量准确度受到非线性和温度的影响。经过对其进行智能化研究，利用单片微型计算机对其非线性和温度变化产生的误差进行修正。实验结果表明，温度变化和非线性引起的误差的 95% 得到修正，在 10 ~ 60 ℃范围内，智能式压阻压力传感器的准确度几乎保持不变。

12.3.1　智能式压阻压力传感器硬件结构

智能式压阻压力传感器硬件结构如图 12.2 所示。其中压阻式压力传感器用于压力测量，温度传感器用来测量环境温度，以便进行温度误差修正，两个传感器的输出经前置放大器放大。0 ~ 5 V 的电压信号送至多路转换器，多路转换器将根据单片机发出的命令选择一路信号送到 A/D 转换器，A/D 将输入的模拟信号转换为数字信号送入单片机，单片机将根据已定程序进行工作。

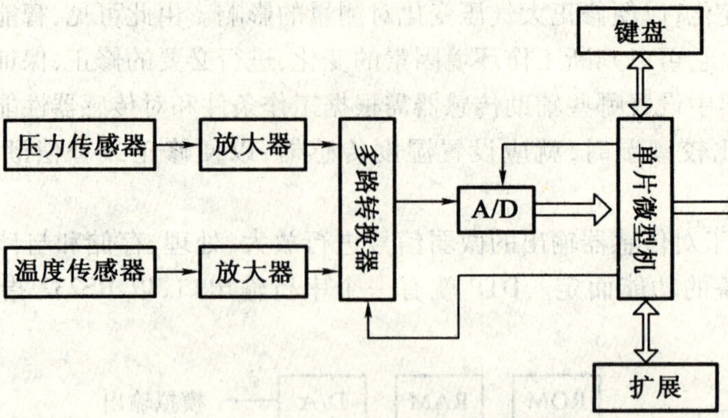

图 12.2　智能式压阻压力传感器硬件框图

12.3.2　智能式压阻压力传感器的软件设计

智能式压阻压力传感器系统是在软件支持下工作的。由软件来协调各种功能的实现。图 12.3 为智能式压阻压力传感器的源程序流程图。

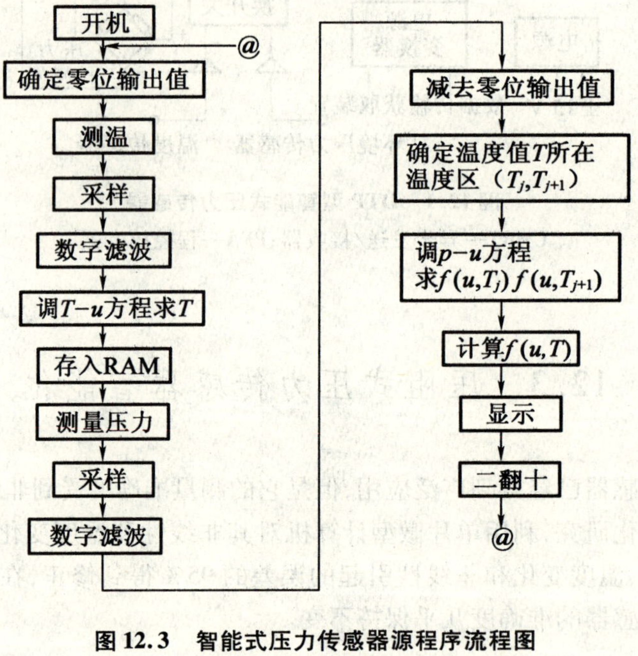

图 12.3　智能式压力传感器源程序流程图

12.3.3　非线性与温度误差的修正

非线性和温度误差的修正方法很多,要根据具体情况确定误差修正与补偿方案。这里采用二元线性插值法,对传感器的非线性与温度误差进行综合修正与补偿。一般可以将传感器的输出作为一个多变量函数来处理,即

$$Z=f(x,y_1,y_2,\cdots,y_n) \tag{12.1}$$

式中　Z——传感器的输出；

x——传感器的输入；

$y_1,y_2,\cdots,y_n$——环境参量，如温度、湿度……

如果只考虑环境温度的影响，可以将传感器输出当作二元函数来处理，这时表达式为

$$u=f(P,T) \tag{12.2}$$

$$p=f(u,T) \tag{12.3}$$

式中　P——被测压力；

u——传感器输出；

T——环境温度。

设 $P=f(u,T)$ 为已知二元函数，该函数在图形上呈曲面，但为了推导公式更容易理解，用图 12.4(a)所示的平面图形表示。若选定 n 个 u 的插值点，m 个 T 的插值点，则可把函数 P 划分为$(n-1)$ $(m-1)$个区域。其中，(ij)区表示于图 12.4(b)，图中 a,b,c,d 点为选定的插值基点，各点上的变量值和函数值都是已知的，则该区内任何点上的函数值 P 都可用线性插值法逼近，其步骤如下：

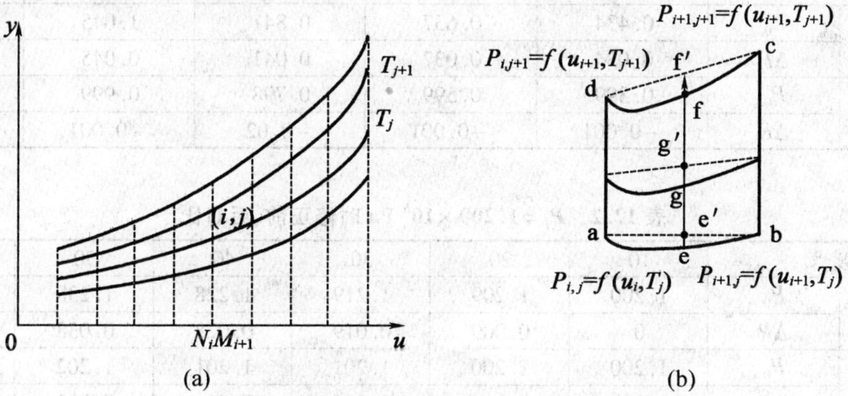

图 12.4　二元线性插值

(1)先保持 T 不变，而对 u 进行插值，即先沿 ab 线和 cd 线进行插值，分别求得 u 所对应的函数值 $f(u,T_j)$ 和 $f(u,T_{j+1})$ 的逼近值 $\hat{f}(u_i,T_j)$ 和 $\hat{f}(u,T_{j+1})$，显然

$$\hat{f}(u_i,T_j)=f(u_i,T_j)+\frac{f(u_{i+1},T_j)-f(u_i,T_j)}{u_{i+1}-u_i}(u-u_i) \tag{12.4}$$

$$\hat{f}(u,T_{j+1})=f(u_i,T_{j+1})+\frac{f(u_{i+1},T_{j+1})-f(u_i,T_{j+1})}{u_{i+1}-u_i}(u-u_i) \tag{12.5}$$

式(12.4)，(12.5)的等号右边除 u 外均为已知量，故对落于(u,u_{i+1})区间内的任何值 u，都可求得相应函数 $\hat{f}(u_i,T_j)$ 和 $\hat{f}(u,T_{j+1})$ 的逼近值 $\hat{f}(u_i,T_j)$ 和 $\hat{f}(u,T_{j+1})$。由图 12.4(b)可知，前者为 e,f 点上的值，而后者为 e′和 f′点上的值。

(2)基于上述结果，再固定 u 不变而对 T 进行插值，即沿 e′f′线插值，可得

$$\hat{f}(u,T)=\hat{f}(u,T_j)+\frac{\hat{f}(u,T_{j+1})-\hat{f}(u,T_j)}{T_{j+1}-T_j}(T-T_j) \tag{12.6}$$

式(12.6)右边除 T 以外,其他都为已知量或已经算得的量。故对任何落在(T_j, T_{j+1})区间的 T 都可根据式(12.6)求得函数$\hat{f}(u,T)$的逼近值。由图 12.4 看出,$f(u,T)$是点 g 所对应的值,而$\hat{f}(u,T)$是点 g′上的值。

12.3.4 实验结果与结论

对传感器进行温度实验,在 T'为 100,20,30,40,50,60 ℃时,得到六组输出 - 输入关系实验数据(略)。通过数据处理得到六个直线回归方程 $P = a + bu$,因此$f(u,T_j)$和$f(u,T_{j+1})$和$f(u,T)$可以得到,即可以采用线性插值法对传感器的非线性和温度影响进行综合修正了。实验数据列于表 12.1 和表 12.2。

实验数据表明,采用二元线性插值法修正非线性和温度误差效果良好,在 10 ~60 ℃范围内误差的绝大部分得到修正与补偿,传感器的准确度基本上保持不变。

表 12.1 在 60 ℃时修正前、后对比

P_i($\times 10^5$ Pa)		0.400	0.600	0.800	1.000	1.200
未修正	P_0	0.434	0.637	0.841	1.045	1.247
	ΔP	0.034	0.037	0.041	0.045	0.047
修正后	P_0	0.399	0.599	0.798	0.999	1.202
	ΔP	-0.001	-0.001	-0.02	-0.001	0.002

表 12.2 $P_i = 1.200 \times 10^5$ Pa 时修正前、后对比

温度 ℃		10	20	30	40	50	60
未修正	P_0	1.200	1.209	1.219	1.228	1.238	1.247
	ΔP	0	0.009	0.019	0.028	0.038	0.047
修正后	P_0	1.200	1.200	1.201	1.201	1.202	1.202
	ΔP	0	0	0.001	0.001	0.002	0.002

注:P—输入压力($\times 10^5$ Pa);P_i—输出压力($\times 10^5$ Pa);ΔP—测量压力误差($\times 10^5$ Pa)。

12.4 智能式传感器发展方向与途径

12.4.1 集成智能式传感器

从前面讨论可知,智能传感器是利用微处理机代替一部分脑力劳动,具有人工智能的特点。

智能传感器可以由好几块相互独立的模块电路与传感器装在同一壳体里构成,也可以把传感器、信号调节电路和微型计算机集成在同一芯片上,形成超大规模集成化的更高级的智能式传感器。例如,将半导体力敏元件、电桥线路、前置放大器、A/D 转换器、微处理机、接口电路、存储器等分别分层次集成在一块半导体硅片上,便构成一体化集成的硅压阻式智能压力传感器,如图 12.5 所示。这里关键是半导体集成技术,即智能化传感器的发展依附于硅集成电路的设计和制造装配技术。

应该指出，上面讨论的智能传感器是具有检测、判断与信息处理功能的传感器。还有一种带有反馈环节的传感器，整个传感器形成闭环系统，其本身固有特性可以判断出来，而且根据需要可以将其特性进行改变，它无疑也属于智能传感器的范畴。

智能传感器在美国称为灵巧传感器（Smart Sensor），这个概念是美国宇航局（NASA）在开发宇宙飞船的过程中产生的。宇宙飞船需要速度、加速度、位置和姿态等传感器，宇航员的生活环境需要温度、气压、空气成分和微量气体传感器，科学观测也要用大量的各种传感器。宇宙飞船观测到的各种数据是很庞大的，处理这些数据需要用超大型计算机。若要不丢失数据，并降低成本，必须有能实现传感器与计算机一体化的灵巧传感器。因此，实现数据处理由集中处理变为分散处理，避免使用超大型计算机。

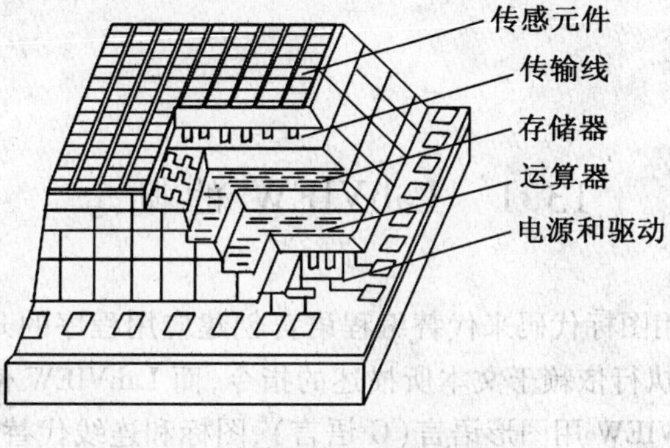

图 12.5　单片集成化智能式传感器

12.4.2　我国研究与开发智能式传感器的途径

智能化传感器是电子敏感技术与计算机技术发展的必然结果。我国智能式传感器的研究与开发由于半导体集成电路工艺水平所限，近期难于实现单片集成化智能式传感器。研究混合集成式智能化传感器，采用部分进口芯片、国产芯片和传感元件，利用现有条件实现传感器智能化，是适合我国国情的；或者在现有的传统传感器内，装上信号调节电路和单片微型计算机构成智能化传感器，这样既可以利用我国成熟的传统传感器技术，又能吸收先进的微电子、计算机技术，从而可以利用计算机软件来改善传统传感器的性能与功能。

思考题

1. 什么是智能传感器？
2. 智能传感器的构成一般分为几部分？简述各部分的作用。
3. 智能传感器的发展如何？

第13章

LabVIEW 编程基础

13.1 LabVIEW 的概念

LabVIEW 是一种用图标代码来代替编程语言创建应用程序的开发工具。在基于文本的编程语言中,程序的执行依赖于文本所描述的指令,而 LabVIEW 使用数据流编程方法来描述程序的执行。LabVIEW 用图形语言(G 语言)、图标和连线代替文本的形式编写程序。与 VC,VB 等高级语言一样,LabVIEW 也是一种带有扩展库函数的通用程序开发系统。LabVIEW 的库函数包括数据采集,GPIB(General Purpose Interface Bus 通用接口总线)和串口仪器控制,数据显示、分析与存储等。为了便于程序调试,LabVIEW 还带有传统的程序开发调试工具,例如可以设置断点,可以单步执行,也可以激活程序的执行过程,以动画方式查看数据在程序中的流动。

利用 LabVIEW,可产生独立运行的可执行文件,它是一个真正的 32 位编译器。像许多重要的软件一样,LabVIEW 提供了 Windows,UNIX,Linux,Macintosh 等多种版本。

所有的 LabVIEW 应用程序,都包括前面板(Front panel)、程序框图(Block diagram)以及图标/连接器(Icon/connector)三部分。

1. 前面板

前面板是图形用户界面,也就是 VI 的虚拟仪器面板,这一界面上有用户输入和显示输出两类对象,具体表现有开关、旋钮、图形以及其他控制和显示对象。如图 13.1 所示是一个随机信号发生和显示的简单 VI 前面板,上面有一个显示对象,以曲线的方式显示了所产生的一系列随机数。还有一个控制对象——开关,可以启动和停止工作。显然,并非简单地画两个控件就可以运行,在前面板后还有一个与之配套的程序框图。

2. 程序框图

程序框图提供 VI 的图形化源程序。在程序框图中对 VI 编程,以控制和操纵定义在前面板上的输入和输出功能。程序框图中包括前面板上的控件的连线端子,还有一些前面板上没有,但编程必须有的东西,例如函数、结构和连线等。

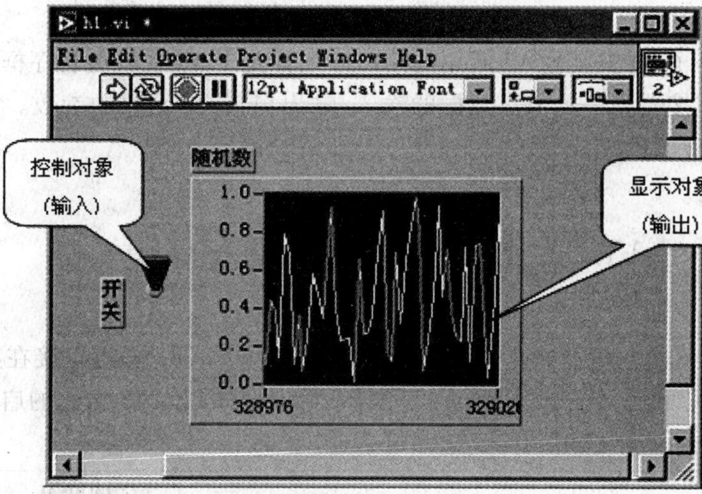

图 13.1　前面板

每一个程序前面板都对应着一段框图程序。例如图 13.2 是与图 13.1 对应的程序框图。框图程序用 LabVIEW 图形编程语言编写,可以把它理解成传统程序的源代码。框图程序由端口、节点、图框和连线构成。其中端口被用来实现程序前面板的控制和显示传递数据,节点被用来实现函数和功能调用,图框被用来实现结构化程序控制命令,而连线代表程序执行过程中的数据流,定义了框图内的数据流动方向。如图 13.2 所示随机数发生器通过连线将产生的随机信号送到显示控件,为了使它持续工作下去,设置了一个“While 循环”,由开关控制这一循环的结束。

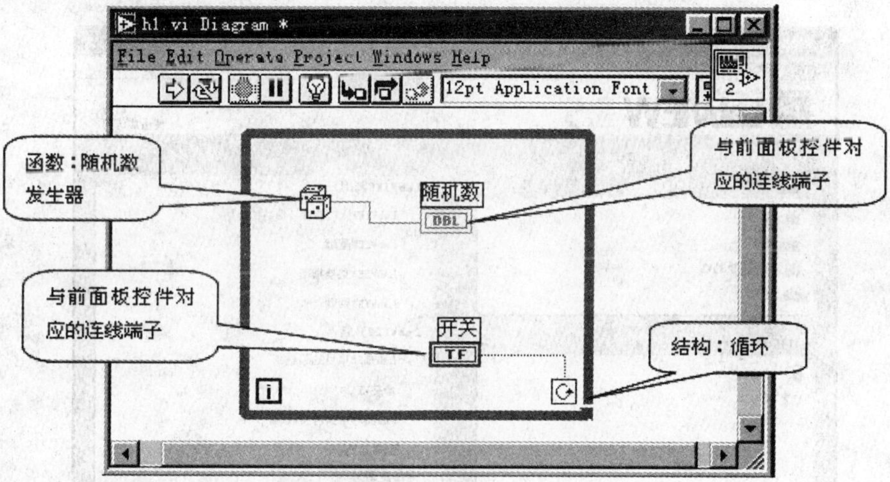

图 13.2　程序框图

如果将 VI 与标准仪器相比较,那么前面板上的东西就是仪器面板上的东西,而程序框图上的东西相当于仪器箱内的东西。在许多情况下,使用 VI 可以仿真标准仪器,不仅在屏幕上出现一个惟妙惟肖的标准仪器面板,而且其功能也与标准仪器相差无几。

3. 图标/连接器

图标/连接器是子 VI 被其他 VI 调用的接口。图标是子 VI 在其他程序框图中被调用的节点表现形式;而连接器则表示节点数据的输入/输出口,就像函数的参数。用户必须指定连接器端口与前面板的控制和显示一一对应,详细情况稍后介绍。

13.2　LabVIEW8.5 开发环境

我们从"开始"菜单中运行"National Instruments LabVIEW8.5"或直接在桌面上双击快捷方式图标,程序便开始运行。随后计算机屏幕上将出现如图 13.3 所示的启动界面。几秒钟后跳转为如图 13.4 所示的启动方式选择对话框。

图 13.3　LabVIEW8.5 程序启动界面

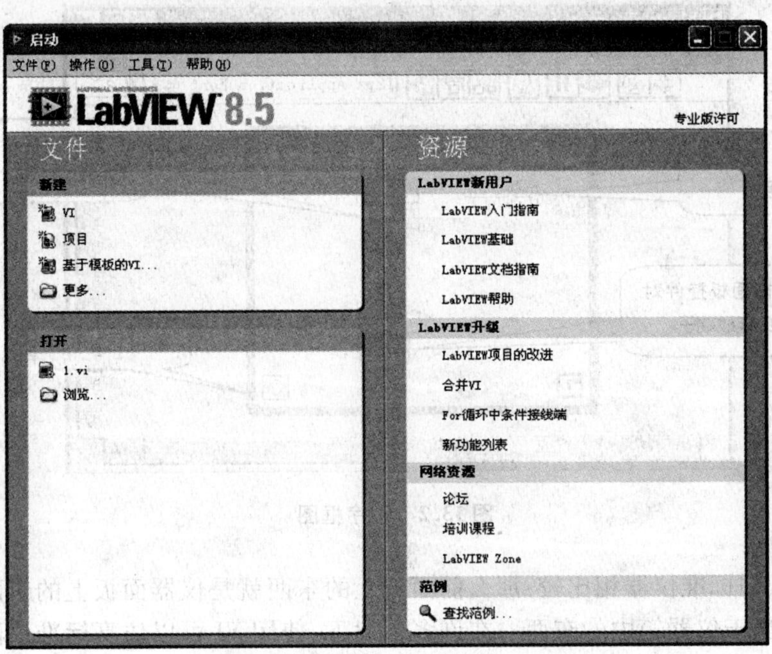

图 13.4　LabVIEW8.5 启动对话框

图 13.4 所示的启动方式选择对话框可以分为“文件”和“资料”两部分。在“文件”项中又可分为“新建”和“打开”两项。“新建文件”窗口用于新建一个 VI、新建一个项目或新建一个基于模板的 VI；在“打开文件”窗口中显示了最近打开过的 VI 列表，并且提供了“浏览”项来快速定位路径以及打开目标 VI。在“资源”项为用户提供了多种资源，其中包括 LabVIEW 入门指南、LabVIEW 基础、LabVIEW 帮助、LabVIEW 文档指南、查找范例以及 LabVIEW 论坛与培训课程等网络资源，用户可以通过这些渠道快速获得一些有用信息。

13.3　LabVIEW 菜单栏

LabVIEW 有两种类型的菜单栏：快捷菜单和下拉菜单，其示意图如图 13.5 和图 13.6 所示。要访问快捷菜单，可通过在前面板或框图中任何对象上单击鼠标右键操作，这个过程也称之为“弹出”。因此，快捷菜单也可称为“弹出菜单”。

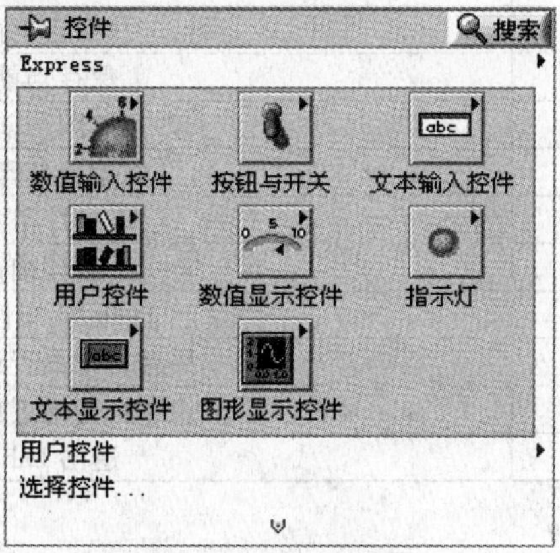

图 13.5　快捷菜单

图 13.6　下拉菜单

一般来说，能够出现快捷菜单是由于大部分的 LabVIEW 对象具有选项和命令快捷菜单。快捷菜单中的选项取决于选择的对象类型。下拉菜单主要包括文件、编辑、查看、项目、操作、工具、窗口和帮助。下面将分别介绍各下拉菜单的主要功能。当然，许多快捷菜单和下拉菜单还包含有子菜单。

1.“文件”菜单

“文件”菜单主要包含与文件操作相关的命令，其主要功能如表 13.1 所示。如可从该下拉菜单中创建新的 VI 或打开现有的 VI。它的选项主要是用于打开、关闭、保存和打印 VI。另外，某些常用的选项有快捷键，因此可以在查看时注意所选命令项旁边列出的快捷键，这是快捷方式的击键序列，在不打开下拉菜单的情况下，可直接按照该击键序列键入选择所希望的选项。

表 13.1 “文件”菜单功能列表

选　项	功　能
新建 VI	创建新的 VI
新建	打开对话框选择要创建的文件类型
打开	打开现有的 VI
关闭	关闭当前窗口
关闭全部	关闭所有窗口
保存	保存当前 VI
另存为	另存当前 VI
保存全部	保存所有 VI
保存为前期版本	将当前 VI 保存为以前版本
还原	恢复 VI 上次保存的版本
新建项目	创建新的项目
打开项目	打开现有的项目
保存项目	保存当前项目
关闭项目	关闭当前项目
页面设置	编辑打印设置
打印	打印 VI
打印窗口	打印前面板
VI 属性	打开 VI 属性对话框
近期项目	快速打开最近访问的项目
近期文件	快速打开最近访问的文件
退出	退出 LabVIEW

2.“编辑”菜单

“编辑”菜单主要用于 VI 前面板和框图对象的修改,其主要功能如表 13.2 所示。在编辑时,撤销和重做选项非常有用,因为在执行后可以使用该选项撤销操作,并且撤销操作后还可以重做。默认情况下,每个 VI 最大可撤销的步数为 8,如果需要的话,可以增加或减少该数值。

表 13.2 “编辑”菜单功能列表

选　项	功　能
撤销	恢复上一次操作
重做	恢复上一次撤销操作
剪切	将选中对象剪切到剪切板
复制	将选中对象复制到剪切板
粘贴	将剪切板的内容粘贴到光标处
删除	将选中对象删除
选择全部	选择面板上所有图标
当前值设置为默认值	将当前值设置为选择对象的默认值

续表 13.2

选 项	功 能
重新初始化为默认值	重新初始化对象
自定义控件	自定义控件
导入图片至剪切板	读取图片到剪切板
设置 Tab 键顺序	设置所选对象的 Tab 键索引顺序
删除断线	将未连通的断线全部删除
从层次结构中删除断点	从层次结构中删除断点
创建子 VI	将所选对象作为子 VI
启动/禁用前面板网格对齐	启动/禁用前面板网格对齐
对齐所选项	左对齐所选项
分步所选项	分步所选项
VI 修订历史	VI 修订历史记录
运行时菜单	编辑程序运行时的菜单
查找和替换	查找对象或文本并进行替换
显示搜索结果	显示搜索结果对话框

3."查看"菜单

"查看"菜单可以用来调出 LabVIEW 撤销开发中三个重要的选板:控件选板、函数选板和工具选板,同时还可查看错误列表、VI 层次结构、类浏览器和导航窗口等。其主要功能如表 13.3 所示。

表 13.3 "查看"菜单功能列表

选 项	功 能
控件选板	在 LabVIEW 环境中展示出控件选板
函数选板	在 LabVIEW 环境中展示出函数选板
工具选板	在 LabVIEW 环境中展示出工具选板
错误列表	列出程序错误列表
VI 层次结构	显示 VI 程序的层次结构
LabVIEW 类层次结构	显示 LabVIEW 程序的类层次结构
浏览关系	浏览本 VI 的库及子 VI
类浏览器	查看类浏览器对话框
ActiveX 属性浏览器	查看 ActiveX 属性浏览器对话框
启动窗口	启动窗口
导航窗口	快速查找的定位对象位置
工具栏	隐藏和显示需要的工具栏

4."项目"菜单

"项目"菜单主要用于对 LabVIEW 程序中项目的操作,包括新建项目、打开项目、保存项目和关闭项目,还可以查看项目文件信息和属性。此菜单具有最重要的项目发布功能:将 VI 程序生成 DLL,EXE 或建立 Setup 程序等,其主要功能如表 13.4 所示。

表 13.4 "项目"菜单功能列表

选 项	功 能
新建项目	建立新的 LabVIEW 项目
打开项目	打开已有的 LabVIEW 项目
保存项目	保存 LabVIEW 项目
关闭项目	关闭 LabVIEW 项目
添加至项目	在项目中新建 VI
生成	生成指定的程序生成规范(DLL,EXE 或 Setup 等)
生成全部	生成全部指定的程序生成规范(DLL,EXE 或 Setup 等)
运行	运行指定的程序生成规范(DLL,EXE 或 Setup 等)
筛选视图	工具依赖关系和程序生成规范筛选视图
文件信息	查看项目中的文件信息
属性	查看显示项目属性

5."操作"菜单

"操作"菜单的主要功能是对 LabVIEW 程序进行调试工作,包括运行、停止、单步调试操作等,其主要功能如表 13.5 所示。

表 13.5 "操作"菜单功能列表

选 项	功 能
运行	执行 VI
停止	停止执行 VI
单步步入	单步进入
单步步过	单步跳过
单步步出	单步跳出
断点	查找并显示当前 VI 断点
调用时挂起	当 VI 被调用时暂停执行
结束时打印	VI 运行完后打印 VI 前面板
结束时记录	VI 运行完后将数据记录写入文件
数据记录	记录数据
切换至运行模式	在运行和编辑模式之间切换
连接远程前面板	连接到远程面板
调试应用程序或共享库	调试应用程序或共享库

6."工具"菜单

"工具"菜单主要用于与仪器和数据采集板之间的通信、比较 VI、编译程序、允许访问 Web 服务器及 LabVIEW 的其他选项,其主要功能如表 13.6 所示。

表 13.6 "工具"菜单功能列表

选 项	功 能
仪器	配置仪器和数据采集硬件 访问仪器驱动程序网

续表 13.6

选　项	功　能
Mathscript 窗口	打开 Mathscript 窗口
比较	比较 VI 和 VI 层次
合并 VI	两个及以上 VI 的合并
性能分析	VI 性能分析
安全	安全策略管理
用户名	设置或改变用户名
转换程序生成脚本	将程序生成脚本文件(. bld)的设置由前期 LabVIEW 版本转换为新项目中的程序生成规范
源代码控制	提供多种源代码控制功能
LLB 管理器	用于复制、重命名和删除 LLB 中的文件和创建新的 LLB 和目录,可将 LLB 转化为目录,或将目录转化为 LLB
导入	导入. NET 控件和 ActiveX 控件至选板、共享库、Web 服务等功能
共享变量	包括变量管理器和注册计算机选项
在磁盘上查找 VI	搜索硬盘上的 VI
NI 范例管理器	用于将新创建的 VI 添加到 NI 范例查找器中,也可用于管理在 NI 范例查找器中出现的基于项目的范例
远程前面板连接管理器	管理远程前面板的连接
Web 发布工具	用于创建 HTML 文件和嵌入式 VI 前面板图像
高级	包括批量编辑、错误代码编辑、编辑选板、导入导出字符串等功能
选项	多种选项设置

7."窗口"菜单

"窗口"菜单主要用于在面板窗口和框图窗口之间的切换,也可以排列两个窗口以便同时观察(上下排列或左右排列)。所有打开的 VI 都显示在该菜单底部,并可以在打开的 VI 之间切换,其主要功能如表 13.7 所示。

表 13.7　"窗口"菜单功能列表

选　项	功　能
显示程序框图/显示前面板	显示出对应程序的程序框图/前面板
左右两栏显示	在屏幕上分左右显示前面板和程序框图
上下两栏显示	在屏幕上分上下显示前面板和程序框图
最大化窗口	使对应窗口最大化
全部窗口	点击后显示当前打开的全部文件

8."帮助"菜单

"帮助"菜单主要用于访问 LabVIEW 的大量在线帮助,观察面板和框图中对象的相关信息、激活在线参考实用程序及观察 LabVIEW 版本号和计算机内存等信息。通过网络资源和学习版网站资源可直接访问因特网查找需要的资源,其主要功能如表 13.8 所示。

表 13.8　“帮助”菜单功能列表

选　项	功　能
显示即时帮助	显示即时帮助窗口
锁定即时帮助	锁定即时帮助窗口
搜索 LabVIEW 帮助	打开 LabVIEW 联机帮助
解释错误	解释错误
本 VI 帮助	查看本 VI 帮助信息
查找范例	打开范例查找器
查找仪器驱动	查找仪器驱动
网络资源	网络资源
专利信息	显示 LabVIEW 的专利信息
关于 LabVIEW	关于 LabVIEW

13.4　LabVIEW 工具条

VI 工具条按钮主要具有运行、中断、终止、调试 VI、修改字体、对齐、组合及分布对象等功能。

1. 前面板工具条

前面板工具条如图 13.7 所示。

图 13.7　前面板工具条

前面板工具条按钮具体功能如下：

:运行按钮。

:连续运行按钮。

:中断运行按钮。当编码出错使 VI 不能编译或运行时，中断运行按钮将替换运行按钮。

:异常终止执行按钮。

:暂停/继续按钮。

:对齐对象按钮。用于将变量对象设置成较好的对齐方式。

:分布对象按钮。用于对两个及其以上的对象设置最佳分布方式。

:调整对象大小按钮。用于将若干个前面板对象调整到同一大小。

2. 程序框图工具条

程序框图工具条如图 13.8 所示。

图 13.8　程序框图工具条

程序框图工具条按钮具体功能如下：

:加亮执行按钮。当程序执行时，在框图代码上能够看到数据流，这对于调试和校验程序的正确运行是非常有用的。在加亮执行模式下，按钮转变成一个点亮的灯泡：。

:保存连线值按钮。

:单步进入按钮。允许进入节点，一旦进入节点，就可在节点内部单步执行。

:单步跳过按钮。单步跳过节点，但不执行时不进入节点内部，但有效地执行节点。

:单步跳出按钮。允许跳出节点，通过跳出节点可完成该节点的单步执行并跳转到下一个节点。

:文本设置按钮。

:层叠顺序。

13.5　LabVIEW 的操作模板

在 LabVIEW 的用户界面上，应特别注意它提供的操作模板，包括工具(Tools)模板、控制(Controls)模板和函数(Functions)模板。这些模板集中反映了该软件的功能与特征。下面我们来大致浏览一下。

图 13.9　工具模板

1. 工具模板

工具模板如图 13.9 所示，主要提供各种用于创建、修改和调试 VI 程序的工具。如果该模板没有出现，则可以在 Windows 菜单下选择 Show Tools Palette 命令以显示该模板。当从模板内选择了任一种工具后，鼠标箭头就会变成该工具相应的形状。当从 Windows 菜单下选择了 Show Help Window 功能后，把工具模板内选定的任一种工具光标放在流程图程序的子程序(Sub VI)或图标上，就会显示相应的帮助信息。工具模板各按钮功能如表 13.9 所示。

表 13.9　工具模板各按钮的功能表

图　标	名　称	功　能
	自动选择工具	当鼠标指针指向前面板和框图中不同对象时，自动选择相应工具
	操作工具	用于操作前面板的控制和显示。使用它向数字或字符串控制中键入值时，工具会变成标签工具
	选定工具	用于选择、移动或改变对象的大小。当它用于改变对象的边框大小时，会变成相应形状
	标签工具	用于输入标签文本或者创建自由标签。当创建自由标签时，它会变成相应形状

续表 13.9

图　标	名　称	功　能
	连线工具	用于在流程图程序上连接对象。如果联机帮助的窗口被打开时，把该工具放在任一条连线上，就会显示相应的数据类型
	对象快捷键	用鼠标左键可以弹出对象的弹出式菜单
	滚动窗口	使用该工具就可以不需要使用滚动条而在窗口中漫游
	断点操作	使用该工具在 VI 的流程图对象上设置断点
	探针工具	可在框图程序内的数据流线上设置探针。通过探针窗口来观察该数据流线上的数据变化状况
	复制颜色	使用该工具来提取颜色用于编辑其他的对象
	着色工具	用来给对象定义颜色。它也显示出对象的前景色和背景色

2. 控件选项板

控件选项板在前面板如图 13.10 所示，由表示子选项板的顶层图标组成，该选项板包含创建前面板时可使用的全部对象。如需显示控件选板，用户可选择“查看”下拉菜单中的“控件选板”选项或在前面板空白处单击鼠标右键。控件有多种可见类别和样式，用户可以根据自己的需要来选择。控件选板中的基本常用控件有新式、系统、经典 3 种显示风格。各按钮功能如表 13.10 所示。

表 13.10　控件选项板各按钮的功能表

图　标	子模板名称	功　能
	数值控件	数值的控制和显示。包含数字式、指针式显示表盘及各种输入框
	布尔控件	逻辑数值的控制和显示。包含各种布尔开关、按钮以及指示灯等
	字符串和路径控制器	字符串和路径的控制和显示
	数组、矩阵与簇控制器	数组和簇的控制和显示
	列表与表格控制器	列表和表格的控制和显示
	图形控件	显示数据结果的趋势图和曲线图

续表 13.10

图　标	子模板名称	功　能
	下拉列表与枚举控件	用来创建可循环浏览的字符串列表。下拉列表控件将数值与字符串或图片建立关联的数值对象，枚举控件用于向用户提供一个可供选择的项列表
	容器控件	用于组合控件，或在当前 VI 的前面板上显示另一个 VI 的前面板
	I/O 名称控件	输入/输出功能。用于操作 OLE，ActiveX 等功能
	引用句柄控件	用于对文件、目录、设备和网络连接等进行操作
	变体与类控件	用来与变体和类数据进行交互
	修饰控件	用于修饰和定制前面板的图形对象

3. 函数选项板

函数选项板如图 13.11 所示，其工作方式与控件选项板大体相同，函数选板由表示子选项板的顶层图标组成，该选项板包含创建框图时可使用的全部对象，函数选板只能在编辑程序框图时使用。如需显示函数选板，可以选择“查看”下拉菜单中的“函数选板”选项或在程序框图空白处单击鼠标右键。

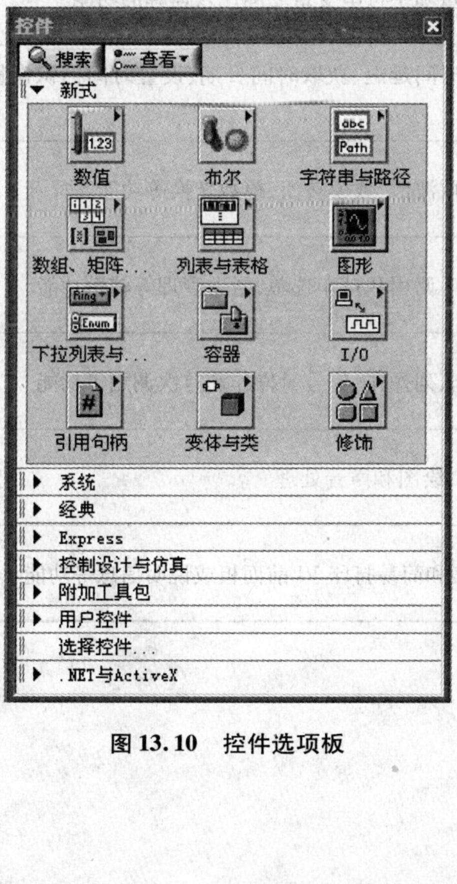

图 13.10　控件选项板

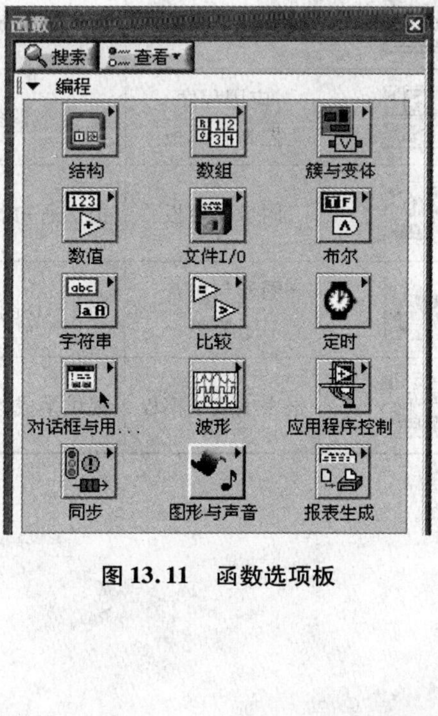

图 13.11　函数选项板

表 13.11　函数选项板各按钮功能表

图　标	子模板名称	功　能
	结构子模板	提供循环、条件、顺序结构、公式节点、全局变量、结构变量等编程要素
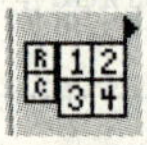	数组子模板	提供数组运算和变换的功能
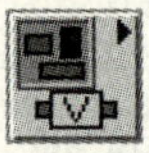	簇与变体子模板	提供各种捆绑、解除捆绑、创建簇数组、索引与捆绑簇数组、簇和数组之间的转换、变体属性设置等功能
	数组子模板	提供数学运算、标准数学函数、各种常量和数据类型变换等编程要素
	文件 I/O 子模板	提供文件管理、变换和读/写操作模块
	布尔子模板	提供包括布尔运算符和布尔常量在内的编程元素
	字符串子模板	提供字符串运算、字符常量和特殊字符等编程元素
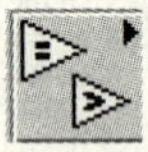	比较子模板	提供数字量、布尔量和字符串变量之间比较运算的功能
	定时子模板	提供时间计数器、时间延迟、获取时间日期、设置时间标识常量等功能
	波形子模板	提供创建波形、提取波形、数模转换、模数转换等功能
	应用程序控制子模板	提供外部程序或 VI 调用和打印选单，帮助管理等辅助功能
	同步子模板	提供通知器操作、队列操作、信号量操作和首次调用等功能
	图形与声音子模板	用于 3D 图形处理、绘图和声音处理
	报表生成子模板	提供生成各种报表和简易打印 VI 前面板或说明信息等功能

思考题

1. 根据自己的理解，简述一下什么是虚拟仪器技术，与传统仪器相比，虚拟仪器的优势在哪里？

2. 一个完整的 VI 包括几个部分？它们之间如何切换？

3. 安装 LabVIEW 的最低配置要求是什么？

4. LabVIEW 有几个选板？它们分别用于 VI 的什么部分？

5. 简述 LabVIEW 中各选板的作用。

6. LabVIEW 中前面板与程序框图间的切换快捷键是什么？

第 14 章

LabVIEW 编程实例

14.1 程序结构

14.1.1 循环结构

LabVIEW 中的循环结构有 While 循环、For 循环和定时循环三种。其功能与 C 编程语言的循环结构类似,可以控制代码在循环体内执行,本书只介绍 While 循环和 For 循环两种循环结构。

LabVIEW 中的 For 循环功能与 While 循环的不同在于,它是执行固定次数的循环,功能类似于 C 语言的结构:for(i = 0;i < n;i + +)。

例如,结合 For 循环,求 1 +2 +3 +4 + … +100 的值,程序集运行结果如图 14.1 所示。

运行结果

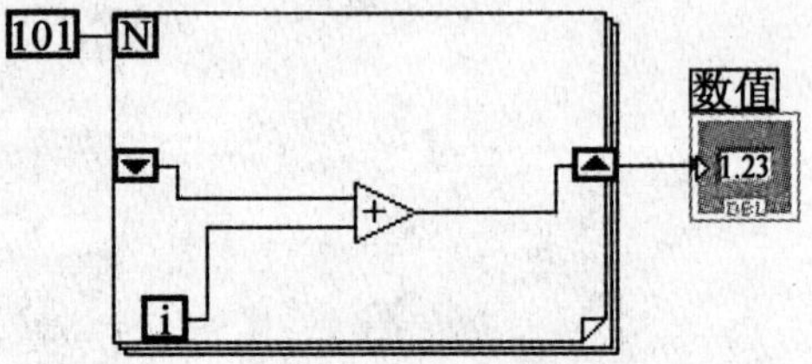

程序框图

图 14.1 结合“For 循环”应用实例

说明:进行第一次运算的是 0 +0,For 循环中的重复端子是从 0 开始计数、移位,即寄存器在没有初始化的情况下,默认的数值是 0,所以第一次运算的是 0 +0。第二次运算的是寄存器的 0 与重复端子的 1 相加,所以循环要进行 101 次,而计数端子输出的数据始终是 101。

14.1.2 公式节点

有些复杂的公式运算不适合用图形代码来编程,这样会使程序显得冗杂而且难以读懂。

对此 LabVIEW 提供了公式节点,用户可直接向公式节点内输入公式,简化了程序代码。公式节点外形表示为大小可变的矩形框,用户可以在其中输入各种程序需要的公式来实现灵活的算法。

下面通过一个例子来介绍公式节点的使用方法。

例 14.1　编辑运算公式“$y = 2x^2 + 3x + 1$”。

(1)打开前面板,新建一个数值显示控件和一个数值输入控件,分别命名为 y 和 x,如图 14.2 所示;

(2)切换到程序框图,放置一个公式节点,并给公式节点添加一个输入 x 和一个输入 y,在公式节点中添加“y = 2 * x * * 2 + 3 * x + 1;”,然后如图 14.3 所示连线;

(3)单击菜单“操作”|“运行”命令,运行结果如图 14.4 所示。

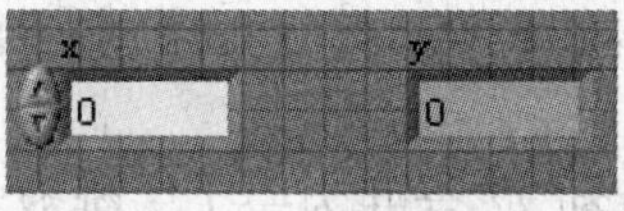

图 14.2　前面板控件

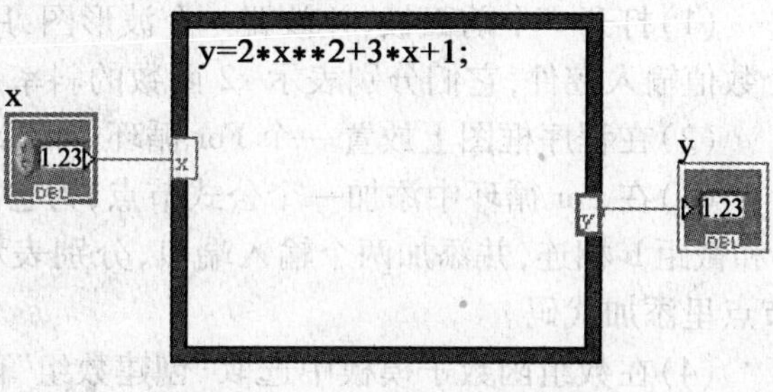

图 14.3　“算式”程序框图

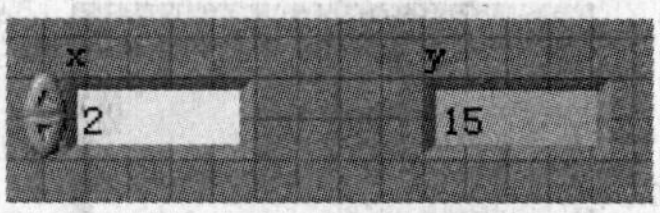

图 14.4　运行结果

公式节点中的代码看上去就像一段 C 语言的程序。公式节点中也可以声明变量,可以使用 C 语言的语法,可以加语句注释,每个公式语句也是以分号结束。公式节点的变量可以与输入输出端口连线无关,但是变量不能有单位。

例 14.2　根据下面一段代码是上一个公式的 C 语言编程代码,设计一个公式节点运行程序。

```
if(x > =0)
y = 2x^2 +3x +1;
else
y = -0.001;
```

根据要求设计程序结构和运行结果如图 14.5 所示。

例 14.3　使用公式节点,运用下列两个等式,计算两个输出量 x1 和 x2,并在同一图表中显示。其中,t 共取 10 个点,范围是从 0 ~ 9。

$$x1 = t^3 - 10t + 1$$

$$x2 = a * t + b$$

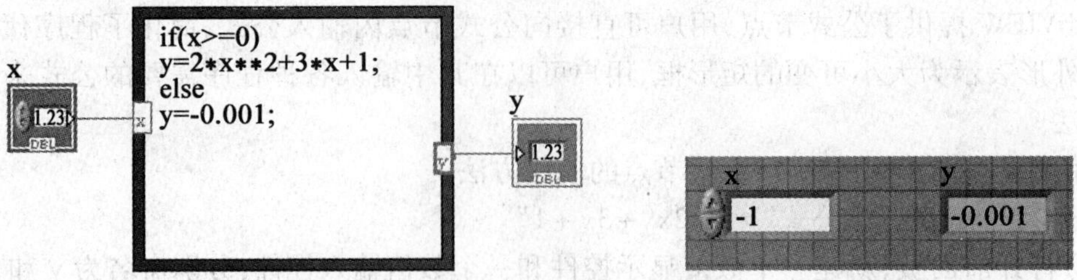

程序框图　　　　运行结果

图 14.5　程序框图及运行结果

步骤如下：

（1）打开一个前面板，并放置一个波形图，用于同时显示输出的两个波形。同时放置两个数值输入控件，它们分别表示 x2 函数的斜率 a 和截距 b。

（2）在程序框图上放置一个 For 循环，计数端子设为 10，计算自变量 t 分别等于 0 到 9。

（3）在 For 循环中添加一个公式节点，为它添加三个输入端口，分别与重复端口 i、斜率 a 和截距 b 相连，并添加两个输入端口，分别表示输出 x1 和 x2。再用文本标签工具在公式节点里添加代码。

（4）在数组函数子模板中选取“创建数组”函数，将 x1 和 x2 合并为一个二维数组，并在波形图中同时显示。完成连线，如图 14.6 所示。

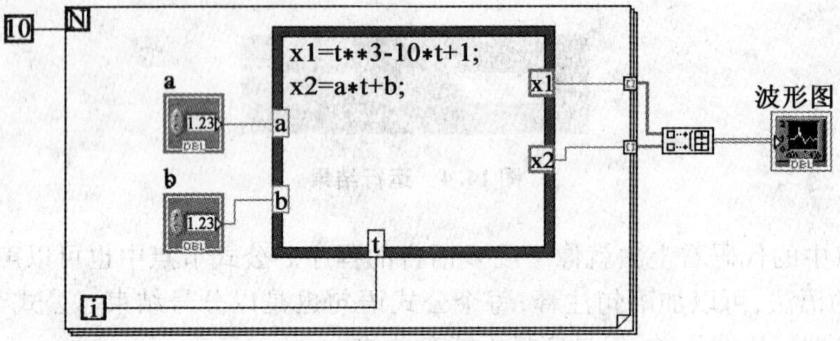

图 14.6　程序框图

（5）单击菜单“操作”|“运行”命令，运行结果如图 14.7 所示。

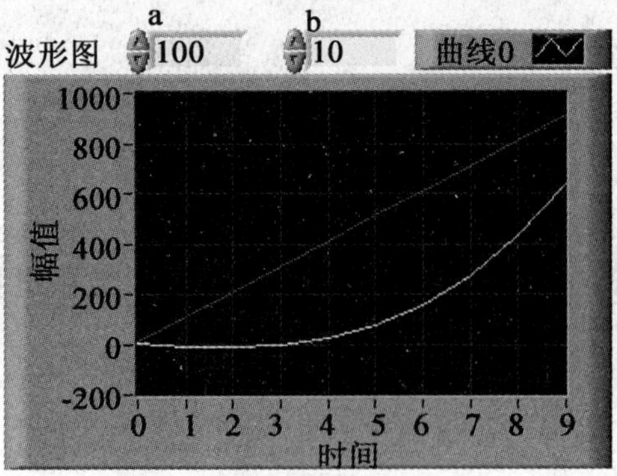

图 14.7　前面板运行结果

14.2　图 形 显 示

LabVIEW 的特性之一是对数据的图形化显示提供了丰富的支持。利用图形与图表等形式来显示测试数据和分析结果,可以直观地看出测试对象的变化趋势,从而使虚拟仪器的前面板变得更加形象和直观。LabVIEW 提供了丰富的图形显示控件。编程人员通过使用简单的属性设置和编程技巧就可以根据需求定制不同功能的“显示屏幕”。

LabVIEW 同时还提供了三维图形显示控件,这些控件实质上是 ActiveX 控件,用于显示三维图形。在图形选板中还有一个图形控件子选板,包含雷达图显示和极坐标图显示等一些特殊功能的图形显示控件,同时子选板内还有一个基于像素的图片控件,通过对它的使用可以绘制出各种特殊图形。本章主要介绍波形图表、波形图和 XY 图,以及它们各自所需的数据类型和使用方法。

14.2.1　数字波形图

LabVIEW 提供的数字波形图多用于二进制数字信号的显示,其中只包括 0,1 两种状态。在数字波形控件的外观有点类似逻辑分析仪的界面。

在数字波形图控件的显示项中,不同于其他波形图的地方是其树形视图图例。图例中波形标志的名称和颜色都与数字波形图中相对应,这样的图例更加清晰和直观。用户也可以在数字波形图中单击鼠标右键,从弹出的快捷菜单中选择“高级”|“更改图例至高级视图选项”将图例恢复成普通样式。

例 14.4　利用簇捆绑程序完成数字波形图的显示输出。

操作步骤如下:

(1)打开一个新的前面板,在控件窗口选择“新式”|“图形”|“数字波形图”后,将一个数字波形图标拖动到前面板上。

(2)在控件窗口选择“新式”|“数组、矩阵与簇”|“数组”后,将一个数组控件拖动到前面板上。

(3)在函数控件中选择“编程”|“簇、类与变体”|“捆绑”,拖放到程序框图,拉伸为 4 个输入。

(4)选择“编程”|“数值”|“数值常量”,拖放到程序框图。

(5)按照如图 14.8 所示连线并运行,运行结果如图 14.9 所示。

在图 14.9 中,数据数组的读取方法为:纵向读取,从第一列的曲线 6 到曲线 0 排列,高位为权值最大的数值,低位为权值最小的数值,纵坐标从下向上依次为 0000000,0000010,0000100,0001000,0010000,010000,1000000。

如果需要将系统当前时间信息作为数字波形图的横坐标,数字数据在数字波形图中以实际时间的方式显示。此时需要调用“获取日期/时间”函数来获取系统当前日期和时间作为起始时间输入到数字波形图。如果要以指定时间为起始时间输入,则在“创建波形”函数的 t_0 端输入期望的起始时间。

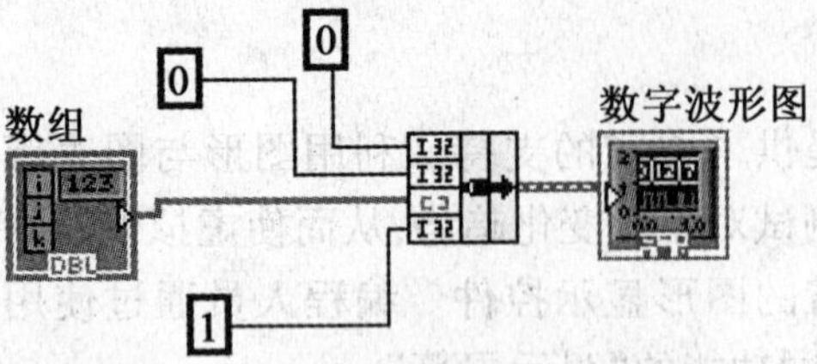

图 14.8 “强度图”实例程序框图

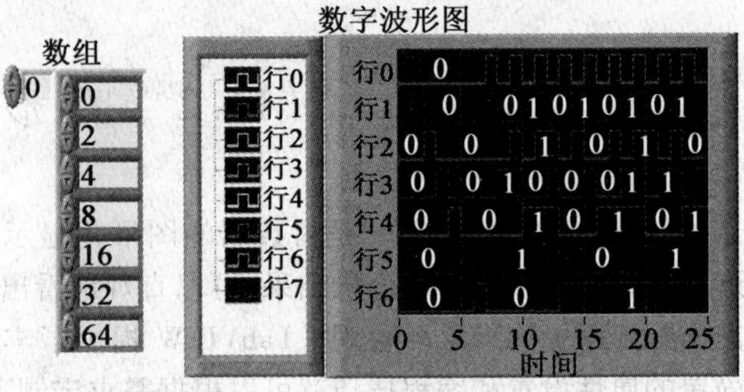

图 14.9 “强度图”运行结果

14.2.2 三维图形

LabVIEW 提供了丰富的三维图形显示控件，主要包括：三维曲面图、三维参数图、三维曲线图等，分别用于显示三维空间的曲面、封闭三维空间图形和三维空间曲线。这三个控件实质上是 Active X 控件。

三维曲面图标的接线端由三维图形、X 向量、Y 向量和 Z 矩阵等组成。其中，X 向量端子、Y 向量端子输入类型为一维数组，对应的值表示曲面中某点的 X,Y 坐标值；Z 矩阵端子输入的是二维数组，用于确定对应的横、纵坐标(X,Y)的点的 Z 轴坐标。在绘制曲面时，程序根据点的 X,Y,Z 的坐标来确定点在三维空间中的位置。三维曲面不能显示三维空间内的封闭图形。

例 14.5　设计一个使用三维曲面绘制正弦信号的示例。

程序设计如图 14.10 所示，图中使用的数据源是正弦信号，位于“信号处理”在选板下的“信号生成”内。这里不使用“正弦波形”输出函数是因为 Z 阵接收的数据类型是二维数组，而如果使用“正弦波形”输出函数，则输出的数据类型是簇类型的，两者相互不匹配。

操作步骤如下：

(1)打开一个新的前面板，在控件窗口选择“新式”|“图形”|“三维曲面图”后，将一个三维曲面图标拖动到前面板上；

(2)在函数窗口选择“信号处理”|“信号生成”|“正弦信号”后，将控件拖动到程序框图上；

(3)在函数控件中选择“编程”|“结构”|“For 循环”，拖放到程序框图；

(4)选择“编程”|“数值”|“数值常量”，拖放到程序框图；

(5)按照如图 14.10 所示连线并运行，运行结果如图 14.11 所示。

对三维曲面图的外观进行属性设置有两种方法：一种方法是使用属性浏览器；另一种方法是使用 CWGraph 3D 下的“特性”编辑器。

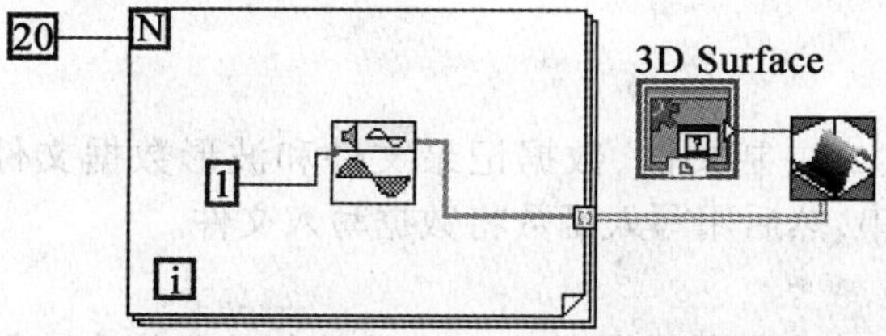

图 14.10　“三维曲面图”实例程序框图

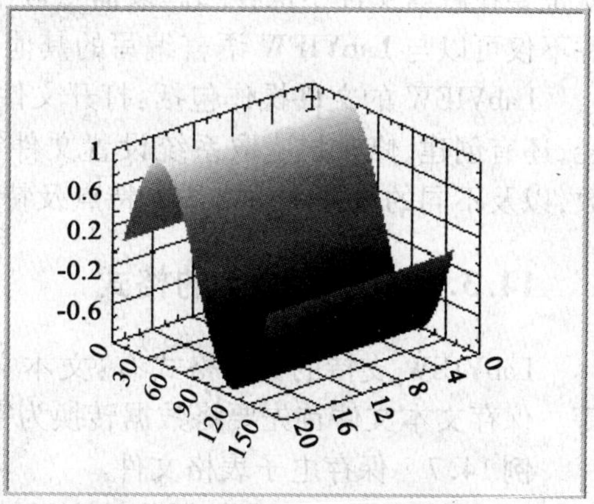

图 14.11　“三维曲面图”运行结果

例 14.6　设计一个使用三维参数图绘制正弦和余弦组合的信号示例。

操作步骤如下：

(1)打开一个新的前面板，在控件窗口选择“新式”|“图形”|“三维参数图”后，将一个三维参数图标拖动到前面板上；

(2)在函数窗口选择“数学”|“初等与特殊函数”|“三角函数”|“正弦”和“余弦”，分别将两个函数控件拖动到程序框图上；

(3)在函数控件中选择“编程”|“结构”|“For 循环”，拖放两个循环控件到程序框图；

(4)选择“编程”|“数值”|“数值常量”“加”“乘”，分别将这些控件拖放到程序框图；

(5)按照如图 14.12 所示连线并运行，运行结果如图 14.13 所示。

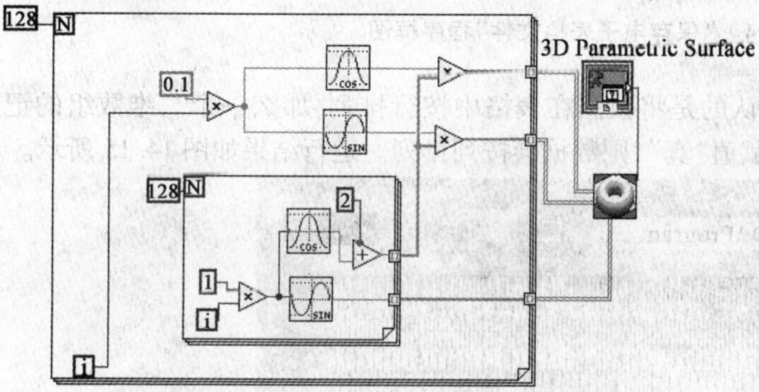

图 14.12　“三维参数图”实例程序框图

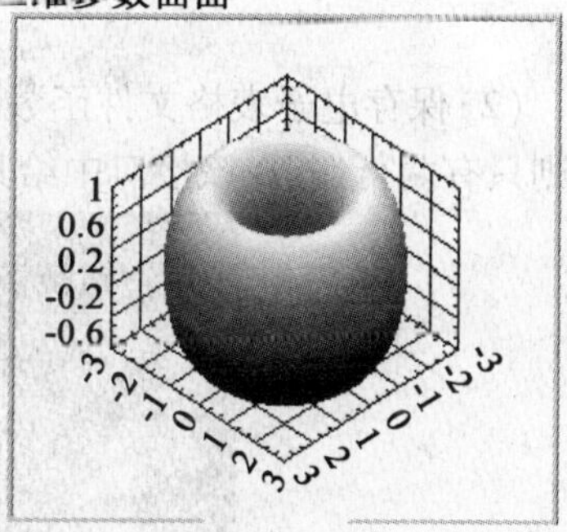

图 14.13　“三维参数图”运行结果

14.3　文 件 I/O

LabVIEW 提供了对多种格式的数据文件进行读/写操作的函数，用来实现数据的存储与读取，不同格式的数据文件具有各自的特点和应用场合。对于文件输入输出是 LabVIEW 程序设计中的一个重要概念，一般来说，文件是存储在磁盘的数据的集合。文件输入与输出就是要在磁盘文件中保存和读取信息数据，以文件形式存储起来的数据都是永久的，数据文件不仅可以与 LabVIEW 语言编写的其他 VI 交换数据，而且可以被其他程序共享。

LabVIEW 的文件操作包括：打开文件、关闭文件、读、写文件、移动文件或更改文件的路径，还有创建、修改与读取系统设置文件等。本章将主要介绍几种常用的文件 I/O 操作函数，以及不同的数据文件格式的特点及特定的应用场合。

14.3.1　文件 I/O 的格式

LabVIEW 支持的文件格式有：文本文件、二进制文件、数据记录文件和波形数据文件等。保存文本文件首先要将数据转换为字符串，然后用写入函数将数据写入文件。

例 14.7　保存电子表格文件。

(1)保存电子表格文件函数的应用与保存文本文件函数的应用十分相似。它能直接保存一维或是二维的数据。程序框图如图 14.14 所示。

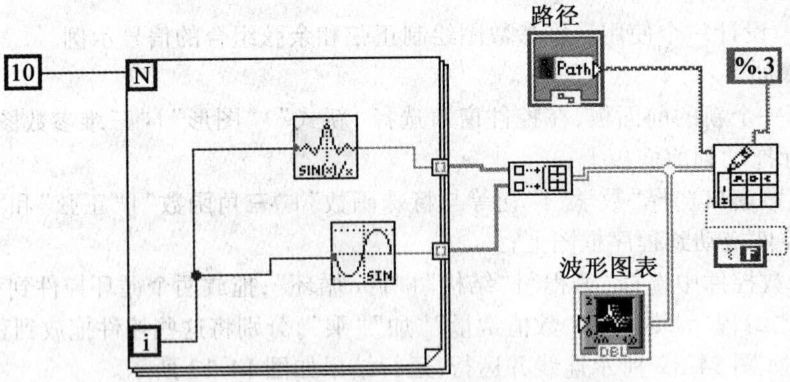

图 14.14　“保存电子表格文件”程序框图

(2)保存电子表格文件函数默认的是将数据在表格中按行排列，那么一个二维数组的记录则只有两行，若在该接口中给其赋值“真”，则数据会按列排列。运行结果如图 14.15 所示。

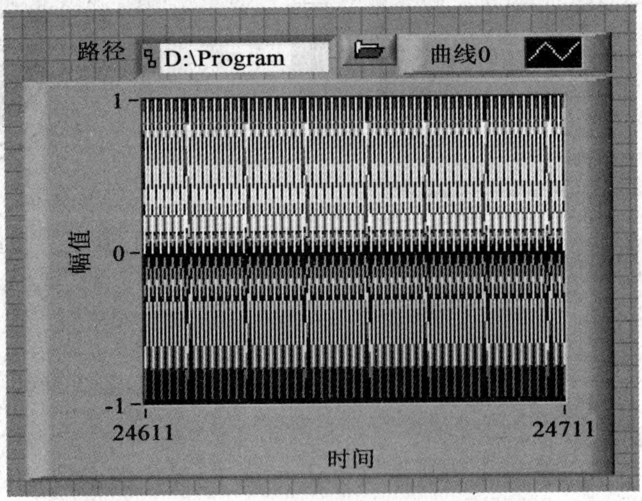

图 14.15　“保存电子表格文件”运行结果

(3)打开保存的电子表格文件,即可看到数据如图 14.16 所示。

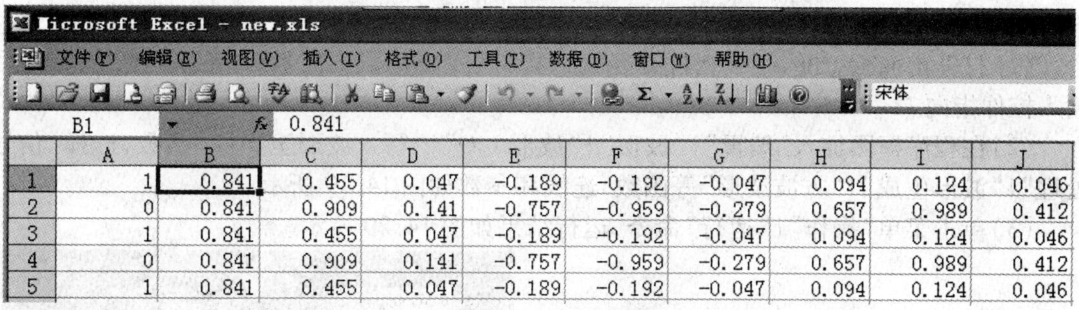

	A	B	C	D	E	F	G	H	I	J
1	1	0.841	0.455	0.047	-0.189	-0.192	-0.047	0.094	0.124	0.046
2	0	0.841	0.909	0.141	-0.757	-0.959	-0.279	0.657	0.989	0.412
3	1	0.841	0.455	0.047	-0.189	-0.192	-0.047	0.094	0.124	0.046
4	0	0.841	0.909	0.141	-0.757	-0.959	-0.279	0.657	0.989	0.412
5	1	0.841	0.455	0.047	-0.189	-0.192	-0.047	0.094	0.124	0.046

图 14.16　电子表格内保存数据

例 14.8　读取一个电子表格文件。

本例使用上例所产生的表格文件 new. xls。程序框图如图 14.17 所示,运行结果如图 14.18 所示。

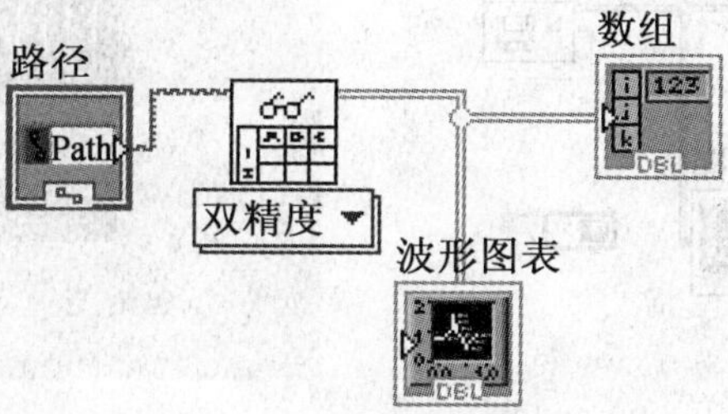

图 14.17　“电子表格文件读取”程序框图

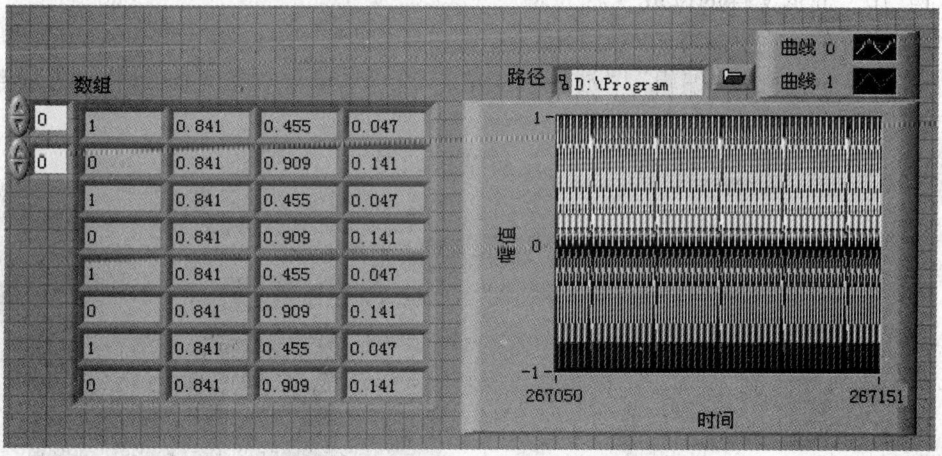

图 14.18　“电子表格文件读取”运行结果

14.3.2　波形文件 I/O

波形数据可以保存为数据记录文件或电子表格文件。LabVIEW 的波形文件函数在“编辑”|“波形”|“波形 I/O”函数子模板中。

下面通过两个例子来介绍波形文件 I/O 函数的使用方法。

例 14.9　波形文件的存入。

(1)打开前面板,加入一个文件路径输入控件、一个波形图表控件和一个簇文件,路径输入控件指向 11。

(2)在程序框图加入"编辑"|"波形"|"波形 I/O"|"写入波形至文件"函数,选择"信号处理"|"波形生成"|"方波波形"等函数,连线和参数如图 14.19 所示。

(3)单击菜单"操作"|"运行"命令,运行结果如图 14.20 所示。

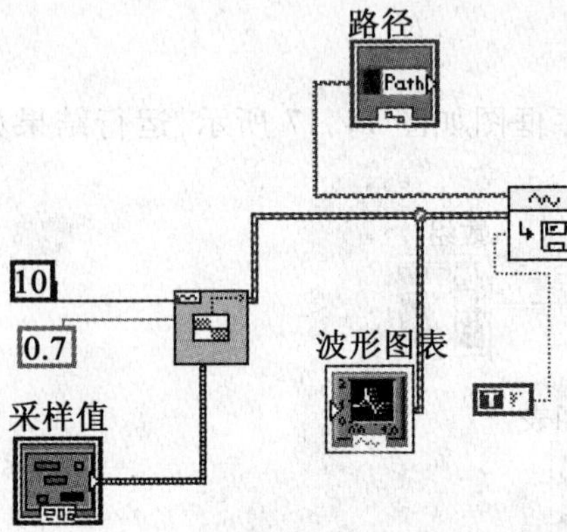

图 14.19　"波形文件的存入"程序框图

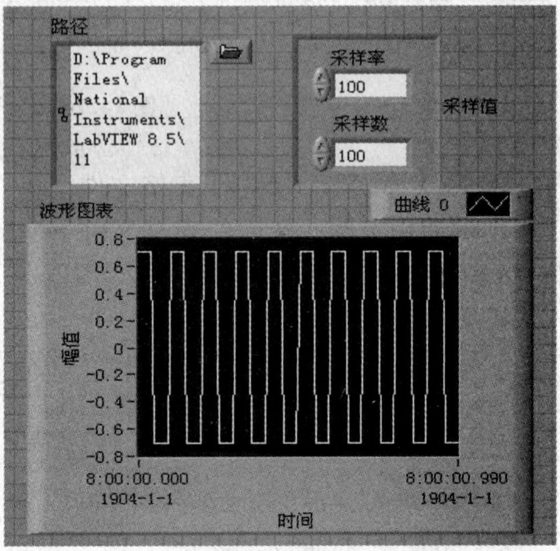

图 14.20　"波形文件的存入"运行结果

例 14.10　波形文件的读取。

(1)打开前面板,加入一个文件路径输入控件和一个波形图表控件,路径输入控件指向 11。

(2)在程序框图加入"编辑"|"波形"|"波形 I/O"|"从文件读取波形"函数,连线和参数如图 14.21 所示。

(3)单击菜单"操作"|"运行"命令,运行结果如图 14.22 所示。

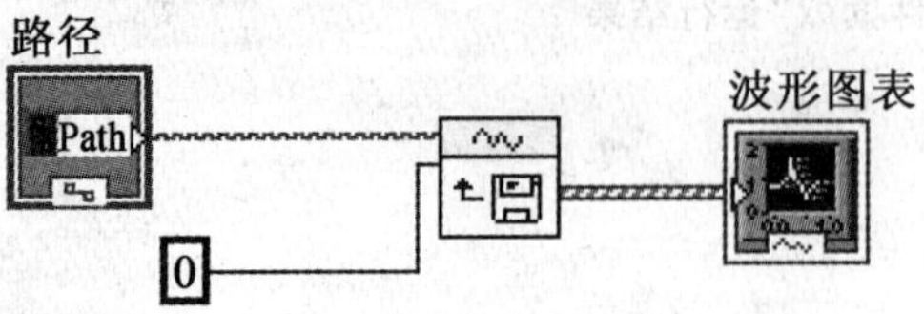

图 14.21　"波形文件的读取"程序框图

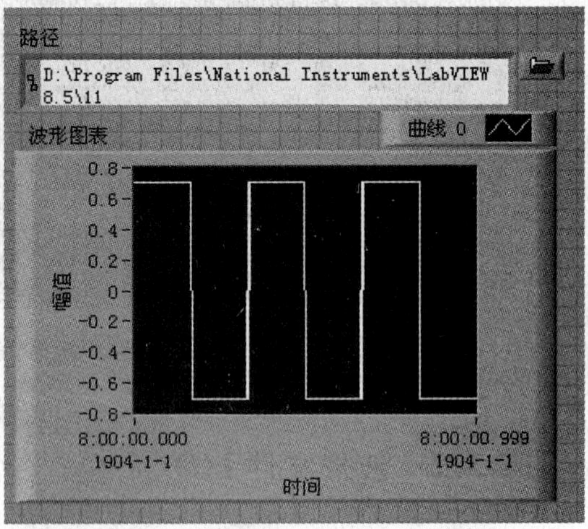

图 14.22　"波形文件的读取"运行结果

思考题

1. 循环结构包括哪几种？请简述它们的结构特点。

2. 分别使用 For 循环和 While 循环实现 N!，要求 N 值可以改变，显示运行结果。

3. LabVIEW 中用于二维图形显示的控件有哪些？

4. 在一个波形图表中显示 3 条曲线，分别用红、黄和蓝 3 种颜色表示范围在 0 ~ 1，5 ~ 6，2 ~ 3 的随机数。

5. 在一个波形图中用两种不同的线宽和颜色来分别显示一条正弦曲线和锯齿波曲线。设置曲线长度为 256 个点，$x0 = 10$，$\Delta x = 2$。

6. 使用 For 循环生成一个二维数组，并在波形图显示该二维数组。要求将二维数组的每一列生成一条曲线。

7. 使用习题 6 中生成的二维数组，要求在波形图中以二维数组的每行数据生成一条曲线。

8. 使用 For 循环生成一个 5 行 5 列的二维数组，数组元素由范围为 0 ~ 100 的随机数组成。

9. 三维曲面图与三维参数图的主要区别是什么？

10. 使用三维参数图显示一个单位圆。

11. LabVIEW 提供的常用文件类型主要有哪些？

12. 编写一个程序，要求将产生的正弦波形数据存储为波形文件，并要求文件中显示的存储时间为系统当前时间。

13. 编写一个程序，要求将生成的一个由 5 个 0 ~ 1 之间的随机数组成的一维数组保存为 XML 文件。

14. 编写一个程序，要求将习题 6 中保存的 XML 文件中的数据读出并显示在前面板中。

第 15 章

LabVIEW 实战开发实例

15.1 单摆运动

单摆运动是物理学上很典型的实验内容,看似简单的结构运动,但其中可以研究的内容却很多,运动涉及摆长、摆角、摆动周期、地球的重力加速度等诸多方面的问题。

单摆运动又称数学摆。所谓单摆运动是指将一质量为 M 的小球固定在长度为 L 的细绳一端,细绳的另一端固定在某点 O 处,让小球在竖直平面内做摆动,忽略空气对小球的阻力以及 O 点处对细绳的摩擦力,并且认为细绳的长度 L 不变,仅考虑重力和细绳对小球的拉力。

在竖直平面引入以 O 为坐标原点的极坐标系统,由于细绳长度不变且细绳总是直的,所以小球的位置用一个坐标 $\theta(t)$ 就能表示。这里 θ 表示细绳 L 和竖直方向之间的夹角。竖直方向就是小球的平衡方向,它对应的夹角 θ 为零。

小球所受的重力大小 f 为 Mg,其方向竖直向下。重力沿细绳方向的分力大小为 $Mg\cos\theta$,其方向为沿细绳指向外。由于这个力与小球运动所需要的向心力刚好平衡,所以小球沿细绳方向没有运动。重力在垂直于细绳方向的分力大小为 $Mg\sin\theta$,它的方向与夹角 θ 增加的方向相反。

可以得出状态方程为

$$\begin{cases} \dot{x}_1 = x_2 \\ \dot{x}_2 = -\dfrac{g}{L} \times x_1 \end{cases}$$

本例中需要使用“ODE 库塔四阶方法”函数,该函数中“X 值(解)”的输出端子会产生一个二维数组,这个二维数组的第 1 列内容是第 1 个状态变量 x_1 在“时间(times)”数组中的各个时刻的值,第 2 列的内容是第 2 个状态变量 x_2 在“时间(times)”数组中各个时刻的值,可利用“索引数组”函数分别取出状态变量在不同时刻的值。

具体运行步骤如下:

(1)打开前面板,添加“字符串输入”控件,创建两个字符串输入数组并分别命名为“X(变量名)”和“F(X,t)(常微分方程右侧作为 X 和 t 的函数)”。类似地,创建一个数值输入数组并命名为“状态变量初始值”;创建三个数值输入控件显示控件并命名为“计时”;创建一个 XY 图控件并命名为“单摆轨迹”，将“图形属性：单摆轨迹”对话框中的曲线属性配置成图 15.1 所示。

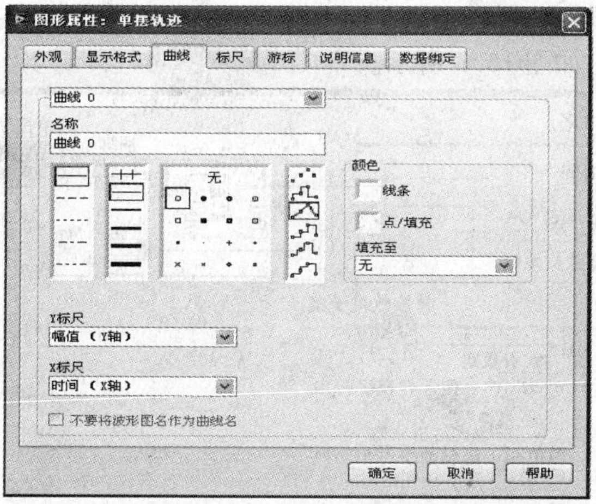

图 15.1　“图形属性：单摆轨迹”对话框中的曲线属性配置

并取消勾选 XY 图控件的“显示项→图例”选项，最后添加一个“停止”按钮。至此，前面板设计完毕，如图 15.2 所示。

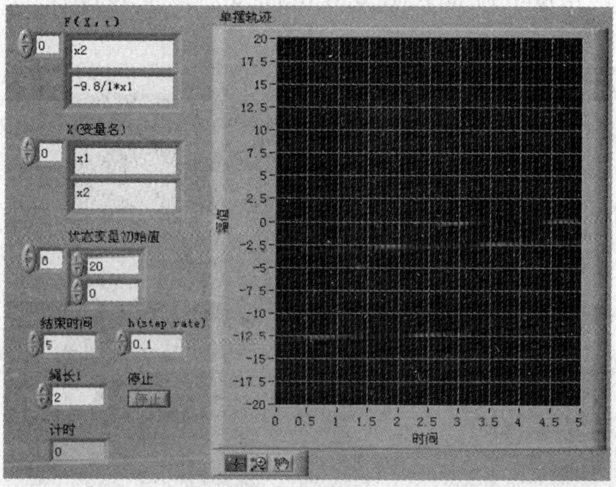

图 15.2　单摆实例前面板

（2）在程序框图窗口，添加“While 循环”控件及相应控件，将所有控件都放置于“While 循环”控件内。单击“函数”|“数学”|“微分方程”|“ODE 库塔四阶方法”图标，添加一个“ODE 库塔四阶方法”函数，将该函数的输入端子与相应控件的节点连接起来，但输入端子“开始时间”和“时间(time)”不进行连接，其输入值为默认值。为了实现绳长 L 的可调节，这里使用了“数值至十进制数字符串转换”和“搜索替换字符串”函数。

“F(X,t)”表示的是状态方程式的右端项，先使用上述两个函数替换“F(X,t)”中的第 2 个字符串中的参数“绳长 1”，然后使用“替换数组子集”函数将“F(X,t)”中字符串数组组合更新后与“ODE 库塔四阶方法”函数的对应端子连接起来。

运算结果的图形化显示设计。

“x 值”输出端给出的是一个二维数组,其中第 1 列是第 1 个状态变量 x1 在各个时刻的值,第 2 列是第 2 个状态变量 x2 在各个时刻的值,使用“索引数组”函数得到第 1 个状态变量 x1 在不同时刻的值,将这组数据和“时间”端子得出的时间数组“捆绑”之后在 XY 图控件上显示出来,程序框图如图 15.3 所示。

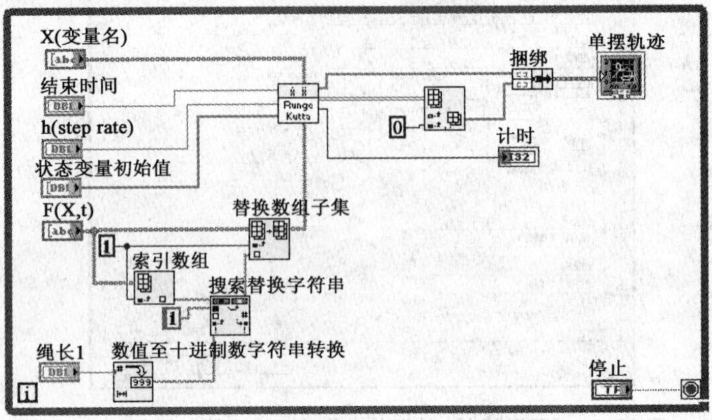

图 15.3 单摆运动实例的程序框图

返回前面板可以查看运行结果,如图 15.4 所示。改变绳长 L 的值和“结束时间”等控件中的变量值,观察单摆角度 θ 随绳长 L 变化的曲线。改变程序框图中“索引数组”函数的索引值,可以观察到单摆角速度的变换情况。

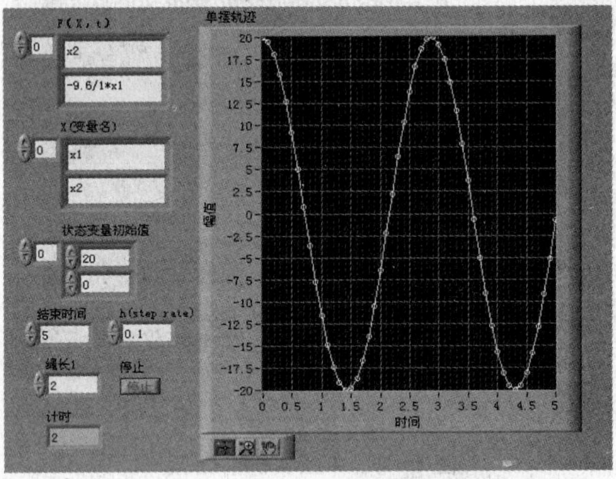

图 15.4 单摆运动实例的运行结果

15.2 单边傅里叶变换

单边傅里叶变换是指仅对经过 FFT 变换信号的处于 $0 \sim f_s/2$ 频段之间的正频率信息进行计算、分析和显示。程序设计过程中需要使用到“正弦波”和“FFT”函数,对产生的正弦波行单边傅里叶变换,显示出信号在频域中的变化曲线。

程序具体运行步骤如下:

(1)单击"文件"|"新建 VI",创建一个新的 VI。

(2)单击"控件"|"新式"|"数值"|"数值输入控件",添加五个"数值输入"控件并分别命名为"采样频率""采样点数""FFT 点数""频率(Hz)"和"幅值"。

(3)单击"控件"|"新式"|"数值"|"数值显示控件",将其标签更改为"最大幅值";单击"控件"|"新式"|"数组、矩阵和簇"|"数组",将其标签更改为"频谱索引"。

(4)单击"控件"|"新式"|"布尔"|"开关按钮"操作,添加两个布尔开关控件并分别命名为"移位"和"停止"。

(5)单击"控件"|"新式"|"图形"|"波形图"操作,添加两个波形图控件并分别命名为"信号波形"和"单边 FFT 变换"。

设计完毕后的前面板如图 15.5 所示。

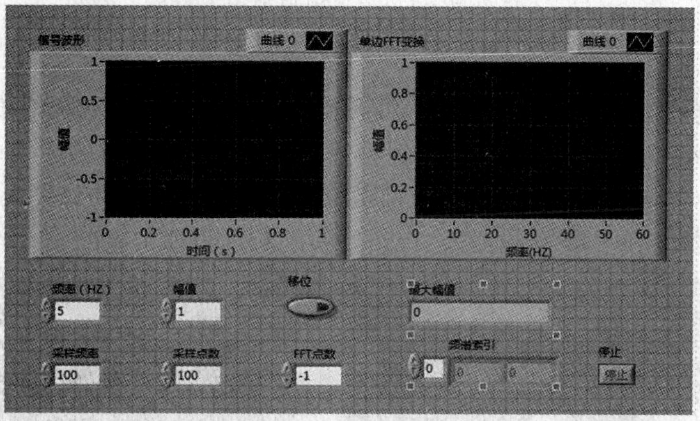

图 15.5　前面板设计图

(6)打开程序框图,单击"函数"|"编程"|"结构"|"While 循环"操作,并将前面板产生的所有控件放入 While 循环当中。

(7)单击"函数"|"信号处理"|"信号生成"|"正弦波",添加一个正弦波函数。需要注意的是正弦波函数使用的输入参数"频率"是归一化频率类型。然后单击"函数"|"信号处理"|"变换"|"FFT",添加一个"FFT"函数同时将两个函数的输入输出端子与参数和数组变换部分连接起来。

(8)在 While 循环中使用了单位变换函数节点,其调用路径为"函数"|"数值"|"转换"|"单位转换"。其中,"单位"为单位输入端,右键单击"单位"端子,在弹出的快捷菜单中选择"创建→常亮",然后右键单击常亮节点,在弹出的快捷菜单中选择"显示项",再在"显示项"中勾选"单位标签",在"单位标签"框中输入单位即可。如果需要更改,右键单击单位标签,在弹出的快捷菜单上单击"创建单位字符串",即弹出"创建单位字符串"对话框。

(9)以采样频率 f_s 采集了 N 个采样点,频率分辨率可以用 $\Delta f = f_s / N$ 计算。

(10)使用复数到极坐标转换(Conplex to Polar)节点,单击"函数"|"数学"|"数值"|"复数"|"复数至极坐标转换",添加此函数节点,用 P(r, theta)表示极坐标系,其中 r 为极径,theta 为极角,r × e^(i × theta)为复数的极坐标形式。

(11)单击"函数"|"编程"|"应用程序控制"|"停止",添加一个"停止"函数,此节点可以实现关闭正在运行的 VI 功能。在调用输入为 TRUE 的停止函数前,必须先确保 VI 已完成最终任务,如关闭文件和设置被控设备的保存值等。将"停止"按钮节点与"停止"函数节

点连接起来，并与 While 循环的条件终端相连，程序框图设计完毕后如图 15.6 所示。

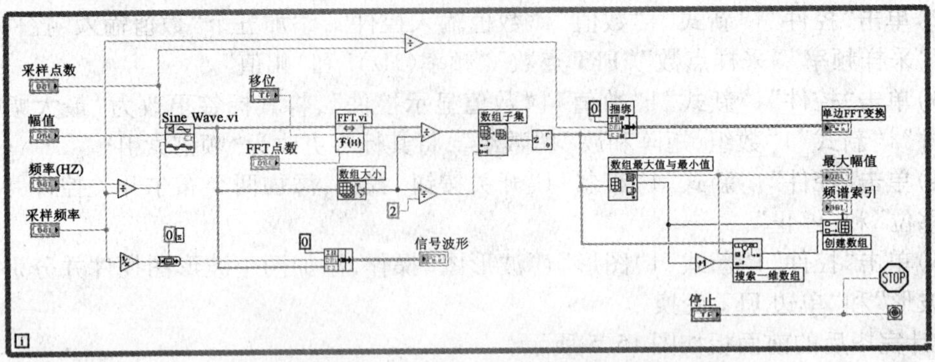

图 15.6　单边傅里叶变换实例的程序框图

单击运行按钮，如图 15.7 所示，在单边 FFT 变换频谱图中观察到，频谱为 5 Hz 的正弦波经过傅里叶变换后，完成从时域上到频谱上的映射，频谱上的最大幅值处正好对应 5 Hz。改变“频率（Hz）”等输入控件的值，可以观察单边 FFT 变换频谱图上最大幅值的位置变化情况。单击终止执行按钮或者“停止”按钮，程序将停止运行。

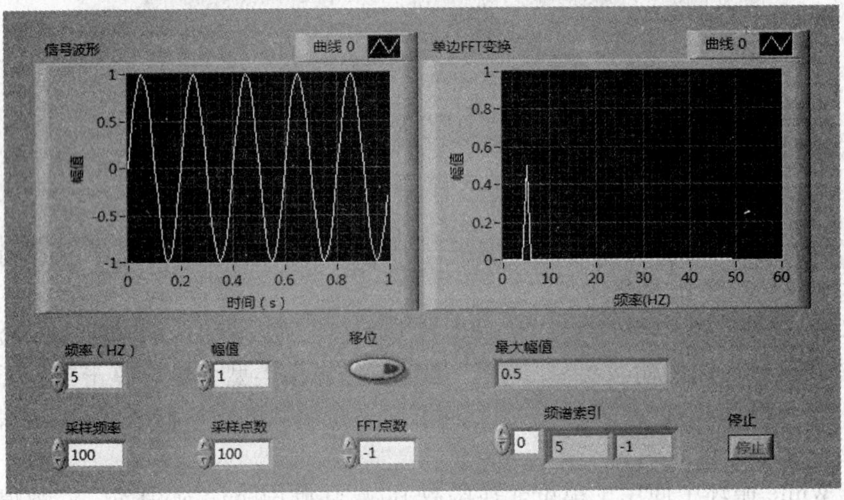

图 15.7　单边傅里叶变换实例的运行结果

15.3　提取正弦波

利用信号生成子选板的“正弦波”函数，加载一个高频均匀白噪声作为模拟信号传输中的随机干扰信号，并对此信号进行切比雪夫低通滤波，以滤除信号中的噪声分量，提取出基频频率的正弦信号。

具体设计步骤如下：

(1)创建一个新的 VI，放置“数值”“布尔”和“图形”控件。分别命名为“频率（Hz）”（初始值为 5)、“采样”(初始值为 1 024)、“幅值”(初始值为 1.00)、“采样频率(Hz)”(初始值为 1 024)和“波纹(dB)”(初始值为 0.10)。

(2)单击“控件”|“新式”|“数值”|“垂直指针滑动杆”,添加两个“垂直指针滑动杆”控件,并分别命名为“低通截止频率:f_1”(初始值为 20 Hz)和“阶数”(初始值为 5)。

(3)单击“控件”|“新式”|“布尔”|“停止按钮”,添加一个“停止按钮”控件。然后单击“控件”|“新式”|“图形”|“波形图”,添加三个波形图控件,分别命名为“input signal”“filteredsignal”和“滤后波 FFT 频谱图”。具体前面板布局如图 15.8 所示。

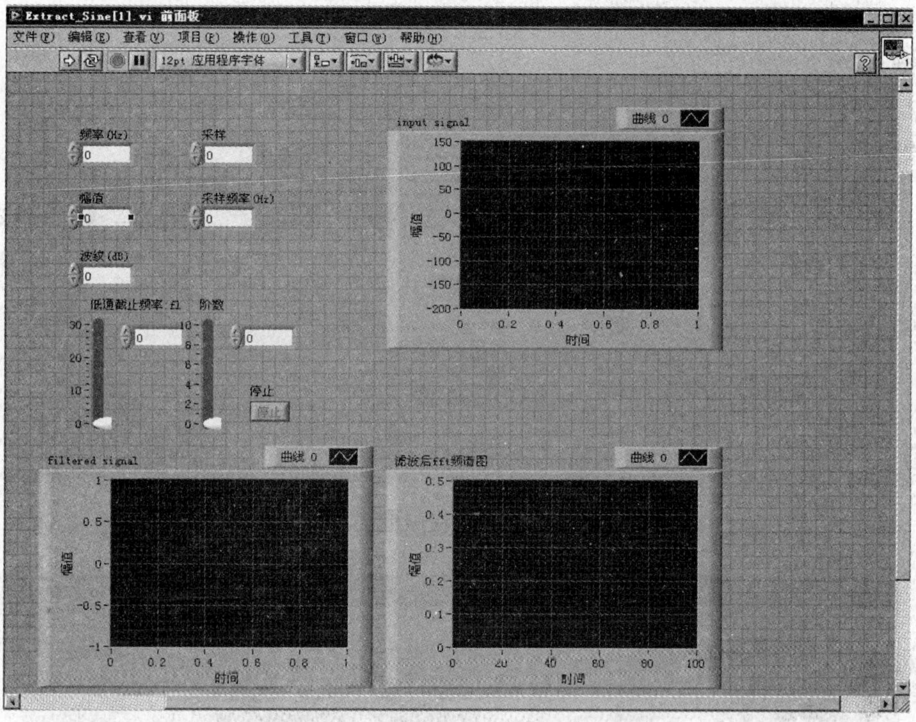

图 15.8　提取正弦波实例的前面板

(4)打开程序框图编辑窗口,单击“函数”|“编程”|“结构”|“While 循环”,添加一个“While 循环”函数,将程序框图中的节点放入 While 循环中,使所有程序都在 While 循环中进行。

(5)单击“函数”|“信号处理”|“信号生成”|“正弦信号”和“均匀白噪声”,分别添加 1 个“正弦信号”和“均匀白噪声”函数。“均匀白噪声”函数可以产生幅值位于区间[-a,a]的均匀分布的伪随机波形,a 表示幅值的绝对值,此处 a = 100。

(6)单击“函数”|“信号处理”|“滤波器”|“Chebyshev 滤波器”,添加一个“Chebyshev 滤波器”函数。然后将“正弦波”和“均匀白噪声”函数与滤波器部分连接起来。

说明:Chebyshev 高通滤波器可以对均匀白噪声信号进行滤波,用于生产高频噪声($f>$150 Hz)。滤波器为 5 阶,波纹为 0.1 dB。然后使用 Chebyshev 低通滤波器对合成的信号进行处理,在前面板中可以完成和更改阶数、截止频率和波纹的设置。

(7)单击“函数”|“信号处理”|“变换”|“FFT”,注意前面板的“滤波后 FFT 频谱”控件上,先将波形图的横坐标范围更改为 0~100,然后右键单击控件,弹出快捷菜单。在 X 标尺

项中取消“自动调整X标尺”,这样就可以只显示信号经FFT变换后的正频率信息了。提取正弦波实例的程序框图设计完毕后如图15.9所示。

回到前面板后单击运行按钮,此时“input signal”控件中的频率值为5 Hz,是含有噪声的正弦信号。经过滤波后的合成信号,在“filtered signal”中看到提取出来的正弦波在FFT变换后在频谱上正好为5 Hz。更改“频率”和“阶数”等控件的值,分别观察3个波形图中的变化情况,具体运行结果如图15.10所示。单击中止执行按钮或者“停止”按钮,程序将停止运行。

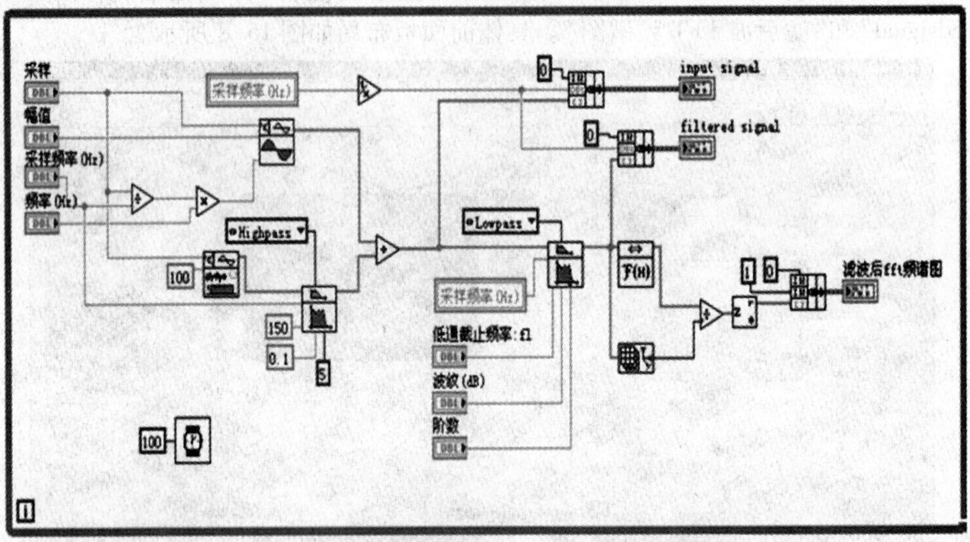

图15.9 程序框图

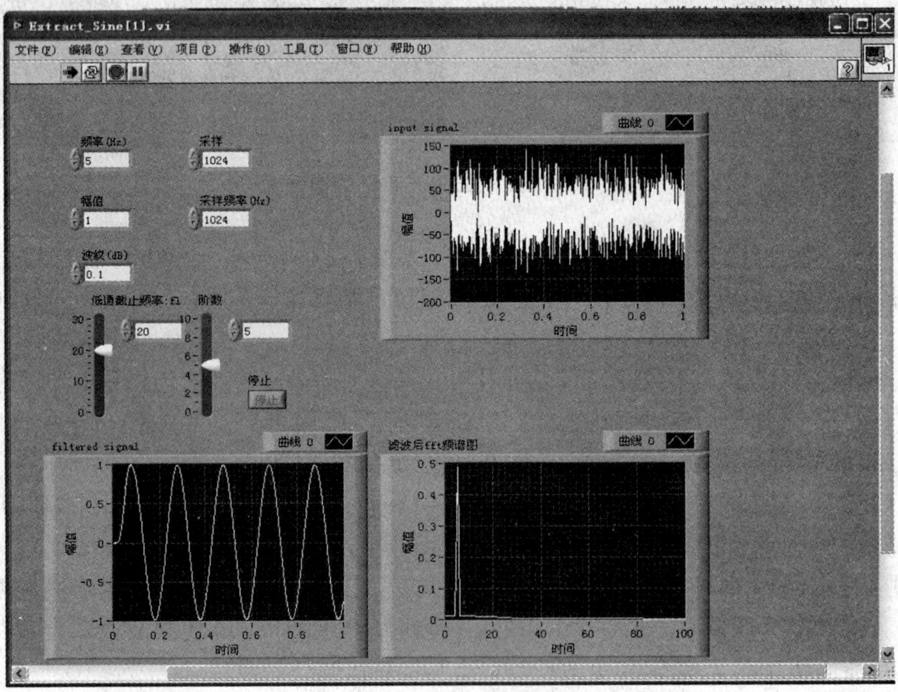

图15.10 程序框图

15.4 键盘拼图小游戏

本例使用 LabVIEW 软件设计一个键盘拼图小游戏,此例通过条件结构的分支选择以及移位寄存器中数据流的循环更新,对游戏玩家的键盘输入进行检测和响应。

键盘拼图小游戏实例的设计主要可以分为以下几个步骤。

(1)前面板的设计,主要是拼图键盘的设计,并对设计中使用的图片下拉列表控件和布尔按钮控件进行项编辑、属性设置和外观改变,以及对整体布局进行规划设计。

(2)程序框图的设计,包括初始化数组模块的设计、初始化键盘模块的设计、键盘输入模块的设计、游戏流模块的设计和人机交互模块的设计。同时,对设计思路和逻辑处理的具体功能进行剖析和解释。

设计完毕后,通过运行程序开始游戏,逐步体会每一模块功能设计的细节和构想。下面将对设计步骤进行详细介绍。

创建一个新的 VI。

前面板的设计:

在前面板的设计中,最重要的是对键盘拼图游戏的设计,拼图键盘需要使用两种控件,即“图片下拉列表”控件和“确定按钮”控件。在以下的设计过程,为避免混淆,分别称其为键盘下拉列表和键盘按钮。

(1)构建键盘按钮控件。单击“控件”|“新式”|“布尔”|“确定按钮”,添加一个“确定按钮”控件并将其命名为“按钮 1”,然后调整其大小。单击菜单栏的“查看|工具选板”,出现工具选板,使用工具选板的“设置颜色”功能,将“颜色笔”设置为“透明”;用“染色笔”单击按钮,并配合使用工具选板的“自动选择工具”,将按钮开关状态的颜色均设置为“透明”。

(2)利用图片处理工具 Photoshop 的“切片工具”,将图片均分成 9 个 bmp 格式文件,分别命名为 0,1,2,3,4,5,6,7,8。

(3)构建键盘下拉列表控件。单击“控件”|“新式”|“下拉列表和枚举”|“图片下拉列表”,添加 1 个“图片下拉列表”控件并命名为“下拉列表 1”,在其右端单击后弹出的快捷菜单中选择“转换为显示控件”。接着,单击菜单栏中的“编辑”|“导入图片至剪切板”,选中要添加的图片路径,利用下拉菜单控件快捷菜单中的“从剪切板导入图片”“在后面导入图片”和“在前面导入图片”3 个菜单项,将图片下拉列表控件选成包含 9 个选择项的列表。

(4)使用将控件颜色设置为“透明”的方法,将下拉列表的边框设置为“透明”;然后将该图片下拉列表复制 8 次,依次将这 9 个下拉列表的选项设置为 0,1,2,3,4,5,6,7,8,并按顺序摆放成 3×3 的矩阵。

(5)将“透明”的“确定按钮”同样复制 8 个后在每个下拉列表控件正上方放置 1 个,摆放整齐。最后,再加 1 个“图片下拉列表”控件并将其命名为“winner pict”,并导入未经分割的原图片。切换到程序框图,隐藏“winner pict”控件。需要注意的是,拼图键盘各控件和“winner pict”控件的叠放顺序从上到下依次为下拉列表控件 1~9(底层)、按钮控件 1~9(中层)和“winner pict”下拉列表控件(顶层)。

(6)创建1个数值输入控件并命名为“solution array”,作为拼图中键盘位置的解决方案(获胜模式)。添加两个“停止按钮”,并将其中一个按钮的“布尔文本”更改为“Solve…”。用“控件→新式→修饰”中的控件对前面板中的控件进行美化和修饰。键盘拼图小游戏实例的前面板设计完毕。

编写初始化数组模块:

下面开始对程序框图进行总体设计,分为5个步骤:initialize, get inout, evaluate input, winner! 和 exit requist,使用条件结构来实现,这5个步骤分别作为条件结构的5个分支。整个程序主要在While循环中运行。下面首先对游戏的数组初始化进行设计。

(1)单击“函数”|“编程”|“数值”|“枚举常量”,创建一个枚举常量,编辑该常量的项依次为initialize-0,get inout-1,evaluate input-2,winner!-3和exit requist-4。

将光标放在常量上,待鼠标变为“小手型”后单击鼠标即可从列表中选择需要使用的项。

(2)添加1个While循环,在While循环边框上创建1对移位寄存器,并在循环中添加1个条件结构。枚举常量通过移位寄存器与条件结构的选择器终端相连。由于这对移位寄存器用来存储枚举常量的输出值并确定下一步即将执行的条件机构分支,故称其为“枚举常量寄存器”。右键单击条件结构,在弹出的快捷菜单中选择“为每个值添加分支”。在条件结构的分支“initialize(默认)”,单击“函数”|“编程”|“数组”|“数据长量”和“函数”|“编程”|“数值”|“数值常量”,创建1个包含9个元素的数值常量数组,其默认值为【0,1,2,3,4,5,6,7,8】。

(3)对常量数组的9个元素进行随机排列,分别作为9个图片的下拉列表控件的输出值,为键盘初始化做准备。

添加1个for循环,使用“随机数(0~1)”函数产生随机整数R,使用“数组大小”函数计算数组大小S,R*(S-1)即可产生1个0~8之间的浮点数,使用“转换为长整型”函数将其圆整成整数。

在for循环中添加1个While循环,使用同样的方法产生一个随机整数,并对两个随机整数进行比较,如果相等,进入下一个循环产生新的随机数,直到两个随机数不等才跳出循环。

将两个整数作为常量数组的元素索引,互换两个索引中的元素,用常量数组来连接输入for循环结构的边框时,产生了1个自动索引隧道,其作用与循环记数端N接入1个数组大小的常量一样,限制了结构的循环总次数。

(4)创建“solution array”空间的布局变量,并与原始常量数组相连,作为拼图游戏成功的判据。

(5)在游戏初始化阶段,不希望“winner pict”显示,因此使用“winner pict”的“可见”属性节点,单击“函数”|“编程”|“布尔”|“假常量”,添加1个布尔“假常量”,并将其连接到属性节点的输入端以实现不可见的效果。另外,将While循环的条件终端状态设置为“真实继续”,添加1个真常量并与While循环的条件终端相连。

初始化数组的程序框图设计完毕后如图15.11所示。

编写初始化键盘模块:

数组初始化完成后,将常量数组中的元素值输出到键盘下拉列表中,就可以完成键盘的初始化。

(1)在外层 While 循环中创建 1 个移位寄存器,成为“常量数组寄存器”,用来寄存经过随机排列处理的数组,以供条件结构的其他分支在循环中调用更新常量数组时使用。

(2)在外层 While 循环中再创建 9 个移位寄存器,称“下拉列表寄存器”,用来寄存拼图键盘的实时位置。将更新常量数组中的每个元素输入相应的移位寄存器即可实现此功能。使用“数组至簇转换”函数将常量数组转换为簇,用“解除捆绑”函数解除捆绑簇,将簇中的元素分离后一一输入移位寄存器。另外,将一个数值常量“2”与 While 循环左侧移位寄存器的输入相连,作为“下拉列表寄存器”的初始值,并将 While 循环左侧移位寄存器的输出端与拼图中的每个图片下拉列表控件相连,以控制拼图键盘的实时显示。

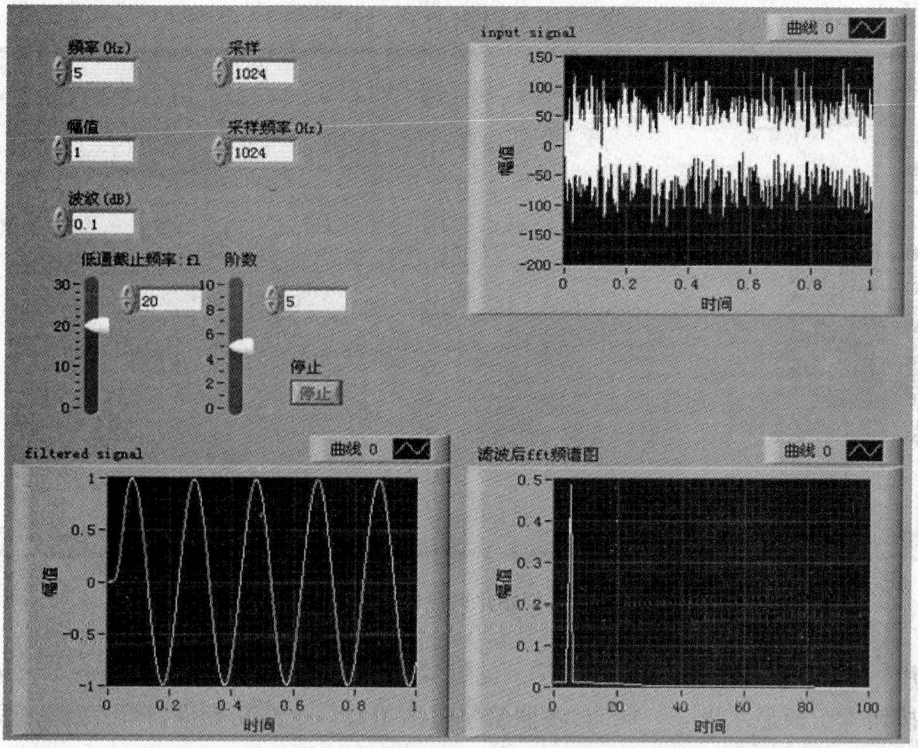

图 15.11　初始化数组模块的程序框图

(3)在外层 While 循环中再创建两个移位寄存器,其中,一个用来寄存拼图中的键盘 2 的位置,称“location of S”寄存器。这里需要使用“搜索一维数组”函数,其输入端“元素”连接常量 2,这是因为游戏各图片下拉列表的选择项为 2 时,并没有添加图片;另一个用于记录鼠标对哪一个按钮控件进行操作,称“button pressed”寄存器。在分支“initialize”中,并未对按钮有任何操作,因此将“数值常量”与移位寄存器相连。这两个寄存器用于检测按下的拼图键盘值和执行相应的键盘动作。

(4)复制枚举常量,将其放置在条件结构分支“initialized”中,更改其项为“get input”,其输出端与右端的“枚举常量寄存器”相连,表示在执行完初始化数组和键盘之后,即将开始执行“get input”分支中的程序,进入检测键盘输入程序模块。

初始化键盘的程序框图设计完成如图 15.12 所示。

编写键盘输入模块：

将条件结构的分支切换到“get input”进行编辑，开始键盘按钮输入检测程序的编写。

(1)分别把 While 循环中“下拉列表寄存器”和“Location of S 寄存器”的左右端移位寄存器连接起来，实现数据流在分支中的传输完整性。

(2)把 9 个按钮控件的节点图拖入分支中，使用创建数组函数创建 1 个布尔数组，并对数组中的元素进行“或”运算。当输入为“TRUE”时，说明有键盘按钮按下，执行内层条件结构的分支真；当输入为“FALSE”，即无按钮按下时，执行分支的“假”程序。

①在分支真中，搜索按下的键盘按钮的索引值，将所有按钮状态复位，并根据游戏玩家对 Stop 按钮的操作，确定是继续游戏还是退出游戏，如图 15.12 所示。

图 15.12　初始化键盘模块的程序框图

利用“搜索”|“位数组”函数找出按下的键盘按钮索引，并由一个“Boolean pressed”控件将键盘按钮索引值显示出来。同时，将假常量赋值给每一个按钮控件，在下一次按钮收到操作命令之前对其进行复位。

复制“初始化数据”模块中创建的枚举常量，粘贴后并将其项值更改为“evaluate input”；在外层条件结构中使用同样方法也添加一个次枚举常量，将其项值更改为“exit requist”。使用一个“选择”函数(函数、编程、比较、选择)对“停止”按钮的输出值进行判断，如果“停止”按钮输出为 TRUE，则执行分支“exit requist”中的程序，否则执行分支“evaluate input”中的程序，比较结果输入枚举常量寄存器。

②在分支“假”中，首先根据游戏玩家对 Solve… 按钮的操作，确定进入游戏获胜模式，还是继续检测键盘按钮的输入，然后根据 Stop 按钮的操作，确定是继续游戏还是退出游戏。将 Solve… 节点图标拖入分支中，分别连接 3 个“选择”函数的“S”端，然后分别连接“选择”节点的“T”和“F”端，如图 15.13 所示。

如图 15.13 中的 1 所示，对于第 1 个选择来说，若 Solve… 控件输出为 TRUE，则将 Location of S 左端寄存器值输入“Boolean pressed”右端寄存器，否则仍然将 Boolean pressed 左端寄存器值输入“Boolean pressde”右端寄存器。

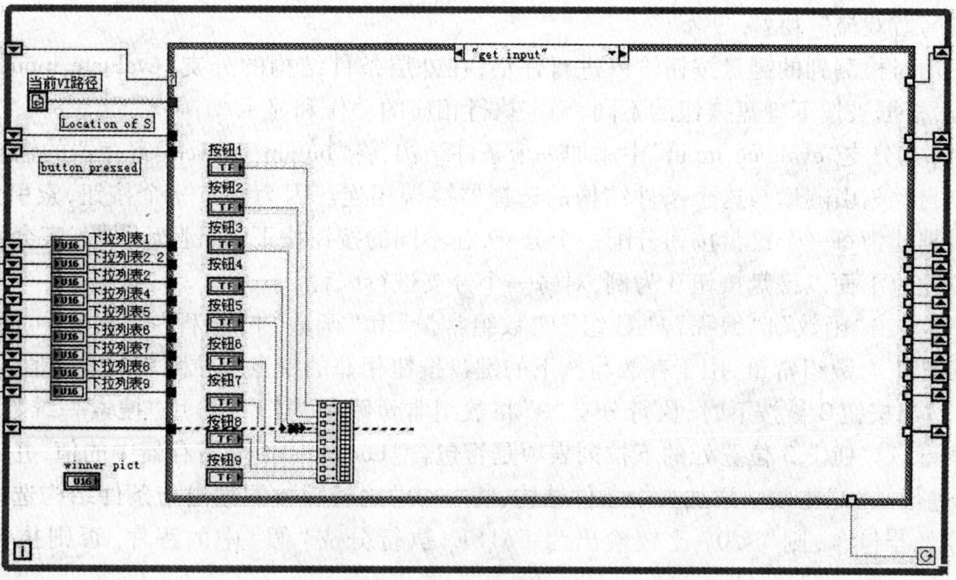

图 15.13 内层条件结构的分支“真”的程序框图

如图 15.13 中的 2 所示，对于第 2 个选择来说，若“Solve…”控件输出为“TRUE”，则执行分支“evaluate input”中的程序，否则执行分支“get input”中的程序，并将“选择”函数输出连接外层条件结构中的“选择”函数的输入端 F。

如图 15.13 中的 3 所示，对于第 3 个选择来说，若“Solve…”控件输出为“TRUE”，则将“solution array”控件中的数组输入“常量数组寄存器”，否则将“常量数组寄存器”的左端移位寄存器值输入右端移位寄存器，保证数据传送的完整性。

(3)添加 1 个“真常量”并与 While 循环的条件终端相连，保证 While 循环条件终端输入的完整性。

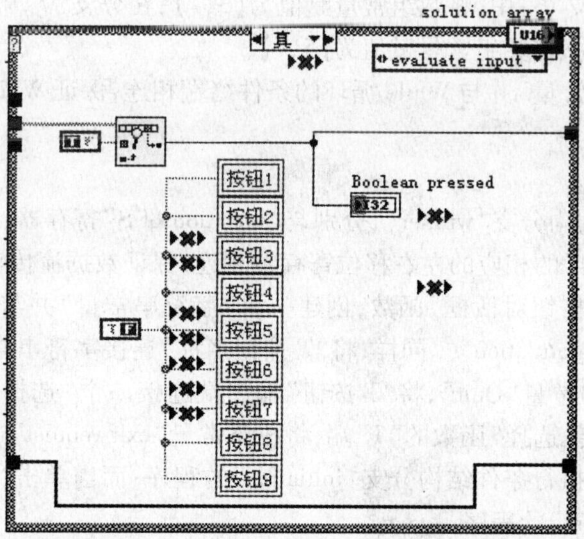

图 15.14 内层条件结构的分支“假”的程序框图

编写游戏流模块：

下面对检测到的键盘按钮输入进行评估，在外层条件结构的分支“evaluate input”中进行编程，根据被按下键盘按钮的不同，确定执行相应的动作和显示。

(1)在分支“evaluate input”中添加一个条件结构，将“button pressed”寄存器的输出端通过一个自动索引隧道与这个条件结构的选择器终端相连。因为共有 9 个按钮，索引为 0 ~ 8，所以据此为每一个键盘按钮分配一个分支，在不同的按钮按下时，键盘下拉列表会发生相应的变化。下面以键盘按钮 0 为例，对每一个分支进行编程。

(2)单击“函数”|“编程”|“数组”|“数组常量”和“函数”|“编程”|“数值”|“数值常量”，创建 1 个数组常量，用于存放与按下的键盘按钮相邻的键盘下拉列表的索引值。

(3)当按钮 0 被按下时，执行分支“0”将数组常量赋值为【1,3】，用“搜索一维数组”函数搜索键盘按钮 1,3 位置处的下拉列表项是否包含“Location of S”寄存器中的值，并返回这个值，进行“ <0”比较。添加一个条件结构，将“ <0”比较函数的输出与条件结构选择器终端相连。若包含，则“ <0”比较输出为 FALSE，执行分支“假”中的程序，否则执行分支“真”。

(4)把经过内层条件结构中程序处理的数组转化为簇，然后解除捆绑簇，将其包含的元素值赋给“下拉列表寄存器”，用于键盘下拉列表显示项的更新；同时，将更新的数组与“solution array”数组空间中的数据进行“ =”比较，比较结果输入一个“选择”函数的“S”端。若比较为真，则执行条件结构分支“winner”的程序，否则执行分支“get input”中的程序。还有，把常量数值“ -1”输入“button pressed”右端移位寄存器，复位移位寄存器中的值。

(5)右键单击中层条件结构的边框，在快捷菜单中选择“复制分支”，复制分支“0”，然后进行相应的修改即可完成其他键盘按钮的操作。在分支“1”中，将数组常量赋值为【0,2,4】，其他保持不变。同理，在分支“2”中，将数组常量赋值为【1,5】；在分支“3”中，将数组常量赋值为【0,4,6】；在分支“4”中，将数组常量赋值为【1,3,5,7】；在分支“5”中，将数组常量赋值为【2,4,8】；在分支“6”中，将数组常量赋值为【3,7】；在分支“7”中，将数组常量赋值为【4,6,8】；在分支“8”中，将数组常量赋值为【5,7】。

(6)添加一个“真常量”并与 While 循环的条件终端相连，保证 While 循环条件终端输入的完整性。

编写人机交互模块

(1)切换到条件结构分支“winner”，分别与“Location of S”寄存器、“button pressed”寄存器和“常量数组寄存器”的相应的左右移位寄存器相连，保证数据流传输的完整性。

(2)添加一个“双按钮对话框”函数，创建一个“字符串常量”并与输入端“消息”相连，将字符串命名为“Congratulation”。同样，将“T 按钮名称”连接字符串常量“Go again”，将“F 按钮名称”连接字符串常量“Quit”，将“T 按钮”输出端连接一个“选择”函数的“S”端，将枚举常量“initialize”连接“选择”函数的“T”端，将枚举常量“exit requist”连接“F”端，则用户单击“Go again”按钮时，执行条件结构分支“initialize”的程序；而当单击“Quit”按钮时，执行条件结构分支“exit requist”的程序。

(3)添加一个“真常量”并与 While 循环的条件终端相连，保证 While 循环条件终端输入的完整性。人机交互模块的程序框图如图 15.15 所示。

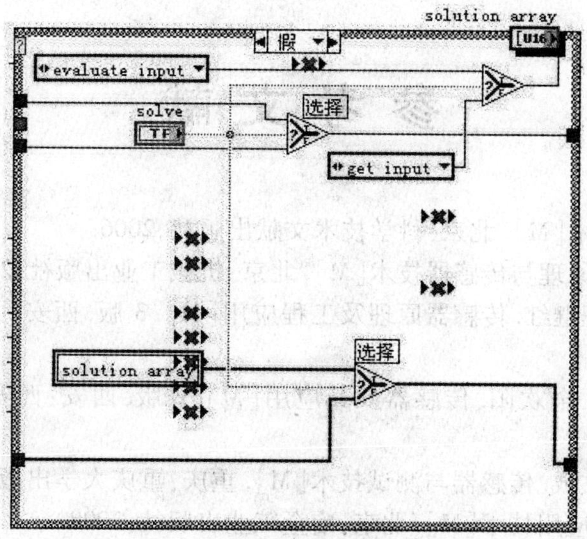

图 15.15　人机交互模块的程序框图

单击程序框图中的运行按钮，前面板自动弹出到窗口最前端，单击对话框中的“确定”按钮，键盘拼图块便实现了初始化。单击拼图块开始拼图，当拼图游戏成功时，出现获胜界面，如图 15.16 所示。可供玩家确定是继续游戏，还是退出游戏。

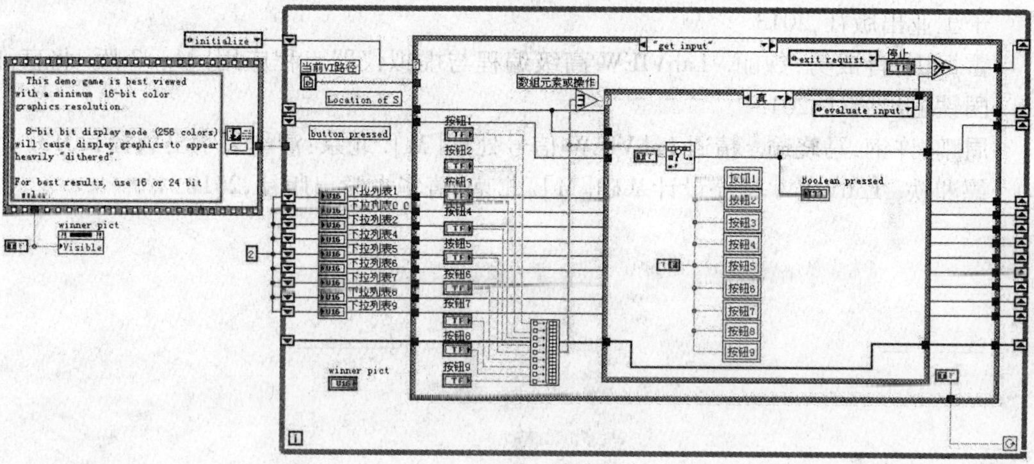

图 15.16　游戏中的界面

参考文献

[1] 李春茂. 传感技术[M]. 北京:科学技术文献出版社,2006.

[2] 贾石峰. 传感器原理与传感器技术[M]. 北京:机械工业出版社,2010.

[3] 郁有文,常健,程继红. 传感器原理及工程应用[M]. 3 版. 西安:西安电子科技大学出版社,2009.

[4] 栾桂冬,张金铎,金欢阳. 传感器及其应用[M]. 2 版. 西安:西安电子科技大学出版社,2012.

[5] 周传德,宋强,文成. 传感器与测试技术[M]. 重庆:重庆大学出版社,2009.

[6] 殷淑英. 传感器应用技术[M]. 北京:冶金工业出版社,2008.

[7] 徐科军. 传感器与检测技术[M]. 3 版. 北京:电子工业出版社,2011.

[8] 曹光跃,徐文璞. 传感器原理及应用[M]. 北京:化学工业出版社,2010.

[9] 岂兴明,田京京,夏宁. LabVIEW 入门与实战开发 100 例[M]. 北京:电子工业出版社,2011.

[10] 李江全,任玲,廖结安. LabVIEW 虚拟仪器从入门到测控应用 130 例[M]. 北京:电子工业出版社,2013.

[11] 雷振山,肖成勇,魏丽. LabVIEW 高级编程与虚拟仪器工程应用[M]. 3 版. 北京:中国铁道出版社,2013.

[12] 周鹏,许钢,马晓瑜. 精通 LabVIEW 信号处理[M]. 北京:清华大学出版社,2013.

[13] 德湘轶. LabVIEW 程序设计基础[M]. 北京:清华大学出版社,2012.